刻意练习

如何从新手到大师

[美] 安德斯·艾利克森（Anders Ericsson）
罗伯特·普尔（Robert Pool）著
王正林 译

* * *

PEAK

Secrets from the New Science of Expertise

图书在版编目（CIP）数据

刻意练习：如何从新手到大师 /（美）安德斯·艾利克森（Anders Ericsson），（美）罗伯特·普尔（Robert Pool）著；王正林译．—北京：机械工业出版社，2016.10（2025.4 重印）
书名原文：PEAK: Secrets from the New Science of Expertise

ISBN 978-7-111-55128-7

I. 刻…　II. ① 安…　② 罗…　③ 王…　III. 人类－能力－研究　IV. B848.2

中国版本图书馆 CIP 数据核字（2016）第 239175 号

北京市版权局著作权合同登记　图字：01-2016-2202 号。

刻意练习：如何从新手到大师

出版发行：机械工业出版社（北京市西城区百万庄大街 22 号　邮政编码：100037）
责任编辑：朱婧琬
责任校对：董纪丽
印　　刷：保定市中画美凯印刷有限公司
版　　次：2025 年 4 月第 1 版第 44 次印刷
开　　本：147mm × 210mm　1/32
印　　张：10.75
书　　号：ISBN 978-7-111-55128-7
定　　价：59.00 元

客服电话：（010）88361066　68326294

{ 致读者 }

无论是学习小的生活技能，如打球、开车、弹琴、烹饪，
还是提升关键的工作能力，如写作、销售、编程、设计，
都离不开大量的练习。
但是，我们通常对练习有很多误解——

练习就是不断重复吗？
不是。
不断重复只是“天真的练习”，无法带来进步。
“正确的练习”需要好导师、有目标、有反馈……

我现在已经成年了，练习什么都已经晚了吧？
不是。
无论你是孩子还是成年人，无论你是否有“天赋”，
只要掌握正确的方法，你的梦想都可以实现。

如果你相信“21 天学会 C 语言”“3 天学会弹钢琴”，
那么本书不适合你。
如果你不满足于自己的能力只是“足够好”，一直在追求“非常好”，
那么本书就是为你而写的。

放弃一切错误方法，从今天开始“刻意练习”，
因为这是一种非常强大而有效的学习方法。

赞誉

杰出不是一种天赋，而是一种技巧；这种技巧，你我都可以掌握。

——姬十三（分答 & 在行、果壳网创始人）

比 1 万小时理论更合理！想要成为任何一个行业的专家，你都需要刻意练习！

——樊登（樊登读书会创办人）

古人倡导“学而时习之”“知行合一”，就是要求去实践，学以致用。在我采访过的包括马云等上百位卓越企业家中，我发现每个人都有自己独特的学习方法和习惯，其中有目的的学习，在工作和生活中去刻意地练习与实践，都与本书有深度的契合之处。

——刘世英（财经作家、总裁读书会发起人）

在中国互联网上流传着一个错误概念：1 万小时定律。它是如此深入人心，然而，它真的错了！“刻意练习”概念的原创者、心理学家艾利克森首部中文图书问世，告诉你如何从新手到卓越专家。

——阳志平（安人心智集团董事长 &“心智工具箱”公众号作者）

最近几年 1 万小时这个概念非常热门，但实际 1 万小时并非是一条放之四海皆准的真理，有很多的限定条件，大多数人都不知道，“刻意练习”下的 1 万小时才有用。但对如何进行刻意练习，一直缺少系统的阐述，很多书籍都说得比较简单，而本书就是专注于这个话题的。刻意练习是一种更高阶的学习方式，能让你在最短的时间内提高学习效果并缩短学习时间，让你走向通往卓越之路。

——战隼（知名自媒体“warfalcon”、100 天行动发起人）

把现在的日常事务努力重复 1000 天，并不能让你成为专家，只会让你在现状中陷得更深。心理学家安德斯·艾利克森熔铸心血研究的“刻意练习”原则，让我们刷新了对学习与练习、知识与技能、1 万小时与成功……的认知。更宝贵的是，书中着力阐释了如何在我们的工作和生活中实践“刻意练习”，只要加以应用，必可锻炼出 1000 天后杰出的自己。

——赵周（拆书帮创始人）

如何进行高效的学习？我认为需要好的方法，坚持刻意练习，保证足够的强度，加上有效的教练为学习提供反馈。这本《刻意练习》为你提供了有效的指南。

——秋叶（秋叶 PPT 创始人、知识型 IP 训练营创始人）

对于每一个教育领域，最有益的学习目标是那些帮助学员创建有效心理表征的目标，这也是刻意练习方法比传统学习方法有效的地方。本书以多个真实人物的成长案例阐释了刻意练习的前景，让人耳目一新。

——邓斌（书享界发起人）

“比你优秀的人比你还努力。”阅读《刻意练习》，你会发现提升努力效果的秘诀，让同样努力的你走出事倍功半的泥潭。

——郭成（众阅读书会发起人）

我发现身边的高人，他们有两项高于常人的本领：一是洞察问题的本领，二是解决问题的本领。对于大多数人，很努力，却得不到希望的结果；很多事，有态度，却茫然于拿不出解决问题的具体方法。

在这个社会大发展、信息大爆炸的移动互联网时代，能够通过一些碎片化的信息点迅速构建起有效的知识体系，更是摆在我们当代人面前一个绕不开的竞争技能。《刻意练习》和《学习之道》是我们提升练习效果的不错的两本书籍。

——王海龙（吴晓波苏州书友会）

“刻意练习”这个词最近特别流行，很多人都在谈它。有人看过以“刻意练习”为主题的几本畅销书，却不知道到底什么是刻意练习。本书告诉我们，刻意练习需要找到好导师，有目标，有计划，有反馈，走出自己的舒适区，等等。它质疑了以往畅销书里“习得任何技能都需练习 1 万小时”的说法，认为练习时间因行业的不同而有异，这将改变很多人的固有信念，给他们巨大的鼓舞！

——张量（博雅读书会发起人）

{ 目录 }

⊖ 请参见 http://course.cmpreading.com，注册后搜索书名即可下载。

{ 推荐序 }

在提升自己技能、不断精进的道路上，没有人能否认练习的作用。但 1 万小时定律有一些什么样的问题？作者艾利克森的本意是什么？人们如何更好地学习？

超越 1 万小时定律

关于如何习得专业技能，没有人能否认熟能生巧的意义。生性懒惰的我们总在寻找借口，试图回避练习。有一天，畅销书《异类》作者格拉德威尔告诉你："人们眼中的天才之所以卓越非凡，并非天资超人一等，而是付出了持续不断的努力。只要经过 1 万小时的锤炼，任何人都能从平凡变成超凡。"

只要练习 1 万小时，就有了成为领域内领先者的希望，无论天赋、无论出身。你怦然心动，感到平凡的人生终于可以开始逆袭，因此立即购买格拉德威尔的图书，并且报名参加各类 1 万小时练习小组。

然而，真相是，从来不存在 1 万小时定律，它仅仅是畅销书作家对心理科学研究的一次不太严谨的演绎而已。

1 万小时定律，它的来龙去脉是什么？让我们回到诺贝尔奖得主西蒙那里。

1973 年，即将在 1978 年拿到诺贝尔奖的赫伯特•西蒙（Herbert Simon）与合作者威廉•蔡斯（William Chase）发表了一篇关于国际象棋大师与新手的比较论文。在这篇论文中，西蒙他们发现，虽然工作记忆容量相差不大，但是通过长期训练，国际象棋大师在摆盘、复盘等实验上都显著强于一级棋手和新手。其中，国际象棋大师、一级棋手、新手三类人能记忆的组块分别是：7.7、5.7 与 5.3。

西蒙在文中首次提出专业技能习得的十年定律（10 years rule），西蒙推测，**国际象棋大师能够在长时记忆系统中存储 5 万～ 10 万个棋局组块，获得这些专业知识大概需要 10 年。**

这就是西蒙的十年定律。当时间来到 1976 年，一位瑞典心理学家移民美国，他就是本书作者艾利克森。艾利克森参考西蒙论文的十年定律，两人在国际象棋的专业技能习得领域再次合作发表论文。

随着西蒙老去，艾利克森在专业技能习得领域积累的证据越来越多。1993 年，他发表论文，阐释了对一个音乐学院三组学生的研究结果。这就是被格拉德威尔引用，以演绎出 1 万小时定律的实验。

> 把学院学习小提琴演奏的学生分成三个组。第一组是学生中的明星人物，具有成为世界级小提琴演奏家的潜力，第二组的学生只被大家认为“比较优秀”，第三组学生的小提琴演奏水平被认为永远不可能达到专业水准，他们将来的目标只是成为一名公立学校的音乐教师……实际上，到 20 岁

> 的时候，这些卓越的演奏者已经练习了 1 万小时，与这些卓越者相比，那些比较优秀的学生练习的时间是 8000 小时，而那些未来的音乐教师练习的时间只有 4000 小时。

有趣的是，格拉德威尔丝毫没有提及西蒙的贡献，是故意忽视还是真的没有读到？从论文标题到实际内容，艾利克森的研究报告强调的也仅仅是刻意练习（deliberate practice）而已，而非 1 万小时这个魔术数字。心理科学史上从来不存在一个所谓的 1 万小时定律。2012 年 10 月，艾利克森在捍卫刻意练习观念时，提到了格拉德威尔的演绎，这一错误的演绎使得自己的研究经常被当作一个稻草人，遭受心理学界的批评。对于格拉德威尔没有提及刻意练习，他也略有微词。

1 万小时定律究竟有哪些问题呢？

首先，不同专业领域的技能习得时间与练习时间并不存在一个 1 万小时的最低阈值。例如，优秀专业演员的专业技能习得往往是 3500 小时；记忆类专家技能的习得也并不需要 1 万小时，而是数百小时。

Hacker News 网站的读者们已经整理出的证据表明，不少互联网公司创始人专业技能的习得同样不是 1 万小时。在本书中，艾利克森使用的数据也非 1 万小时，从事音乐教育的学生在 18 岁之前，花在小提琴上的训练时间平均为 3420 小时，而优异的小提琴学生平均练习了 5301 小时，最杰出的小提琴学生则平均练习了 7401 小时。

其次，成功与练习时间并不完全成正比，天赋虽然在其中不起决定性作用，却也会是一大影响因子。如心理学家史蒂芬 · 平克

（Steven Pinker）指出，优秀科学家的平均智商在 125 以上。同样，1997 年一篇研究报告表明，医生、律师、会计的智商多数位于中上水平。一些体育项目更是会对身高和身材有要求，这类身体特点上的差异，更不是时间和简单的练习可以弥补的。

再次，练习的成果并不与时间呈正相关，这一点，也取决于练习方法。艾利克森就在书中举到很多例子，我们身边也不乏一些看似努力、其实没有成就的人。练习时，我们是采取阶段性进步，随时间和效果调整策略，有针对性和技巧性，还是机械地每日花上几小时，只为达成“1 万”这个目标，却始终没能发现更为有效的训练方法，不能辨别并弥补练习中的漏洞，以取得进步？其间的差别，最终便是“高级新手”、胜任者和专家的区别。

最后，驳斥 1 万小时定律可以玩一个巧妙的思想游戏，这就是古希腊哲学家欧布里德（Eubulides）提出的沙堆悖论（Sorites paradox）：

> 1 粒沙子不是堆。如果 1 粒沙子不是堆，那么 2 粒沙子也不是堆；如果 2 粒沙子不是堆，那么 3 粒沙子也不是堆；以此类推，9999 粒沙子也不是堆；因此，1 万粒沙子还不是堆。

“破解”沙堆悖论时，我们经常不得不设定一个固定的边界。如果我们说“1 万粒沙粒是一堆沙”，那么少于 1 万粒沙粒组成的就不能称之为一堆沙。那么这样区分 9999 粒沙和 10 001 粒沙就有点不合理。这样不得不设定一个可变的边界，但是这个边界是多少呢？我们现在并不知道。那么最初设定的“1 万粒沙粒是一堆沙”作为知识的价值就被削减了。

同样，在沙堆悖论的视野下，1 万小时定律的价值也就这样被消解了。正如真实的心理科学研究表明，成为专家的时间往往随着不同的专业技能领域而变化。

刻意练习的本质

熟悉写作技巧的畅销书作者常常会用一个清晰的行动规则，如“练习 1 万小时成为专家”“21 天养成好习惯”等来激发你的行动。但是对于究竟有多少人能够坚持 1 万小时，1 万小时是否真的引向成功，坚持 1 万小时的关键节点，以及 1 万小时练习的本质是什么，却置之不理。这些畅销书作者略过不谈的细节，恰恰是科学着墨最多，也是对人们提升自我最有帮助的地方。

事实上，艾利克森的刻意练习的核心观点是，那些处于中上水平的人们，拥有一种较强的记忆能力：长时工作记忆。**长时工作记忆正是区分卓越者与一般人的一个重要能力，它才是刻意练习的指向与本质。**

那些卓越的专家，能够将工作记忆与长时工作记忆对接起来，在进行钢琴、象棋等自身熟悉的专业活动时，能够调用更大容量的工作记忆。如同西蒙等在 1973 年那篇开创性研究报告中所指出的那样：**国际象棋大师在长时工作记忆这款硬盘中存储了 5 万 ~ 10 万个关于棋局的组块。**

如果说专家和准专家们已将自己的大脑升级了，工作记忆内存条可以同时调用一块 SSD 硬盘来当虚拟内存用，那么那些专业领域的新手们往往还是在使用小内存跑。

幸运的是，进化给一般人留了条路。这种长时工作记忆能力，艾利克森认为是与具体领域相关的，并且通过他所说的刻意练习可以习得。只要你努力，经过几十小时到成千上万小时不等的艰苦努力，就能买来那款可以被工作记忆内存条调用、当虚拟内存使唤的SSD硬盘，即长时工作记忆。

一般人怎样才能买得起那块硬盘？**刻意练习的任务难度要适中，能收到反馈，有足够的次数重复练习，学习者能够纠正自己的错误。**

其中，多数不靠谱的成功学选择了错误的练习方式，虽说喊的口号是刻意练习，但实质并不是刻意练习，因为它们没有激活长时工作记忆能力。比如，下象棋的次数毫无作用，10个1万小时，也成不了国手。但是，**如果看着已经发表的棋谱，然后推测国手下法，这种刻意练习方式，就是往长时工作记忆硬盘里面攒SSD硬盘：存储关于象棋棋谱的组块。**

在本书中，艾利克森在辩驳1万小时定律时同样提到：

> 随着训练方法的改进和人类的成就达到了全新的高度，在任何一个人类付出努力的行业或领域，都在持续不断地出现变得更加卓越的办法，以抬高人们认为可以做到的“门槛”，而且，并没有迹象表明这样的“门槛”不能再抬高。每当人类发展至新的一代，潜力的界限也随之扩张和提高。

长时工作记忆的培养要点主要有以下几个。

- 赋予意义，精细编码：（准）专家们能非常快地明白自己领域的单词与术语，在存储信息的时候，可以有意识地采取元认知的各项加工策略。

- 提取结构或模式：往往需要将专业领域的知识提取结构或者模式，以更好的方式存储。比如，专家级的开发者善用设计模式。
- 加快速度、增加连接：通过大量重复的刻意练习，专家在编码与提取过程方面比新手都快很多，增加了长时工作记忆与工作记忆之间的各种通路。

所以，刻意练习的本质是去买 SSD 硬盘，而不是纯粹卖苦力，更不是帮畅销书作者们营销，喊喊热血口号：1 万小时，今天，你坚持了吗？

隐性知识

目前对刻意练习最大的批评是，艾利克森关于刻意练习的证据多是来自“认知复杂性”较低的活动，如象棋、钢琴、篮球、出租车驾驶、拼写，但是，对于“认知复杂性”较高的活动，如销售、管理等作用有限。怎样通过刻意练习成为一名卓越销售或卓越 CEO，从哪里练起？怎么练？练什么？**认知复杂性高与认知复杂性低的学习活动的差异在很大程度上表现为隐性知识的多少与比重。**隐性知识需要在情境中去寻。

认知复杂度（cognitive complexity）是指你建构“客观”世界的能力。认知复杂度高的人具有高度复杂化的思维能力，更善于同时使用互补与互不相容的概念来理解客观世界。真实世界中，黑白对错并非截然分明。

仍然是西蒙，他认为人的“有限理性”体现在学习中就是“情境理性”——在哪里用，就在哪里学。**人的学习受到情境的制约或促进。你要学习的东西将实际应用在什么情境中，那么你就应该在什么样的情境中学习这些东西。**比如，你要学习编程，就应该在 GitHub 里学习，因为你以后编程就是通过 GitHub。又如，你要学习讨价还价的技巧，就应该在实际的销售场合学习，因为这一技巧最终是用在销售场合中的。

刻意练习并没有否认情境的重要性，但是在一些畅销书中，那些已经被学习科学证实的主流方式被放在一个不起眼的角落。与学习密切相关的隐性知识被忽略了。**学习科学大量研究表明，成人的最佳学习方式并非独自练习，而是在情境中学习。**有效学习是进入相关情境，找到自己的“学习共同体”，学习者最开始时围绕重要成员转，做一些外围的工作，随着技能增长，进入学习共同体圈子的核心，逐步做更重要的工作，最终成为专家。

这就是学习科学日益主流的观念：从“情境学习”出发，当一名“认知学徒”。它的要点有以下几个。

- 找到学习共同体：因为大量知识存在于学习共同体的实践中，不是在书本中，所以有效的学习不是关门苦练，而是找到属于自己的学习小团体。如程序员在类似于 *GitHub* 这样的网站练习编程。
- 隐性知识显性化：隐性知识是使人们有能力利用概念、事实以及程序来解决现实问题的知识。一般也被称为策略知识。

- 模仿榜样：榜样可以是现实生活中的导师，也可以是网上的导师。
- 培养多样性：在多种情境中实践，以此强调学习广阔的应用范围。例如，裁缝出师并不是已经练习了 1 万小时，而是能够缝制出足够好的衣服。

小结

图灵奖得主理查德 · 哈明（Richard Hamming）谈到如何变得卓越时认为，练习时间并没有那么重要，也无法精确和明示，他写道：

> 在许多领域，通往卓越的道路不是精确计算时间的结果，而是模糊与含糊不清的。没有简单的模型通向伟大。

即使是格拉德威尔拿来当作 1 万小时定律例子的比尔 • 盖茨也谦虚地谈道：

> 1 万小时定律是有帮助的，但真正实现，还需要坚持不懈，并练习上很多个周期。（The 10000 hour rule helps. But to be achieved, it needs persistence and passing through a lot of cycles.）

这或许才是西蒙的十年定律对我们真正的启发：耐心地、谦虚地保持大时间周期的刻意练习。

安人心智集团董事长 &“心智工具箱”公众号作者

阳志平

{ 作者声明 }

本书是两位作者合作撰写的，一位是心理学家，另一位是科学作家。10 多年前，我们开始经常探讨杰出人物和“刻意练习”这个主题，并在 5 年前开始认真地围绕这个主题写书。在那段时间，本书在我们两人的思想碰撞中慢慢成形，以至于我们现在都难以分辨，书中的哪一部分观点由谁提出。我们只知道，本书由我们两人合写，比由我们单独去写要好得多，也完全不同。

不过，尽管本书是合写的，但其中讲述的故事，只是我们中一个人（艾利克森）的故事，他长大后一直在潜心研究杰出人物。因此，我们选择从他的视角来写这本书，书中出现的“我”这个人称，应当指的是他。但不管怎样，本书是我们描述这个十分重要的主题及其含义的共同努力的结晶。

安德斯·艾利克森（Anders Ericsson）

罗伯特·普尔（Robert Pool）

2015 年 10 月

引言

Introduction

天才存在吗

为什么有些人对他们所做的事情如此擅长，擅长到令人不可思议的地步？不论你观察哪个行业或领域，从竞技体育、音乐表演，到科学界、医学界和商业界，似乎总有几个非同凡响的人，让我们对他们能做的事情以及杰出的程度感到炫目。当我们遇到一个如此非同凡响的人时，往往自然而然地认为，这个人生来就比别人优秀。我们经常说，“他真的很有天赋”，或者“她是真正的天才”。

但现实的确如此吗？对这些在其各自行业或领域表现优异的人，比如运动员、音乐家、棋手、医生、商人、教师，等等，我研究了30多年。我深入细致地研究了他们的许多细节，包括他们所做的事情，以及怎样做事情。我暗中观察他们、采访他们，而且测试他们。我探索了这些杰出人物的心理状态、生理机能以及神经解剖学部分。随着时间的推移，我渐渐懂得，没错，这些人的确有着卓越的天才，它们深藏于他们的能力之中。但是，他们的天才，并非人们通常假定的那种，而且，甚至比我们想象的还要强大。最重要的是，**这是一种我们每个人都与生俱来的才能，通过适当的方法，我们也一样可以充分利用。**

莫扎特的完美音高

1763 年，年轻的沃尔夫冈·阿玛多伊斯·莫扎特计划环欧洲旅行演出。正是这次演出，铸就了他的传奇。那一年，莫扎特仅仅 7 岁，身材矮小得只能勉强看到大键琴的顶部，但他用自己演奏小提琴及各种键盘乐器的技能，深深地迷住了家乡萨尔兹堡的观众。他演奏的乐器，看上去让人不敢相信，如此小的孩子居然能演奏。但莫扎特还留有另外一手，甚至让他那个时代的人更加感到震惊。我们知道他的这种更令人震惊的天才，是因为在莫扎特及其家人离开萨尔兹堡开始旅行演出之前不久，莫扎特父亲的故乡奥格斯堡的报纸上发表了一封写给编辑的信，信中谈到了年幼的莫扎特。

信的作者写道，年幼的莫扎特听到某种乐器演奏出来的调子时，不论是哪种调子，马上便能准确地辨别出来：是高于中央 C 音的第二个八度音的升 A 调，还是低于中央 C 音的降 E 调。莫扎特甚至能在某个房间里听得出另一间房间里的人弹奏的调子，而且，他不但能分辨小提琴和古钢琴演奏出来的调子，还能分辨任何一种乐器的调子。莫扎特的父亲是一位作曲家，也是一位音乐教师。他的家里摆满了各种各样的乐器，只要是大家可以想象到的，几乎应有尽有，而且不仅仅是乐器。莫扎特这个小孩，还可以分辨任何足够像音乐的声音的调子，比如时钟的报时、大钟的鸣响，以及人们打喷嚏的声响。在当时，大多数已成年的音乐家，即使是经验最丰富的，也无法与莫扎特匹敌。他在这方面的奇才，甚至比起他在钢琴和小提琴上的才华，更能表现出他天生就有的那些神奇才能。

当然，如果放在今天，这种能力并非如此高深莫测。比起250年前，今天的我们不但知道的东西更多，而且大多数人至少都听过那些音调。在音乐上，“绝对音高”（absolute pitch）是个技术术语[更多的人称之为“完美音高”（perfect pitch）]。它异常罕见，大约在每万人中，只有1个人具备这种能力。这种能力在世界级的音乐家之中，比在我们普通人之中更加罕见，甚至在乐器演奏名家中，也非同寻常：人们认为，这种能力，贝多芬有，勃拉姆斯却没有；弗拉基米尔·霍洛维茨有，伊戈尔·斯特拉文斯基却没有；弗兰克·辛纳屈有，迈尔斯·戴维斯却没有。

简而言之，这似乎是一个绝好的例子，证明某种与生俱来的天赋，往往只有少数一些幸运的人才会天生拥有，其他大多数人并不具备。事实上，至少在200多年的时间里，人们普遍是这么认为的。但在过去的几十年里，人们对完美音高的理解，出现了极大的差异。如今，人们对完美音高的理解，直指我们人类另一种不同的才华，而不是纯粹音乐方面的才华。

◉ 获得完美音高的关键

从这种观察中浮现出来的第一条线索是，获得了这种“天才”的人们，也在他们孩提时代的早期接受过某种音乐训练。特别是，大量的研究表明，几乎每一个拥有完美音高的人，都在年纪很小的时候开始接受音乐训练，通常在三四岁的时候。但如果说完美音高是一种天生的能力，要么你生来就具备它，要么不具备它，那么，无论你是否在儿童时代受过音乐训练，应当都不会有太大的差别。应该说，重要的只是你在人生中的任何时间段里获得足够多的音乐训练，学会了那些音调的名称。

研究人员注意到，完美音高在那些讲声调语言的人中常见得多，比如汉语、越南语，以及其他几种亚洲语言。在这些语言中，词的意思取决于它们的音调。如果说完美音高确实是一种遗传的才能，那么，解释它与声调语言的关系，唯一能说得通的是，亚洲人的后代更有可能比世界其他地区人们的后代（如非洲或欧洲）拥有完美音高的基因。但那很容易测试出来，只需招募一些带有亚洲血统、长大后说英语或者其他非声调语言的人，看一看他们是否更有可能具有完美音高。有人做过那样的研究，结果发现，带有亚洲血统、长大后不再讲声调语言的人，具有完美音高的可能性并不会高于其他种族的人。因此，更有可能的是，决定是否具有完美音高的因素，并不在于是否带有亚洲血统，而在于是否学习过声调语言。

直到几年前我们才知道，从小就学习音乐是具有完美音高的关键要素，而在长大的过程中说声调语言，增大了具有完美音高的可能性。科学家不能确定地说完美音高究竟是不是一种天生才能，但他们知道，如果它是一种天才的话，那么，只有在孩提时代就接受了某些音高训练的人之中，才有可能显现出来。换句话讲，它可能是那种“长期不用便会作废”的才华。甚至那些幸运地拥有完美音高这种才华的人，也必须做某些事情，才能不断发展这种才华，特别是在年幼时接受某种音乐训练。现在我们知道，也并非这么回事。

2014年，东京的一音会（Ichionkai Music School）开展了一项实验，并将实验结果在《音乐心理学》科学杂志上发表，揭示了完美音高的真正特性。日本心理学家榊原彩子（Ayako Sakakibara）招募了24个年龄为2～6岁的孩子，组织他们进行长达数月的训练，目的是教他们如何通过声音来辨别钢琴上弹奏的各种各样的和弦。这些和弦全都是带三个音高的大和弦，比如带中央C、E和G音符的C大调和弦，后两者的音高高于中央C。

研究人员给孩子们上了四五节时间较短的训练课，每节课仅持续几分钟，一直训练到孩子们能够辨别榊原彩子选择的所有14首和弦为止。有些孩子在不到一年的时间里完成了练习，另一些则花了一年半时间。然后，一旦某个孩子学会了辨别那14首和弦，榊原彩子便会对他进行测试，以观察他能否正确说出单首和弦的音高。完成了训练之后，参与研究的每个孩子都被培养出了完美音高，并且可以辨别出在钢琴上弹奏的单曲的音高。

这是一个令人震惊的结果。尽管在正常的条件下，每万人中只有1人具有完美音高，但参加了榊原彩子研究的那些孩子，却个个都拥有。这显然意味着**完美音高根本谈不上是只有幸运的少数人才拥有的天赋，而是一种只要经过适度的接触和训练，几乎**

人人都可以培养和发展的能力。这项研究彻底颠覆了我们对完美音高的理解。

◉ 人人都可成为莫扎特

那么，怎么来解释莫扎特的完美音高呢？只要对他的背景稍稍进行一下调查，就很好理解了。莫扎特的父亲名叫列奥波尔得·莫扎特，是一个具有中等天赋的小提琴演奏家和作曲家，他从来没有达到自己渴望的成功，因此开始把心血倾注在自己的孩子身上，力求使他们成为他自己一直渴望成为的音乐家。父亲首先从莫扎特的姐姐玛丽亚·安娜开始培养。安娜当年 11 岁，同时代的人称她为钢琴演奏家、大键琴演奏家和职业音乐家。莫扎特的父亲还专门撰写了一部用于发掘孩子音乐才华的培训书籍，并在莫扎特很小的时候，便开始教莫扎特。莫扎特 4 岁时，父亲开始全职教他学习小提琴、大键琴以及更多其他乐器。尽管我们不知道莫扎特的父亲究竟用什么样的练习来训练儿子，但我们知道，莫扎特六七岁的时候受过的训练，和通过榊原彩子的培训课来培养和发展完美音高的 24 个孩子相比，不但强度更大，时间也更长。所以回想起来，对于莫扎特的完美音高，我们应当不用感到那么惊奇了。

那么，7 岁的莫扎特是否具有完美音高的天赋呢？既可以说有，也可以说没有。他是不是生来就有某些罕见的遗传基因，使他能辨别钢琴的音调或者吹口哨、烧水壶的响声的调子呢？根据科学家们对完美音高的研究显示，并非如此。实际上，如果莫扎特小时候并不是在如此浓厚的音乐氛围中长大，或者说，如果他没有足够多地接触音乐，肯定不可能培养出那种能力。不管怎样，莫扎特其实是有天分的孩子，而且，参加榊原彩子的培训课的那些孩子们也有天分。他们全都具有如此灵活的头脑，再加上接受了适当的培训，培养和发展出了让不曾拥有那些才华的人们感到十分神奇的能力。

简单地讲，完美音高并不是一种天才，但是，发展出完美音高的能力，反倒是一种才华，同时，我们几乎都可以分辨出，差不多所有人都具有那种才华。

这是一个美好而令人震惊的事实。数百万年来，人类从无到有，从原始人进化为现代人，几乎可以肯定，我们会喜欢那些能够辨别小鸟歌唱的准确调子的人们。尽管如此，我们今天还是能够通过相对简单的训练来培养和发展完美音高。

“天才”是训练的产物

只是在最近，神经系统科学家才开始懂得，为什么存在那样的才华。数十年来，科学家相信，我们的大脑天生就带有一些极其固定的回路，而这些回路决定了我们的能力。你的大脑，要么对完美音高十分适应，要么不适应，你没有太多的办法去改变它。你可能需要一定程度的训练，将那种天生的才华充分提升，如果没有获得这样的练习，你的完美音高也许不会得到充分的发挥。但人们一般认为，如果你天生就不具备适当的基因，练得再多，也无济于事。

但是，自20世纪90年代以来，研究大脑的研究人员开始意识到，大脑（甚至是成年人的大脑）比我们想象的具有更强的适应能力，这使得我们可以在很大程度上控制大脑能做的事情。特别是，大脑采用以多种方法“重新布线”的方式，对适当的触发因子做出响应。神经元之间构成了新的连接，同时，现有的连接要么得到强化，要么被弱化，在大脑的某些部分之中，甚至还可能生长新的神经元。这种适应能力，解释了榊原彩子的研究对象以及莫扎特怎样培育和提升完美音高：他们的大脑通过发展特定的、能够拥有完美音高的回路，对音乐训练做出响应。迄今为止，我们尚不能辨别那些回路都是些什么回路，也不能说它们看起来是什么样子，或者它们到底在做些什么，但我们知道它们一定在那里，而且知道它们是训练的产物，并不是某些天生的基因。

在完美音高的案例中，当孩子过了 6 岁以后，大脑的必要的适应能力就会消失，因此，如果完美音高必备的重新布线还没有出现的话，它将永远消失。(不过，正如我们将在第 8 章描述的那样，也有一些例外的情况，让我们能够深入了解人们如何充分地利用大脑的适应能力)。这种消失，是一种更宽广现象中的一部分，也就是说，年轻人的大脑和身体的适应能力比成年人更强，因此，有些能力只能在 6 岁、12 岁或 18 岁之前培养，或者在这些年龄之前更容易培养。尽管如此，在我们整个成年时期，身体和大脑依然都保留着极大的适应能力，这种适应能力，使得成年人甚至老年人也可能通过正确的训练，培养各种新的能力。

天才更懂得利用大脑的适应能力

牢记这一点，让我们回到我在开篇时提出的问题：为什么有些人对他们所做的事情如此擅长，擅长到令人不可思议的地步？

我在对各个不同行业或领域的专家进行的多年研究中发现，他们全都以和榊原彩子的学生同样的方式培养了自己的能力，也就是说，通过专注的训练促使大脑改变（有时候根据人们的能力不同，还可以促使身体上的改变），那些改变使得他们能够做到在正常情况下可能做不到的事情。

没错，在某些案例中，基因遗传确实也很重要，特别是在身高或其他生理因素十分重要的领域或行业。比如，某位男性的身高基因为 165 厘米左右，那么，他可能发现自己很难成为一位职业篮球运动员；同样，一位身高接近 183 厘米的女性，将会发现自己事实上不可能成为一名具有较高水准的艺术体操运动员。同时，如我们将在本书后面的内容中讨论的那样，基因可能还以许多其他的方式影响着某人的成就，特别是那些影响着某人有多大的可能勤奋并正确地练习的基因。但从数十年的研究中发出的清晰信号是：不论基因遗传可能在“天才”取得的成就中发挥着什么作用，这些人拥有的重要才华，与我们每个人都拥有的才华是一样的。也就是说，他们和我们一样，大脑和身体都具有适应能力，只是比我们更多地利用了那一能力而已。

> 不论基因遗传可能在“天才”取得的成就中发挥着什么作用，他们和我们一样，大脑和身体都具有适应能力，只是比我们更多地利用了那一能力而已。

如果和那些杰出人物交谈一番，你会发现，他们全都在某种程度上理解这一点。他们也许对认知适应的概念不太熟悉，但很少接受这样的观点：他们在自己行业或领域中达到巅峰，是因为他们遗传了优秀的基因。他们知道，培养卓越的技能，是因为他们首先就具有了那些方面的丰富经验。

在这个主题上，我最喜欢的证据是曾十次入选 NBA 全明星阵容、联盟历史上最伟大三分射手的雷·阿伦（Ray Allen）。多年前，ESPN 评论员杰奇·麦克马兰（Jackie MacMullan）曾写过一篇关于雷·阿伦的文章，那时，后者即将创造三分篮的历史纪录。在说到雷·阿伦的故事时，麦克马兰提道，另一位篮球评论员曾说，雷·阿伦天生就是三分王。换句话讲，他具有三分射手的天赋。但雷·阿伦并不赞同这种说法。

他告诉麦克马兰，“我和身边的许多人围绕这个话题争论过。当人们说，上帝赐予我杰出的禀赋，让我在比赛中完成漂亮的三分跳投时，那真是气死我了。我告诉这些人，‘不要低估我每天付出的巨大努力。’不是一天两天，是每一天。问一问我曾经的队友，哪个人在训练投篮的时候最为刻苦。回到西雅图和密尔沃基，问一问那些球员们。他们的回答一定是我。”事实上，正如麦克马兰说过的那样，如果问过雷·阿伦高中篮球队的教练，你会发现，雷·阿伦在高中时代的跳投，并不比其他队友更出色；事实上，他的表现还很差。但他不向命运低头，而是掌控着自己的命运，一直在心无旁骛地刻苦训练。随着时间的推移，他将自己的三分跳投训练得如此娴熟自然，动作优美，以至于人们以为他天生就是个杰出的三分射手。他只是利用了他的天才，他真正的天才。

本书将告诉我们什么

本书描述莫扎特、榊原彩子的研究对象以及雷·阿伦等人共同拥有的才华，也就是说：通过正确的训练与练习进行创造的能力。这种能力与才华，只有通过利用人类的大脑与身体不可思议的适应能力，才可能拥有。此外，本书还阐述了这样一个观点：为了提高人们在选择的行业或领域中的表现和水平，每一个人能以怎样的方式将其才能发挥出来。最后，本书最广泛的意义在于，它介绍了一种关于人类潜力的新思考方式，提醒着我们：我们拥有更大的力量来掌控自己的人生，但我们以前却从来没有意识到。

自远古时代开始，人们通常以为，某个人在任何特定行业或领域内的潜力，不可避免地受到天生才能的限制。上钢琴课的人很多，但只有那些有着特殊天才的人们才可能成长为真正伟大的钢琴家或作曲家。每个孩子在学校里都上数学课，但只有少数一些人长大后能成为数学家、物理学家或工程师。根据这种观点，我们每个人一生下来，都具有一些固定的潜力，有的具有音乐潜力，有的在数学方面有天赋，有的生来就适合体育运动，有的天生精于商道，我们可以选择发展（或者不发展）那些潜力中的任何一种，但不可能填补那些特定的“缺陷”。因此，教育或训练的目的变成了帮助人们发挥他们的潜力，以便尽可能充分地填补那些缺陷。这意味着，可以采用一种特定的方法来进行那种假设了预定极限的学习。

但我们现在知道，这种预先确定的能力并不存在。大脑是可适应的，而训练可以创造一些我们以前并未拥有的技能（比如完美音高）。这是具有颠覆意义的观点，因为如今的学习变成了一种创造能力的方式，而不是使人们能学会充分利用他们的内在才华。在这个全新的世界，认为人们天生就具有一些固定潜力的观点已经站不住脚了；相反，潜力好比可延伸的血管，能够通过我们一生中经历的各种各样的事情来创造。**学习不再是挖掘某人潜力的方式，而是开发这种潜力的方式。我们可以创造自己的潜力。**无论我们的目的是成为钢琴家，或者只求自娱自乐，能弹得一手漂亮的钢琴，是加入美国职业高尔夫巡回赛，或者只为了能打几个好球，都是这么回事。

那么问题来了：我们怎么做到？我们怎么充分利用这种才华，并在我们选择的行业或领域中塑造我们的能力？过去几十年间，我的大部分研究一直致力于回答这个问题，也就是说，致力于辨别和理解提高我们在某种特定活动中表现和水平的最佳方法。简单地讲，我一直在问，哪些方法管用？哪些方法不管用？为什么？

令人震惊的是，绝大多数曾围绕这个普遍主题著书立说或者发表评论的人，几乎没有关注过这个问题。过去几年里，许多作者在他们写的书中认为，我们一直过于高估了天生才能的作用，低估了诸如机会、动机和努力的价值。我十分同意这种观点，而且，让人们知道他们可以通过练习来提高，并且大幅度地提高，一定十分重要。否则，他们可能连试一下的动机都没有。但有些时候，这些书籍给人们留下的印象是：光靠真诚的愿望与刻苦的努力，就足以提高了，“只要你努力朝前奋进，终将达到目标”。但这也是错误的。在足够长的时间内进行正确练习，可以实现改进。再无其他。

本书详细地描述了“正确的练习”是什么，以及可以怎样发挥它的作用。我们从一个相对较新的心理学领域中找到了涉及这种练习的细节，最好是将这个领域描述为“专业特长科学”。这个新的领域着眼于理解“杰出人物”的能力，所谓“杰出人物”，就是那些在他们所从事的行业或领域中表现最突出的人们，以及那些登上了巅峰的人们。同时，我还发表了关于这一主题的几本学术专著，包括 1991 年出版的《从平庸到卓越：前景与局限》(*Toward a General Theory of Expertise: Prospects and Limits*)，1996 年的《通向卓越之路》(*The Road to Excellence*)，以及 2006 年的《剑桥专业特长与杰出表现指南》(*The Cambridge Handbook of Expertise and Expert Performance*) 等。

我们中那些在这一专业领域（指前面提到的“专业特长科学”的领域）从事研究的人，调查了是什么因素使这些杰出人物从其他人中脱颖而出。我们还尝试着逐步研究这些专家级的杰出人物如何随着时间的推移而提高他们的表现和水平，以及他们在提高的时候，其心理和生理能力出现了怎样的改变。20 多年前，在研究了一系列行业或领域中的专家级人物之后，我的同事和我开始意识到，不论在什么行业或领域，提高表现与水平的最有效方法，全都遵循一系列普遍原则。我们把这种通用的方法命名为“刻意练习”(deliberate practice)。如今，对于在任何一个行业或领域中，希望充分利用人们的适应能力这种才能来学习新的技能与能力的所有人来讲，刻意练习依然是黄金标准，而且，它是本书的核心内容。

> 不论在什么行业或领域，提高表现与水平的最有效方法，全都遵循一系列普遍原则。我们把这种通用的方法命名为“刻意练习”。

本书的前半部分描述了刻意练习是什么，为什么管用，以及杰出人物如何运用它来发展杰出的能力。为了做好这些，我们必须研究各种不同类型的练习，从最简单的到最复杂的，并探索它们之间的差别。不同类型的练习的关键差别在于，它们对人类的大脑和身体的适应能力的利用程度各不相同，因此，我们将花一些时间来探讨那种适应能力，以及是什么触发了那种能力。我们还探究，到底我们的大脑发生了哪种变化来响应刻意练习。

获取专业特长，很大程度上是改进人们的心理过程（在某些行业或领域中，还包括改进那些控制着身体运动的心理过程），而且，人们已经很好地理解了身体功能的变化（比如力量增大、柔韧性增强、耐力增强等），因此，本书着重阐述杰出人物的心理层面，尽管在体育项目以及其他运动项目之中，人们专业特长的提升一定有着明显的体能要素。在进行了这些探索之后，我们将研究，所有这些要素是如何在杰出人物的身上融合到一起的。这种融合是个漫长的过程，通常需要 10 年之久，甚至更长的时间。

接下来，在简短的插曲中，我们更仔细地研究了先天禀赋的问题，以及这个问题可能怎样限制了有些人在追求卓越时走得多远。我们有些生理特征确实是天生的，比如身高和体形，它们可能影响在各个体育项目以及其他体育活动中的表现，而且无法通过练习来改变。不过，更多的特点在杰出人物的卓越表现中发挥着作用，而它们是可以通过正确的练习来改变的，至少在人们一生中的某个阶段可以改变。更一般地讲，遗传因素与练习活动之间存在着复杂的交织，而我们才刚刚开始了解。有些遗传因素可能影响一个人投入到持久的刻意练习之中去的能力，例如，遗传因素有可能限制某人每天都长时间集中注意力的能力。相反，进行大量练习，可能影响到身体中的基因怎样打开和关闭。

本书的最后部分，让我们从对杰出人物的研究中受益，特别是对刻意练习有了深入的了解，并解释了这对我们其他人来说到底意味着什么。围绕怎样将刻意练习应用到专业组织中的工作，以提高员工的绩效，我提了一些具体的建议，同时还建议个人可以怎样进行刻意练习，以便在他们感兴趣的行业和领域中变得更加优秀，甚至还就学校可以怎样在课堂中应用刻意练习提出了建议。

尽管刻意练习的原则是通过研究杰出人物发现的，但这些原则本身，可以由任何立志于改进任何事情的人们所使用，即使只是稍稍改进也无妨。想提高你的网球水平吗？刻意练习。写作水平？刻意练习。销售技能？刻意练习。由于研发刻意练习是专门用于帮助人们变成他们行业或领域中的世界最杰出人物，而不仅仅是变得“足够好”，因此，这是迄今为止我们发现的最强大的学习方法。

你可以从这个角度来思考：假设你想去爬山，你不确定你想爬多高，山路看起来蜿蜒曲折，令人望而生畏，但你知道，你想比现在所处的位置爬得更高一些。你可以简单地选择一条看起来很有希望的路径，并期望是最好的，但你可能走不了很远。或者，你可以依靠一个曾登上过顶峰、了解最佳路线的向导，不论你决定自己要爬多高，这会保证你以最有效的方式登山。这种最佳的方法就是刻意练习，而本书就是你的向导。本书将向你显示登上巅峰的路径，至于在那条路径上能走多远，则取决于你自己。

第 1 章

chapter1

有目的的练习

我们刚刚进行到第四次练习，史蒂夫·法隆（Steve Faloon）似乎开始泄气了。那是我做的一个实验刚刚进行到第一个星期的星期三时的情形。我起初预计，实验将持续两三个月之久。但从史蒂夫对我说的话里，我能感到这个实验似乎没什么太大的意义进行下去了。他对我说："我的极限似乎在 8 个数字或者 9 个数字。"我当时对他说的话录了音，并且在我们每次上课的时候都会播放。他继续说，"特别是 9 个数字，不管我采用什么方法来记，都很难记住。你知道，我有我自己的方法。但无论我用什么方法，似乎都不重要了——太难了。"

史蒂夫是卡内基梅隆大学的学生，我在那

里教书的时候，曾聘请他参加这个实验。他一星期和我见几次面，任务很简单：记住一串数字。我以大约每秒 1 个数字的速度，向他读出一串数字，“7…4…0…1…1…9”，诸如此类，史蒂夫则努力记住所有那些数字，并在我念完之后，把数字背给我听。实验的目的是看一看史蒂夫能在多大程度上通过练习来提高记忆。现在，我们进行了 4 次练习，每次练习 1 小时，他能稳定地记住 7 个数字了，也就是说，能够记住当地的一个电话号码。通常情况下，他也可以记住 8 个数字，但如果是 9 个数字，就有些记不住了。他还根本没去想记住 10 个数字组成的数字串。此刻，鉴于他在前几次练习里已经倍感失败，他十分确定，他再也不可能有任何提高了。

史蒂夫的超强记忆力

史蒂夫不知道（但我知道）的是，那个时候，绝大多数的心理学研究成果认为，他说的是对的。根据数十年的研究成果显示，人们可以保留在短时记忆中的事物数量，有着严格的限制，这也正是大脑用来在短时间内记住少量信息的那种类型的记忆。如果某个朋友给你他的地址，在你把它写下来之前，你的短时记忆只能记住一段时间。

或者，如果你在心里将好几个两位数的数字相乘，你的短时记忆就是你能保持追踪所有中间片断的位置：“让我们来看：14 乘以 27……首先，四七二十八，因此，个位是 8，十位是 2，然后，二四得八……”，依此类推。这就是它被称为“短时”的原因。除非你花时间一遍一遍地对自己重复，并因此将其转移到你的长时记忆之中，否则，过了 5 分钟，你不会记得住朋友的地址或者那些中间的数字。

短时记忆的问题，也正是史蒂夫面临的问题，那便是：我们的大脑对于可以将多少事物立即保存在短时记忆中，有着严格的限制，这一限制通常约为 7 件事物，也就是说，大脑足以记住一个当地的电话号码，但记不住社会保险号码。长时记忆则不存在这些限制（事实上，到目前为止，还没有人发现长时记忆的上限），但它要花很长的时间来进行。如果给你足够长的时间来记，你可以记住十几个甚至数百个电话号码，但我和史蒂夫进行的实验，设计的目的是快速地说出数字，迫使他只能运用短时记忆。我在读那些数字的时候，是以每秒钟 1 个数字的速度，使得他很难将其转移到长时记忆中去，因此，在记到大约 8 位数字或 9 位数字的时候，他觉得再也记不住了，这一点儿也不足为奇。

尽管这样，我仍希望他能做得更好一点儿。我之所以要进行这次研究，是因为我在搜索一些古老的科学研究时，发现了一篇默默无闻的论文。论文发表在《美国心理学期刊》（*American Journal of Psychology*）1929 年那一期上，由宾夕法尼亚大学两位心理学家保琳·马丁（Pauline Martin）和萨缪尔·费恩伯格（Samuel Fernberger）撰写。

马丁和费恩伯格指出，他们的实验对象，即两名大学生，在经过 4 个月的练习之后，能记住的数字数量增多了，即使他们听到的数字大约是以每秒钟 1 个数字的速度读出。经过长期练习之后，他们能记住更多的数字。其中的一个学生将平均 9 个数字增加到 13 个，另一个学生则从 11 个数字增加到 15 个数字。

一直以来，心理学研究界忽略或遗忘了这一研究结果，但我马上关注起来。这种提高真的可能吗？如果可能，怎样变成可能的？马丁和费恩伯格并没有提供任何细节来描述那两位学生究竟如何提升他们对数字的记忆，但恰好是这个问题，引起了我最大的兴趣。看到他们的研究成果时，我刚刚从大学毕业，当时最感兴趣的是，当人们在了解某些事情或提升某项技能时，其心理过程会发生什么。为了写好我的毕业论文，我精心准备了一个被称为"有声思维协议"（the think-aloud protocol）的心理学研究工具，它专门用于研究那些心理过程。因此，在和卡内基梅隆大学的知名心理学教授比尔·蔡斯（Bill Chase）合作时，我开始重新进行马丁和费恩伯格的研究，这一次，我打算观察，假如我们的研究对象真的提升了的话，他到底怎样提升了对数字的记忆。

持续练习，突破极限

我们招聘的实验对象是史蒂夫·法隆，在我们期待着找到他时，他只是一名普通的大学生。那时他刚念完大三，主修心理学，对儿童早期发展感兴趣。他的学业测试上的成绩与卡内基梅隆大学的其他学生相差无几。他个子瘦高，长着浓密的深棕色头发，待人友善、性格活泼、热情四射。此外，他还坚持长跑。这一事实，当时似乎对我们的实验没有任何意义，但后来证明却至关重要。

史蒂夫第一天来参加记忆力的实验时，表现完全是正常的水平。他通常可以记住 7 个数字，有时候是 8 个，但不会再多。如果你从街上随便找个人来做实验，可能他的表现和史蒂夫第一天的表现一模一样。到了星期二、星期三和星期四，他稍稍好一些了，平均恰好能记住 9 个数字，但依然不比普通人优秀。史蒂夫说，他觉得后面这几天和第一天相比，主要的差别在于，他知道自己可以预料到记忆测试会是什么结果，因而感到更加舒服。到了星期四的训练结束时，史蒂夫向我解释了为什么他觉得自己不可能再有所提高了。

接下来，星期五发生的一些事情，改变了一切。史蒂夫找到了突破的方法。我和他练习的方法是这样的：我首先从一个随机的、有 5 个数字的数字串开始，如果史蒂夫记住了（他做到了这点），我会读 6 个数字。如果他又记住了，我再增加到 7 个数字。依此类推。每次给数字串上增加 1 个数字，他都可以记住。如果他记错了，我会将数字串的长度缩短 2 个数字，然后再继续。史蒂夫时刻都在以这种方法接受挑战，但挑战难度并不是太大。我给他念的数字串，恰好处于他能记住与不能记住的界限。

到那个星期五，史蒂夫就越过了他原本以为的自己的极限。在此之前，只用训练几次，他便能正确记住 9 个数字的数字串，但他从来没有正确无误地记住过 10 个数字的数字串，因此，一直没有机会去尝试记住 11 个或更多数字。但他在第五次训练时，开始超常发挥。我们首先试了三次，分别记住 5 个、6 个和 7 个数字，没有一点儿问题，到第四次的时候，也就是 8 个数字的时候，他记错了，然后再返回来：6 个数字，对了；7 个数字，对了；8 个数字，对了；9 个数字，也对了。然后我读出 10 个数字的串，5718866610，他也记住了。等到我念出 11 个数字时，他没能记住，于是又从 9 个数字开始重来。他记住了 9 个数字和 10 个数字，我再次给他读出了 11 个数字的数字串，90756629867，这一次，他毫不费力地把整个数字串背了下来。那比他之前能够记住的数字多了两个，尽管另外增加两个数字，看起来似乎不是特别令人印象深刻，但实际上，考虑到史蒂夫在过去的几天里确定自己已达到了只能记住 8 ～ 9 个数字的“自然”极限，这已经是巨大的成绩了。他找到了突破那一极限的方法。

那只是我职业生涯中一段最令人惊奇的旅程的开始。从那时起，史蒂夫开始缓慢而稳定地提高着记住数字串的能力。到第 16 次练习时，他能稳定地记住 20 个数字了，远远超出比尔和我对他能力的想象。练习了一百多次以后，他的记录达到了 40 个数字，比任何人都多，甚至专业研究记忆术的人，也达不到他的水平。而且，他还在不断进步。史蒂夫和我一同进行了二百次练习，所有这些练习结束时，他能记住 82 个数字了。82！思考片刻，你会意识到，这种记忆力到底有多么不可思议。以下是史蒂夫记住的 82 个随机的数字：

0326443449602221328209301020391832373927788917267653245037746120179094345510355530

想象一下，在听到别人向你以每秒一个数字的速度念出这 82 个数字，然后你能把它们全部记下来。这是一种什么样的情形！但是，在我们的实验持续两年左右的时间后，史蒂夫达到了这样的水平。他甚至不知道自己可以做到所有这些，只是一个星期接着一个星期地持续练习罢了。

各领域的杰出人物都靠大量练习

1908 年，约翰尼·海耶斯（Johnny Hayes）夺得奥运会马拉松冠军，当时的报纸把这场比赛描述为“20 世纪最伟大的比赛”。海耶斯不仅夺冠了，还创造了马拉松世界纪录，成绩是 2 小时 55 分 18 秒。

如今，距离海耶斯夺冠一个多世纪以后，马拉松的世界纪录已经刷新为 2 小时 2 分 57 秒，比他创造的世界纪录快了近 30%，而且，如果你是年龄为 18 ~ 34 岁的男性，想参加波士顿马拉松比赛，那么，只有成绩不高于 3 小时 5 分，才可能获得参赛资格。简单地讲，海耶斯在 1908 年创造的世界纪录，如果换到今天的波士顿马拉松比赛中，只够刚刚赢得参赛资格。要知道，这项比赛吸引了大约 3 万名长跑者参加。

同样是在 1908 年的夏季奥运会上，在男子跳水比赛中，几乎出现了一场灾难。其中一位跳水运动员在尝试空翻两周这个动作时，差点儿身受重伤。几个月后发布的官方报道认为，跳水是项危险的运动，建议未来的奥运会禁止该项目。

如今，空翻两周已成为跳水项目中的入门级动作，即使是 10 岁的孩子参加的比赛，也必须会这个动作，到了高中，最佳的跳水运动员可以完成空翻四周半的动作了。世界级运动员甚至可以做更加高难的动作，比如回旋，也就是说，向后空翻两周半，再加两周半转体。我们很难想象，20 世纪初期那些认为空翻两周属于危险动作的专家，会怎样看回旋这个动作，但我猜，如果当时有人具有这样的想象力，猜测到今后的跳水运动会出现类似回旋的高难度动作的话，那些专家一定会认为这是个笑话，绝不可能做到。

在 20 世纪 30 年代早期，阿尔弗雷德·柯尔托（Alfred Cortot）是世界上最知名的古典音乐家，他演绎的《肖邦 24 首练习曲》被认为是权威的演绎。而如今的音乐导师们往往把类似的表演作为反面教材加以批判，批评家们抱怨柯尔托采用的那种粗心大意的弹奏方法，而且，每一位职业钢琴家在弹奏同样这些练习曲时，有可能运用比柯尔托娴熟得多的技能。事实上，音乐批评家安东尼·托马西尼（Anthony Tommasini）在《纽约时报》上一度发表评论，认为自柯尔托的时代以来，人类的音乐能力得到了大幅度提高，以至于柯尔托当时的水平，如果放在今天，可能连茱莉亚音乐学院的入学考试都通不过。

1973 年，加拿大人大卫·理查德·斯宾塞（David Richard Spencer）背诵圆周率小数点之后的数字时，创下了前无古人的纪录：511 位。五年之后，好几个人在一系列比赛中争着创下新纪录，结果，这个纪录最终属于一位名叫大卫·沙克尔（David Sanker）的美国人，他背诵了圆周率小数点之后的 1 万个数字。2015 年，该纪录被尘封了 30 多年之久以后，来自印度的拉吉维尔·米纳（Rajveer Meena）夺得了冠军，再度创下纪录，背诵了小数点之后的 7 万个数字，这使得他花了整整 24 小时零 4 分钟来背诵。不过，一位名叫原口证（Akira Haraguchi）的日本人声称背诵了更令人不可思议的 10 万个数字，或者，我们换个角度来想，这一纪录是 42 年前的世界纪录的近 200 倍！

这些例子都不是唯一的。我们生活的这个世界，许多人拥有着超常的能力，那些能力胜过人类历史上任何时代的人们所拥有的能力，如果“穿越”到以前的时代去，都会被当时的人们认为不可能。想一想罗杰·费德勒（Roger Federer）在网球项目中的神奇表现，或者想一想麦凯拉·马罗尼（McKayla Maroney）在 2012 年伦敦奥运会上的惊人一跳：先是一个踺子翻，翻到木马上方，而后在拱顶处一个后手翻，接着，麦凯拉在木马的上方高高地、呈弧线地飞起来，完成了两周半的转体，再稳稳地落地，并且完全控制住了自己的身体。有一些著名的国际象棋特级大师能同时进行几十场比赛，还蒙眼进行；而且，似乎总能源源不断地涌现一些年轻的音乐神童，他们既能弹钢琴、拉小提琴和大提琴，还能吹长笛，各种乐器信手拈来，如果放到 100 年前，一定会让音乐迷们瞪大了眼睛，感到无比震惊。

◉ 他们练习，大量地练习

尽管这些能力非常卓越，但关于这些人如何开发这些超常能力，却并没有秘密可言。他们练习，大量地练习。在长达一个世纪的时间里，马拉松的世界纪录并不是因为人们天生就具有长途奔跑的基因而提高了 30%。20 世纪下半叶出生的人们，也不是因为突然之间拥有了一些天赋，就能弹奏肖邦的曲子或拉赫马尼诺夫的曲子，或者记住数十万个随机的数字了。

相反，在 20 世纪下半叶，我们看到的是，不同行业或领域的人们投入训练的时长在稳定地增长，同时，训练方法也日益高级。在许多行业或领域之中尤其如此，特别是那些高度竞争性的领域，比如音乐演奏和舞蹈、体育运动中的个人项目和团体项目，以及其他的竞赛。这种在训练的数量与精细程度上的与时俱进，使不同行业或领域中的人们的能力稳定提高，这种提高，如果逐年来看，并非总是显而易见，但跨越几十年的时间，便十分惊人了。

在吉尼斯世界纪录中，你可以看到这种训练的结果，有时候甚至让你感到无比奇特。翻开吉尼斯世界纪录大全，或者访问其在线版本，你会发现一些世界纪录保持者的神奇表现，比如美国教师芭芭拉·布莱克伯恩（Barbara Blackburn），她能以每分钟 212 个单词的速度打字；斯洛文尼亚的马可·巴罗什（Marko Baloh）曾在 24 小时里骑单车 905 千米；而印度的维卡斯·沙马（Vikas Sharma）只用了仅 1 分钟时间，便计算出了 12 个大数字的方根，每个数字的长度介于 20 位到 41 位数字之间，求出的方根从 17 次方到 50 次方不等。最后的那次计算，也许是所有计算中最令人印象深刻的一次，因为沙马能在仅仅 6 秒钟内进行 12 次连续而艰难的心算，这甚至比许多人把数字输入到计算器中并读出计算结果的时间还要短。

最有效的练习形式

我收到过一封由吉尼斯世界纪录保持者鲍勃 J. 费舍尔（Bob J. Fisher）写来的电子邮件，他一度在篮球的自由投篮项目中保持着 12 项不同的世界纪录。他的纪录包括：在 30 秒钟之内实现最多次数的自由投篮（33 次）、在 10 分钟之内最多次数的自由投篮（448 次）以及在 1 小时之内最多次数的自由投篮（2371 次）。鲍勃在邮件中告诉我，他看过我撰写的关于练习效果的研究成果，并将他从那些研究中学到的东西运用起来，以提高自己自由投篮的能力，这使得他比世界上任何人都投得更快。

那些研究，全都以我在 20 世纪 70 年代末与史蒂夫·法隆所做的实验为基础。自那以后，我呕心沥血地投入到研究之中，以理解练习到底可以怎样帮助我们创造新的能力和拓展已有的能力，同时特别关注那些运用反复不断的练习，最终成为他们所在行业或领域中世界最佳的人。在对这些优中再优的人们进行了数十年的研究之后（为运用精确的术语，我们把他们叫作“杰出人物”），我发现，不论什么行业或领域，音乐也好，体育也好，象棋也好，其他任何行业或领域也罢，最有效的那些练习，全都遵循同样一些普遍原则。

那些用来将前途看好的音乐家培养成音乐会钢琴家的教学方法，与将一位普通舞蹈演员培养成芭蕾舞团首席女演员所采用的方法，或者将一位国际象棋棋手培养成大师所采用的方法，为什么都有关联呢？答案是：在任何行业或领域之中，最有效的和最强大的那类练习，都通过充分利用人类的身体与大脑的适应能力，来逐步地塑造和提升他们的技能，以做到一些过去不可能的事情。如果你希望发展一种真正有效的练习方法，比如打造世界级的体操运动员，或者是教出一些能够进行腹腔镜手术的医生，那么这种方法需要考虑到在促使身体和大脑的改变上，哪些可以奏效，哪些无法奏效。因此，所有真正高效的方法，基本上都以同样的方式起作用。

这些见解全都是相对较新的，而且并非所有在过去一个多世纪里发挥了令人难以置信的超常表现和取得令人不可思议的进步的导师、教练和选手，都运用了这些见解。相反，他们的进步，都是通过反复试验才取得的，参与这些试验的人们，其实并不知道为什么某种特定的练习方法可能有效。此外，在各个不同行业或领域中的从业人员，只是各自对他们自己的身体条件有一定的了解，并不知道所有这些都相互关联，比如，全心练习三周半跳跃的滑冰运动员所遵循的一系列普遍原则，与专心练习莫扎特奏鸣曲的钢琴家所遵循的原则其实是一样的。因此，设想一下，如果清楚地了解了培养专业特长的最佳方法，可以鼓舞和引导人们怎样付出努力去追求卓越。

同时设想一下，如果我们把在体育、音乐和国际象棋等领域中被证明十分有效的方法运用到其他行业或领域中那些致力于学习和提高的人们身上，从在校学生的教育，到医生、工程师、飞行员、商界人士，以及各种各样的员工的培养和提升，等等，可以取得怎样令人咋舌的卓越业绩。我相信，如果我们对有效练习原则进行研究，并且运用从这些研究中得到的经验，那我们完全可以实现我们曾见证过的、在过去一个多世纪之中各行各业和各个领域的人们取得的令人惊叹的进步。

对刻意练习原则的运用，是为任何行业或领域策划和设计训练方法的最佳方式。

某种程度上，各种各样的练习都可能有效，但其中一种特殊的形式则是黄金标准，我在 20 世纪 90 年代初期称之为“刻意练习”。这是我们知道的最有效和最强大的练习形式，而且，对刻意练习原则的运用，是为任何行业或领域策划和设计训练方法的最佳方式。

从有目的的练习讲起

本书中的绝大部分内容将探索刻意练习是什么，它为何如此有效，以及怎样在各种不同的情形中运用它。但在我们深入研究刻意练习的细节之时，最好是稍稍花一些时间来了解某些更为基本的练习，也就是大多数人已经在某种程度上经历过的那种练习。

◉ 学习新技能的一般方法

让我们首先来看人们一般是怎样学习某种新技能的，比如开车、弹钢琴、做长除法、画人物画、编写代码，或者许多其他事情。为了列举一个特定的例子，让我们假设你在学习打网球。

你一定在电视上看过网球比赛，看起来很有趣，或者说，你的一些朋友喜欢打网球，你也想加入他们的行列。因此，你买回了一些网球装备，包括球鞋、防汗带、球拍以及球，等等。现在，你决心开始学习，但你不知道打网球的第一件事到底是什么，你甚至还不知道怎么握拍，因此，你得花钱去上一些课，听网球教练进行讲解，或者请某位朋友告诉你一些基本知识。你可能还会花一些时间去练习发球，一遍一遍地练习朝墙上击球，直到你非常确定你可以对着墙来“打比赛”了。

在那以后，你再回头找你的教练或朋友，请他们再教你一次，然后你再花更多时间训练，之后再上课、再训练，过了一段时间，你觉得自己可以和别人一起打了。你依然不是很优秀，但你的朋友有耐心，每个人都在帮你提高和进步。你不断地一个人练习，并且经常吸取一些成功的经验，随着时间的推移，你犯那些真正让你尴尬的错误的可能性越来越小了，比如击不中球，或者在双打时直接把球打到队友的后背上，等等。你的每一次击球都越来越熟练，甚至还可以背后接球了，有时候，当你面对对手凶狠的接球时，能像职业球员那样漂亮地把球回过去（或者，你对自己说，你感觉就像是职业球员）。你已经达到了一种舒服的境界，可以外出和别人打上几盘，并且即使是比赛，也感到很有趣。你非常清楚自己在做什么，每一次击球，都变成了自然而然的动作。打球的时候，你不必想太多了。所以，随着每个周末都和朋友打球，你开始喜欢比赛和训练了。你变成了一位网球运动员。那也就是说，你已经在传统意义上“学会了”打网球，你的目标就是练到这样的水平：在球场上，你的所有动作都是自动做出的，你的表现也被人们所接受，不需要太多的思考，如此一来，你可以真正在球场上放松，享受比赛。

到这个时候，即使你对自己打球的水平并不是彻底满意，但你的进步是实实在在的。你已经掌握了容易的技能。

但你很快便会发现，你依然有一些弱点，不论你多么经常地和朋友打球，这些弱点总是暴露出来。比如，也许每次用反手来接那种直奔你胸前、稍稍带点旋转的球时，你总是接不到。你知道这个弱点，而对手也注意到了这一点，每次都有意打出这种球，逼你失误。对此，你感到挫败不已。不管怎样，由于这并不会经常发生，而且你永远不知道对手什么时候打出这种球来，因此，你没有机会继续去改进，每次面对这种球，你总是以几乎一模一样的方式漏接这种球。

在我们学习任何一项技能时，从烘焙饼干到写一段说明文，我们全都遵循很大程度上相同的模式。首先，一般性地了解我们想做些什么，从导师、教练、书籍或网站上获得一些指导，然后开始练习，直到我们达到可接受的水平，接下来，让这种技能变成自动的、自然而然的。这种方式并没有错。我们在生活中所做的事情，很多只需要我们达到中等水平便可以了。如果你想把汽车安全地从甲地开到乙地，或者在弹钢琴时能熟练弹好《献给爱丽丝》这首曲子，那么，你只需要采用这种办法就行了。

但在这里，你要理解一件非常重要的事情：一旦你已经达到了这种令你满意的技能水平，而且能做到自然而然地表现出你的水平，无论是开车、打网球还是烘焙饼干，你就已经不再进步了。人们通常错误地理解这种现象，因为他们自以为，继续开车、打网球或烘焙饼干，就是一种形式的练习，如果不停地做下去，自己一定能够更擅长，也许进步较为缓慢，但最终还是会更出色。人们认为，开了 20 多年车的老司机，一定会比只开了 5 年车的司机更擅长开车；行医 20 年的医生，一定会比只行医 5 年的医生更优秀；教了 20 年书的老师，一定会比只教了 5 年书的老师能力更强。

但是，现实并不是这样。研究表明，一般而言，一旦某个人的表现达到了“可接受”的水平，并且可以做到自动化，那么，再多“练习”几年，也不会有什么进步。甚至说，在本行业干了 20 年的医生、老师或司机，可能还稍稍比那些只干了 5 年的人差一些，原因在于，如果没有刻意地去提高，这些自动化的能力会缓慢地退化。

一旦某个人的表现达到了“可接受”的水平，并且可以做到自动化，那么，再多“练习”几年，也不会有什么进步。

有目的的练习 VS 天真的练习

如果对这种自动化的表现并不满意，你要做什么？如果你是一位工作了 10 年之久的老师，你想做一些事情，让学生对你上的课更感兴趣，并让你在课堂上更加高效，你该做什么？你基本上每个周末都打高尔夫球，想再提高一些，该怎么办？你在一家广告公司担任打字员，想让别人对你的打字速度感到惊叹，又该怎么办？

这便是史蒂夫·法隆在经过几次练习之后发现他自己所处的情形。在那一刻，他对自己能够听到一串数字、把它们记下来、再念给我听，感到很满意，而且，由于大家知道，短时记忆存在局限，所以，他的表现也和人们期望的差不多，中规中矩。他原本可以不停地这样记下去，在经过一次又一次的练习之后，最多能记住8个或9个数字。但他并没这样做。他参加了我设计的这个实验，而我设计这个实验的初衷，就是使他持续不断地接受挑战，以便每次都能比上次多记住一位数字，同时，也因为他是那种天生就喜欢挑战的人，所以，他在逼迫自己变得更优秀。

他采用的这种方法，我们称为“有目的的练习”，事实证明，这种方法对他来说是不可思议的成功。正如我们接下来将看到的那样，这种方法并非总是如此成功，但它比通常的方法更有效一些，而且，这是通向刻意练习的第一步，而我们的最终目标便是刻意练习。

有目的的练习具有几个特征，使得它与我们所说的“天真的练习”区分开来。**所谓“天真的练习”，基本上只是反复地做某件事情，并指望只靠那种反复，就能提高表现和水平。**

史蒂夫·奥尔（Steve Oare）是威奇托大学从事音乐教育的专家，他曾提供过一段假想的对话，假设对话在一位音乐导师和年轻学生之间进行。这种关于练习的对话，音乐导师经常会跟学生讲。在这个例子中，导师试图搞懂为什么年轻的学生一直没有进步。

导师：从你的练习清单可以看出，你每天练习1小时，但你每次测试的时候，总是只有C的成绩。能不能解释一下原因？

学生：我不知道发生了什么！我昨天晚上都演奏了！

导师：你演奏了多少次？

学生：10 次或者 20 次。

导师：你弹对了多少次？

学生：唔，我不知……一次或两次吧……

导师：哦……你是怎么练习的？

学生：我不知道。我只是埋头弹！

简单地讲，这就是天真的练习：只是埋头干！我刚刚挥起球拍，努力去击球。我刚刚听到了那些数字，想办法去记住。我刚刚看到了那些数学题，正试着解答。有目的的练习这个术语，意味着要比这种天真的练习更有目的性，考虑更周全，而且更为专注。特别是，它具有以下一些特点。

有目的的练习的四个特点

◉ 有目的的练习具有定义明确的特定目标

我们假想的音乐学生如果确定了类似下面这样的练习目标，可能会比他漫无目的的练习要成功得多："连续三次，不犯任何错误，以适当的速度弹奏完曲子。"如果不制订这样一个目标，就没有办法判断练习是不是成功了。

在史蒂夫·法隆的案例中，我们并没有制订长远目标，因为我们都不知道他可能记得住多少个数字，但他有一个极具针对性的短期目标：每次都比上一次多记住一个数字。他好比一位极具竞争力的长跑选手，而且，他把长跑的态度带到了实验之中，即使他只是在和自己竞争。从一开始，史蒂夫就逼着自己每天都增加一个数字，使自己能够记住。

有目的的练习，主要是“积小胜为大胜”“积跬步以至千里”，最终达到长期目标。如果你平常周末都去打一打高尔夫球，而你想将你的差点[⊖]降低至5杆，那么，这对总体目标十分有益，但还不是一个定义明确的具体目标。**定义明确的具体目标，可以有效地用于引导你的练习。**要把目标分解，并制订一个计划：为了将差点降至5杆，你得做些什么？其中的一个目标可能是增加把球打入平坦球道的次数。这是一个合理的具体目标，但你甚至还得将它进一步分解：为了成功地把球打入平坦球道，你到底要做些什么？你得搞懂，为什么你有那么多次没能把球打到平坦的球道上去，并且解决这个问题，比如说，想办法纠正你总是勾球的毛病。怎么做到？可以请一位教练来教你怎样以特定方式改一改你的挥拍动作。诸如此类。关键是接受那个一般目标（并且日渐精进），并将其转化成一些具体目标，使你能达到切合实际的进步的期望。

有目的的练习是专注的

史蒂夫·法隆不同于奥尔描述的那位音乐学生，而是一开始就非常专注于他的任务，随着实验的一步步进行，记住越来越长的数字串，他的注意力也更集中。你可以听一听他在第115次训练时的录音带，就可以对他的专注有所感受。第115次练习恰逢我们的实验进行到一半。当时，史蒂夫一般能够记住接近40个数字的数字串了，但还不能稳定地记住40个数字，而他真的很想在这一天做到。我们首先从35个数字开始，那对他来说已经很容易了，于是，他开始迫使自己增加数字串的长度。在我读出

⊖ 指高尔夫运动中给弱者增加的杆数。——译者注

39个数字的数字串时，他对自己说了一句鼓舞士气的话，听起来跟他正接近完成的任务没有什么关系。他说："我们今天在这里完成突破！……我不会错过这次突破的机会，不是吗？当然不会……这将是转折的时候！"我花了40秒读出那些数字，他一直保持沉默，但那时，随着他仔细在脑海中回顾那些数字，记住它们不同的分组以及出现的不同顺序，他几乎控制不住自己了。好几次，他大声地拍着桌子，还经常拍手，显然是在庆祝他记得这一组或那一组数字，或者记得它们在数字串中处在什么位置。他一度大声喊出来："绝对正确！我很确定！"当他说出最后一个数字时，回头看我。我告诉他说，他真的背出来了。于是，我们接下来开始背40个数字。这一次，他又开始自言自语："这次，大任务来了！如果我过了这一关，就全都结束了！我必须过了这个关卡。"在我读数字的时候，他再度保持沉默，接着，轮到他背诵时，他又发出兴奋的嘈杂声，并且在他想出来之后，大声地欢呼："哇……来吧！……好的！……继续！"他又一次背出来了，事实上，这一次的练习已经成为他能够经常背出40个数字的练习了，尽管他再背不了更多。

如今，并非每个人都通过高声叫喊和拍桌子的方式集中注意力，但史蒂夫的表现说明了我们可以从有效练习的研究中获得一条重要结论：**要想取得进步，必须完全把注意力集中在你的任务上。**

◉ 有目的的练习包含反馈

你必须知道某件事情自己做得对不对，如果不对，你到底怎么错了。在奥尔的例子中，音乐学生在学校的表演测试上得了个

C，这是一种迟到的反馈，但他在练习时，似乎没有人给他提供任何反馈，也就是说，没有人听他练习并指出他的错误，而这位学生看起来根本不知道他的练习是不是出了错。（“你有多少次正确地弹奏了曲子？”“唔，我不知道……一次或两次吧……”）

在我们的记忆研究中，每次尝试之后，史蒂夫便会得到简单而直接的反馈，如对还是错，成功还是失败。他总是知道自己的位置。但最为重要的反馈，也许是他自己给自己提出的。他密切关注那些他记不住的数字串。如果把这样的数字串背错了，他通常知道到底是什么原因，以及他漏背了哪些数字。即使最后他终于背出来了，他事后也会告诉我，哪些数字让他感到难以记住，以及哪些数字完全没问题。他意识到了自己的弱点在哪里，便可以适当地转变他的关注焦点，并提出新的记忆方法来弥补那些弱点。

一般而言，**不论你在努力做什么事情，都需要反馈来准确辨别你在哪些方面还有不足，以及怎么会存在这些不足。**如果没有反馈（要么是你自己给自己提出的，要么是局外人给你提出的），你不可能搞清楚你在哪些方面还需提高，或者你现在离实现你的目标有多远。

有目的的练习需要走出舒适区

这也许是有目的的练习最为重要的一个组成部分。奥尔的音乐学生并没有逼迫自己走出熟悉和舒适的区间。相反，学生的话似乎表明，他在练习中，只是毫无条理地进行了一些尝试，并没有努力去迎接新的挑战，仅仅是做那些他已经感到很容易的事情。而这种方法是不管用的。

我们的记忆实验在设计之初就避免让史蒂夫感到太舒服。随着他增强自己的记忆能力，我会用更长的数字串来挑战他，以便他总是能在离自己的能力极限不远的地方发挥出自身的能力。特别是，每次他背出来了，我便增加数字的数目；他没背出来，我便减少数字的数目。这样一来，我把数字的数目恰好保持在他能够背得下来的程度，同时也总在促使他记住只比之前多一个数字的数字串。

对于任何类型的练习，这是一条基本的真理：如果你从来不迫使自己走出舒适区，便永远无法进步。比如，业余钢琴爱好者在十几岁的时候就开始上钢琴课，等到 30 年过去了，他还在以完全相同的方式弹奏着那些同样的歌曲，看起来，在那段时间里，他已经积累了数十万个小时的“练习”，但他绝不会比 30 年前弹得更好。事实上，可能还比年轻时弹得更差。

同样，这种现象放在医学上也是这个道理，而且我们有特别有说服力的证据。研究界对许多专家进行过研究，结果发现，已训练三四十年之久的医生，在一些客观绩效指标的测量上，比那些刚从医学院毕业两三年的医生更差一些。这表明，那些医生中的大多数在他们的日常练习中并没有精进自己的业务，或者也没能保住他们的能力；他们没有给自己设置太大的挑战，或者没有将自己推出舒适区。出于这一原因，我在 2015 年参加一个大会时，辨别了一些医学继续教育的新类型，这些教育将给医生出难题，并帮助他们保持和精进他们的技能。我们将在第 5 章详细探讨这一话题。

关于这一点，我最喜欢的例子也许是本杰明·富兰克林的国际象棋棋艺。富兰克林是美国第一位著名的天才。他是一位科学家，因其对电的研究而名声远扬；又是一位受欢迎的作家和出版家，出版了《穷理查智慧书》（*Poor Richard's Almanack*）；还是美国第一家公共借阅图书馆的创始人、卓有成就的外交家、发明家等，我们还知道跟他有关的事物是双焦眼镜、避雷针和富兰克林火炉。但他最痴迷的是国际象棋。他是美国第一位国际象棋棋手，曾参加过最早的国际象棋比赛，并在那里广为人知。他下了30年国际象棋，老了的时候，他把更多的时间花在下棋上。他在欧洲的时候，和当时最著名的棋手下过棋。尽管他曾给大家提过“早睡早起”的建议，但他自己下起国际象棋来，往往下到早上6点，直到太阳升起。

因此，本杰明·富兰克林那么聪明，而且又花了数千个小时来下棋，有时候还和当时最佳的棋手过过招。他是不是让自己成了最伟大的国际象棋棋手？没有。他的水平只能说是中上等，从来没有强大到能与欧洲优秀棋手相提并论的地步，更别说最优秀了。在国际象棋上的失败，令他感到异常气馁，但他从不知道，为什么自己的棋艺无法精进了。如今我们都明白了其中的原因，那便是：他从来没有逼一逼自己，从来没有走出过舒适区，也从来没有进行数小时的刻意练习，而那种练习正是提高棋艺所需要的。他就如同一名在30年的时间里一直以同样的方式弹同样一些曲子的钢琴家。这种做法，是使自己停滞不前的“诀窍”，而不是使自己技艺精进的秘诀。

遇到瓶颈怎么办

走出舒适区，意味着要试着做一些你以前没做过的事情。有时候，你也许发现，做一些没做过的事情，相对较为容易，然后你会继续逼迫自己。但有时候，你偶然碰到了那些让你感到很难做好的事情，似乎你永远也做不了。想办法去逾越这些障碍，是通向有目的的练习的隐藏钥匙。

◉ 试着做不同的事情，而非更难的事情

通常情况下，逾越障碍的方法并不是“试着做更难的事情”，而是“试着做不同的事情”。换句话讲，这是一个方法问题。在史蒂夫的案例中，当他背诵到 22 个数字时，碰到了一个障碍。结果，他把它们分为四个组，每组四个数字，运用各种不同的记忆窍门来记住这些数字组，然后再加上一个包含 6 个数字的排练组，放在最后，以便他可以一遍又一遍地重复，直至能借助数字的声音来记住这个组。但他没能搞懂怎样记住这 22 个数字，因为当他在脑海中把它们按一共五个组、每组四个数字来排列的时候，他对数字的顺序有些混淆。最后，他突然想到一个主意：同时使用三个数字一组和四个数字一组的两种组合，这样一来，他终于取得了突破，使自己运用了四个数字组、每组四个数字，以及四个数字组、每组三个数字、再加个六个数字的排练组，最多记到了 34 个数字。然后，一旦他达到那一极限，就必须再想其他办法了。这就是史蒂夫在我们的整个记忆研究中一种常规的模式：首先取得进步，然后到了一个瓶颈，被困住了，寻找不同的方法来克服障碍，最后找到了这种方法，然后又稳定地提高，直到下一个障碍出现。

不管什么障碍，越过它的最好办法是从不同方向去想办法，这也是这种方法需要导师或教练的一个原因。有些人已经熟悉了你可能遇到的障碍，于是可以为你提供克服障碍的方法。

事实证明，有时候，其实更多的是心理层面的障碍。著名小提琴导师多萝茜·迪蕾（Dorothy DeLay）曾描述过，有一次，她的一位学生前来找她，请她帮他加快在某首曲子上的演奏速度。原来，根据时间安排，他要在一个音乐节上演奏该曲。学生对多萝茜说，他演奏得不够快。多萝茜问他，到底演奏得多快？他回答说，他想和世界著名小提琴家伊扎克·帕尔曼（Itzhak Perlman）一样快。于是，迪蕾首先录下了帕尔曼演奏的那首曲子，并记下了时间。然后，她设置了一个节拍器，以减慢速度，让她的学生根据减慢的速度来演奏，这当然在学生的能力范围之内。她让他一遍遍地演奏，每次都稍稍加快一点节奏。于是，学生每次都能演奏好。到最后，等到学生可以分毫不差地演奏这首曲子后，多萝茜告诉学生：他实际已经演奏得比伊扎克·帕尔曼更快了。

比尔·蔡斯和我两人对史蒂夫采用了好几次相似的方法，当时，史蒂夫遇到了一个障碍，认为他可能无法进一步提高自己的记忆力了。我一度稍稍放慢了读数字的速度，使得史蒂夫有更多时间来记住明显多得多的数字。这让他确信，问题并不在于那些需要他记住的数字有多少，而在于他能多么迅速地将数字编码到记忆中去，也就是为构成整个数字串的各组不同的数字找到记忆术，如果他可以加快速度将数字放到长时记忆中去，那么，他就有可能提高自己的表现。

另一次，我给史蒂夫的数字串，比起他在那个时刻能够记住的数字串长了10个数字。结果，他记住了那些数字串中更多的数字，连他自己也感到吃惊。特别是，尽管记得并不太完美，但他记住的数字总数，已经打破了此前的记录。这让他确信，事实上他完全有可能记住数字更多的数字串。他意识到，他的问题并不是自己已经抵达了记忆力的极限，而是他在整个数字串中漏掉了一组或两组数字。他认定，继续前进的关键是更加仔细地将数字的小组进行编码，于是，他又开始提高自己的水平了。

◉ 并非达到极限，而是动机不足

不论什么时候，只要你在努力提高自己在某件事上的水平，都会偶然碰到那些障碍，也就是说，在某些时刻，似乎你不可能再取得任何进步了，或者，至少你根本不知道自己该做些什么才能提高水平。这是自然而然的。不自然的是那种真正让你完全停下脚步的障碍，那种不可能逾越的障碍。在我多年的研究中，并没有找到任何清晰的证据来证明，在任何行业或领域，人们真的会遇到绩效和表现完全不变的极限。相反，我发现，人们通常会在努力提高自己的时候放弃并停下。

这里有一条注意事项：尽管我们总能继续前进和不断进步，但要想做到，并不见得总是轻而易举。保持专注并继续努力，是很难做到的，而且通常没有趣味。因此，动机的问题不可避免地浮现出来：为什么有些人愿意进行这种练习呢？是什么使他们继续下去呢？我们将在本书中一次又一次地回顾这个至关重要的问题。

在史蒂夫的案例中，有几个因素在发挥作用。首先，他是有报酬的。不过，他本来可以总是参加我们的练习，却在记住数字时不做格外的努力，依然能拿到他的报酬，因此，尽管获取我们支付的报酬，是他的一部分动机，却一定不是全部的动机。那么，为什么他要如此狠逼自己进步呢？我和他交谈过，我认为，他的动机更大程度上因为在开始了前几次练习之后，他开始看到自己的进步，而他确实乐于见到自己的记忆力得到强化。这种感觉很好，他希望一直有那种感觉。此外，在他的记忆能力达到了一定水平之后，他某种程度上成了名人；关于他的故事开始出现在报纸和杂志上，他还在许多电视节目中亮相，包括《今日秀》（*Today*）节目。这为史蒂夫提供了另一种正面反馈。一般来讲，有意义的正面反馈是保持动机的关键要素之一。这种反馈可能是内部反馈，比如满足于看到你自己在某件事上的水平提高，也可能是由其他人提出的外部反馈，但它们对某个人是否能够在有目的的练习过程中坚持不懈地努力以提高自己的水平十分重要。

另一个因素是：史蒂夫乐于挑战自己。从他以前参加过越野赛跑，而且是田径赛场上的活跃参与者，便可明显看出。所有认识他的人都会告诉你，他只要一参加训练，就会和别人一样刻苦，但他的这种动机，只是为了提高自己的表现，并不一定是为了赢得比赛。此外，他从自己多年的奔跑经历中了解到，定期的训练，一周接一周、一月接一月的训练意味着可以有效地提高表现，而且，对他来说，每周三次、每次只进行一小时训练，也不是一件格外艰难的任务，因为他经常参加长达三小时的跑步。后来，在结束了与史蒂夫和其他一些学生的记忆研究之后，我只招聘一类研究对象：运动员、舞蹈家、音乐家或歌手等曾接受过大量培训的人。他们中没有人中途退出实验。

> 有目的的练习：走出你的舒适区，但要以专注的方式制订明确的目标，为达到那些目标制订一个计划，并且想出监测你的进步的方法。还要想办法保持你的动机。

因此，我们在这里简单地总结有目的的练习：走出你的舒适区，但要以专注的方式制订明确的目标，为达到那些目标制订一个计划，并且想出监测你的进步的方法。哦，还要想办法保持你的动机。对想要提高自己的每个人来讲，这些是让你有一个卓越开端的秘诀——但依然只是开始。

有目的的练习还不够

尽管比尔·蔡斯和我依然与史蒂夫·法隆一起进行着我们为期两年的记忆研究，但在史蒂夫决定用他那得到了强化的记忆去从事别的事业时，我们决定寻找另一位乐于接受相同挑战的研究对象。我们不相信史蒂夫天生就具备能够记住数字的天赋，而是假定他提升的这些技能完全归功于他经历过的这些培训，而最佳的证明方法是与其他的研究对象一起，再进行同样的研究，看一看我们是否能获得同样的结果。

第一个自愿参与研究的是一位研究生，名叫雷妮·艾里奥（Renée Elio）。在开始前，我们告诉她，她之前的那位研究对象能够记住的数字的数量大幅度增加了，因此，她知道，那样的进步是可能的。这样一来，她比史蒂夫刚开始参与实验时，知道的东西更多一些。不过，我们没有向雷妮透露半点史蒂夫的表现。她必须想出自己的办法来记忆。

她开始练习时，进步的速度与史蒂夫非常接近，在进行了 50 个小时左右的练习后，她也强化了自己的记忆，能够记得住接近 20 个数字。不过，和史蒂夫不同的是，到这个时候，雷妮好比碰到了一堵无法逾越的墙。后来，她又花了 50 个小时左右的时间，没有取得任何进展，因此决定退出培训。她将自己的数字记忆能力强化到了远比任何未经训练的人强大的地步，并且能够与某些记忆术专家媲美，但她感觉与史蒂夫取得的进步相比，还有很大的差距。

差距在哪里

差距在哪里？史蒂夫成功地构建了一系列的心理结构，使自己能够使用长时记忆来回避短时记忆通常的局限，并且记住长串的数字。那种心理结构，也就是各种各样的记忆术（许多的这些记忆术，以运行的时间为基础，再加上一个用于追踪记忆术次序的体系）。例如，当史蒂夫听到数字907时，他将它们想象成很好记的概念，9:07，或者说9分7秒，这些便不再是必须用短时记忆来记住的随机数字了，而是他已经熟悉的概念。正如我们将会看到的那样，改进几乎各种类型的心理表现，至关重要的是心理结构的构建，这样便可以避免短时记忆的局限，并且马上就能高效地处理大量信息。史蒂夫做到了这一点。

> 改进几乎各种类型的心理表现，至关重要的是心理结构的构建，这样便可以避免短时记忆的局限，并且马上就能高效地处理大量信息。

而雷妮并不知道史蒂夫是怎么做到这样的，于是采用了完全不同的方法来记数字。史蒂夫主要基于运行的时间，将数字分成三个和四个一组。他记住了那些组的时候，雷妮却采用一系列深思熟虑的记忆术，它们得依靠天数、日期和一天中的时间，等等。史蒂夫和雷妮之间的重要差别在于，史蒂夫总是在记住数字之前，事先决定采用什么模式来记忆，将数字串分解成三个或四个数字的数字集，到最后再加上一个由4～6个数字组成的数字串，然后，他把最后那个数字串一遍一遍对自己重复，直到他能在记忆中记住它的声音。例如，对于27个数字的数字串，他会把数字整理到三个组中，每组四个数字，然后再整理到三个组中，每组三个数字，最后留一个由六个数字组成的组。我们把这种预先固定的模式称为“检索结构”（retrieval structure），它使得史蒂夫可以着重记住三个数字和四个数字的数字组，一组一组地记，然后在脑海中记住这些单个的组适合放在检索结构中的哪个位置。事实证明，这是一种强大的方法，因为它使得史蒂夫能将每组数字（由三个数字或四个数字组成）作为运行时间或其他记忆术加以编码，放入其长时记忆中，然后，他不必再去想它们了，而是直到他最后回忆数字串中所有数字时才再度回顾。

相反，雷妮设计的记忆术是：根据她听到的数字是什么，再决定使用什么方法来记住它们。例如，对于4778245这一串数字，她可能把它记成是1978年4月7日2点45分，但如果数字串变成了4778295，她必须采用1978年4月7日的方法，然后加上一个新的日期：2月9日……由于这种方法不具备史蒂夫采用方法的那种一致性，因此，她没法记住超过20位数字。

◉ 建立检索结构

比尔和我有了那次经验后，决定再找一位研究对象，要求他尽可能采用与史蒂夫相似的方法来记住数字串。因此，我们招聘了另一位跑步者，名叫达里奥·多纳泰利（Dario Donatelli）。达里奥是卡内基梅隆大学长跑队的一名成员，也是史蒂夫的训练伙伴。史蒂夫告诉达里奥，比尔和我正在寻找一位研究对象，要求该对象能够长期参与记忆训练的研究，达里奥同意了。

这一次，我们没有让达里奥自己去思考怎样记这些数字，而是让史蒂夫把他的方法教给达里奥。有了这个开始，达里奥的进步速度比史蒂夫快得多，至少是刚开始时快得多。他经历的训练次数明显比史蒂夫少得多，便能记住 20 个数字了，但从那以后，他的速度开始放缓，一度达到了能记住 30 个数字的水平，但似乎史蒂夫的方法对他没有太大的好处了，而且，他的进步开始消失。这时，达里奥开始琢磨着改编史蒂夫的方法。他提出稍稍不同的方法来编码三个和四个数字的数字组，更为重要的是，他设计了一个明显不同且非常适合他的检索结构。尽管如此，当我们测试达里奥怎样记那些数字时，发现他在依靠一些心理过程，它们与史蒂夫开发的心理过程十分相似，运用长时记忆来避开短时记忆的局限。经过几年的训练，达里奥最终能记住 100 多个数字组织的数字串，或者说，大约比史蒂夫多记了 20 个数字。此刻，和之前的史蒂夫一样，达里奥变成了这个世界上这种特殊技能最优秀的拥有者，一下子声名远扬。

这里有一条重要的经验：尽管我们通过专注的训练和走出舒适区，一般能在某种程度上提高自己做某件事的能力，但那并不是全部。刻苦努力还不够。逼迫自己超越极限，也不够。人们通常忽略了训练与练习中的其他一些同等重要的方面。学术界对一种特定的练习与训练方法进行了研究，该方法已被证明是提高人们在各个行业或领域中的能力的最强大和最有效的方式。这种方法就是“刻意练习”，我们会马上进行详尽描述。但首先让我们更加密切地观察，在这种令人称奇的改进背后，到底有着怎样的原因。

第2章

chapter2

大脑的适应能力

如果你是一名健身爱好者，或者只是想增加一些体重，使自己的肌肉增多一些，那么，你挑战自己的肱二头肌、肱三头肌、股四头肌、胸大肌、三角肌、背阔肌、斜方肌、腹肌、臀大肌、小腿肌肉以及腘绳肌，等等，就很容易追踪观察你的健身效果。你可以采用录像的测量方法，或者简单地每天照一照镜子，感受一下你的进步。如果你采用跑步、骑车或游泳等方法来增强耐力，那可以通过测量心率、呼吸的方式来观察你的进展，也可以看自己能够持续地跑、骑、游多长距离，直到肌肉由于乳酸的累积而颤抖为止。

但如果你要挑战自己的心理能力，比如说，想要精通微积分、学会演奏一件乐器或懂一门外语，那就不同了。要观察你的大脑因这些挑战而发生的改变并不容易，因为它会逐步地适应你强加给它的日益提高的要求。艰苦地训练一天后，你的大脑皮层并不会酸痛。你的脑袋也不会真的变大，不必由于以前的帽子现在戴不下了，而出去重新买顶新帽子。你不用在额头上训练出六块肌肉来。由于大脑中的任何变化你无法亲眼看见，所以你很容易以为，这些训练真的不会给你带来太大的变化。

不过，这是错误的。越来越多的证据表明，大脑的结构与运行都会为了应对各种不同的心理训练而改变，而且，很大程度上像你的肌肉和心血管系统响应体育锻炼那样。在诸如核磁共振成像（magnetic resonance imaging，MRI）等脑部成像技术的方法帮助下，神经学家开始研究拥有特定技能的人们的大脑与不具备那些技能的人们的大脑，到底有什么区别，同时，他们开始探索各种练习可以产生哪些类型的改变。尽管在这个领域中，要学习的知识依然很多，但我们已经足够清楚地知道，有目的的练习和刻意练习，怎样既增强我们的身体能力，又强化我们的心理能力，并使我们能够做一些此前从没做过的事情。

大脑的结构与运行都会为了应对各种不同的心理训练而改变，很大程度上像你的肌肉和心血管系统响应体育锻炼那样。

关于我们的身体怎样适应训练，我们了解到的绝大多数知识来自对跑步运动员、举重运动员和其他各类运动员的研究。不过，有趣的是，迄今为止，科学界围绕“大脑为响应大量训练会怎样改变”而开展的一些质量最高的研究，并没有聘请音乐家、棋手或数学家作为研究对象（这些更传统的研究对象，一般用来研究训练对表现和水平所产生的影响），而是请出租车司机参与其中。

伦敦出租车司机的大脑

世界上几乎没有哪座城市可以像伦敦那样使 GPS 系统陷入混乱。首先，这座城市并没有由大道构成的道路网络来指示方位和路径，好比纽约曼哈顿、巴黎或东京那样。相反，城市的主干道相互之间都形成奇怪的夹角。主干道则呈曲线状地弯曲着。城市中到处都是单行道，环形交叉路和“断头路”也随处可见，而且，泰晤士河在城市中央穿过，因此，伦敦的市中心被十几座桥梁跨过，使得人们在这座城市中不论进行多长时间的旅行，可能都得至少跨过一座桥梁（有时候甚至更多）。此外，伦敦市采用古怪的编号系统，有时候会让你搞不清楚，要到哪里才能找到某个特定的地址，即使你已经找对了地址上标明的街道。

所以，对游客来说，最好的建议是别想着租一辆带车载导航的车去环游伦敦，而是要靠这座城市的出租车司机把你带到想去的地方。他们无处不在，而且有着令人震惊的能力，能以最高效的方式把你从甲地载到乙地，不仅考虑了各种可行路线的长度，考虑了一天中的时间、预期的交通状况、临时路况以及道路关闭情况，还可能想到了与旅行有关的其他各种细节。在伦敦，大约有 2.5 万名出租车司机，每天驾驶着他们像箱子似的大型黑色出租车，穿梭于城市的大街小巷。另外，你告诉出租车司机自己想去某个地方，不一定要提供传统的街道地址。假设你打算再逛一次查令十字街上那家专卖各种时髦帽子的小店，你又无法完整回忆起来它的名字，比如 Load's 或 Lear 或类似的名字，但你记得，帽子店的隔壁是一家出售纸杯蛋糕的面包房，没关系，有这些信息就够了。把你知道的一切都告诉出租车司机，很快你会发现，出租车就跟自动导航似的，把你载到了那家店铺的门前。

世界上最难的测试

你可能想到了，鉴于普通人在伦敦很难找到正确的路径，并不是人人都可以当好伦敦的出租车司机。事实上，在伦敦，要想当一名获得许可的出租车司机，必须通过一系列测试，这些测试一直被人们认为是世界上最难的测试。测试由伦敦的交通部门管理，那个机构将“知识”（也就是出租车司机必须了解的信息）描述为如下内容。

> 为了获得许可，成为一名“全伦敦”的出租车司机，你得对以查令十字街为圆心的约9.6千米的半径范围内的区域有全面的了解。你得知道：所有的街道，房产，公园和开放区域，政府机构和部门，金融和商业中心，外交机构，市中心，登记办事处，医院，宗教场所，体育场馆和休闲中心，机场，车站，酒店，俱乐部，剧院，电影院，博物馆，艺术会展中心，学校，学院和大学，警察局和总部建筑，民事、刑事和验尸官法庭，监狱，以及游客感兴趣的其他地点。事实上，出租车乘客可能到达的任何地点，都得掌握。

以查令十字街为圆心的 9.6 千米的半径范围内，大约有 2.5 万条街道。但是，想要成为出租车司机的人士，必须熟悉比那个数目还要多的街道与建筑物。任何的地标性建筑，你都可以拿来参照，但也许没什么用。2014 年，《纽约时报杂志》刊登了一则关于伦敦出租车司机的新闻故事。故事讲道，主管测试的机构曾经让一位参加测试的出租车司机把主考官带到一尊“手拿奶酪”的两只老鼠的雕像面前；那尊雕像只有 1 英尺高（约为 0.3 米），周围全是高耸入云的建筑物。

还要指出的是，参加测试的出租车司机还得向主考官显示，他们可以尽快从甲地到达乙地。测试包括很多“回合”，主考官给出伦敦的两个地点，被测试对象必须先说出两个地点的精确位置，描述出它们之间的最佳线路，然后依次说出沿途每一条街道的名字。每一回合测试结束后，都由主考官根据出租车司机答案的准确性进行打分，然后，随着分数的累积，测试变得越来越难，因为主考官对终点的描述会越来越模糊，行驶路线也更长、更绕、更复杂。到最后，大约一半甚至更多的出租车司机在测试中被淘汰。没被淘汰并获得许可的那些人，早已将伦敦的地图内化于心，某种程度上好比胸中装着谷歌地图，可以随时调用卫星照片，具有深不可测的记忆力和处理能力。只要乘客提供模糊的地址，他们便能驾驶着装有摄像头的出租车，准确地把客人载到指定目的地。

为了掌握那些“知识”，打算参加测试的出租车司机要花上数年时间，把伦敦的大街小巷全都熟记于心，并做好笔记，详细记录哪个地方是怎样的，以及如何从这里去往那里。第一步是掌握指导手册中提供给出租车司机候选者的 320 回合的清单。对于某个特定回合，候选者通常首先借助摩托车，实地走一遍各种可能的线路，搞清最短的路径是什么，然后再实地探索这些线索的起点和终点附近地区。这意味着要在那些地方约 400 米的范围内闲逛，把周围的建筑物以及附近的标志性建筑拿笔记下来。反复这样做过 320 次之后，参加测试的出租车司机已经积累了伦敦市内 320 条最佳线路，而且探索并记下了查令十字街周边 9.6 千米内的中心地带的每一处位置。这是一个开始，但成功的候选者还得继续挑战自己，以确定许多其他回合的最佳路线是不是也在清单上，并记下他们此前可能漏记了的，或者也许是最近才建成的建筑物和地标。事实上，即使是已经通过测试并获得许可的伦敦出租车司机，也要继续提升他们对伦敦街道的掌握。

由此而产生的记忆力和导航技能，让人感到震惊，因此，对于有兴趣了解这些现象，特别是了解人们如何学习导航技能的心理学家来说，伦敦出租车司机有着不可抗拒的吸引力。伦敦大学学院的神经系统科学家埃莉诺·马圭尔（Eleanor Maguire）曾对出租车司机进行了迄今为止最深入的研究，那些研究也向我们揭示了训练如何影响大脑。

大脑就像肌肉，越练越大

早在 2000 年，马圭尔就发表了关于出租车司机的研究成果，那是她围绕这一主题的最早研究成果之一。她利用核磁共振成像来观察 16 位出租车司机的大脑，并将他们与另外 50 位男性的大脑进行比较，后者年龄与出租车司机相仿，但没有从事出租车司机的职业。她特别观察了海马体，也就是大脑中涉及记忆发展、形状像海马的部位。通过空间导航和记住空间中事物的位置，尤其能够激活海马体（实际上，每个人都有两个海马体，它们分别位于大脑的两侧）。例如，那些在不同地方贮存食物的鸟类，必须能记住不同的位置，因此，和另一些与之有紧密亲缘关系的、但不会在不同地方贮存食物的鸟类相比，前者的海马体相对较大。更重要的是，至少在某些鸟类中，海马体的大小十分灵活，有的大，有的小。有些鸟的海马体因存储食物的经验增大了30%，人类是不是也一样呢？

马圭尔发现，在出租车司机的大脑之中，海马体的一个特定部位比其他实验对象更大，这个部位是海马体的后部。此外，当出租车司机的时间越长，海马体的后部也就越大。几年之后，马圭尔又进行了一项研究，将伦敦出租车司机与公共汽车司机进行对比。公共汽车司机也在伦敦开了好几年车，不同的是，公共汽车司机几年来只反复走一条线路，不必去思考从甲地到乙地的最佳线路是什么。马圭尔发现，出租车司机的海马体后部，明显比公共汽车司机海马体的同样部位大得多。这其中的含义很清楚：不论是什么原因导致海马体后部的尺寸产生如此大的差别，都与驾驶汽车本身并没有关系，而是与职业要求的导航技能有特定的关系。

不过，这一结论依然不够严谨：也许研究中的出租车司机从一开始就拥有后部更大的海马体，使得他们在伦敦寻找位置和路线更有优势，而他们接受的这种广泛的测试，只是一个淘汰程序，以重点关注符合条件的出租车司机。这些司机天生就能更好地学会在伦敦的大街小巷中熟练地穿梭。

马圭尔运用十分简单却很有说服力的方法解答了上述这些怀疑：她追踪观察一组正在申请许可的出租车司机的情况，从他们接受培训开始，直到他们要么通过了测试，成为获许可的出租车司机，要么中途被淘汰并继续从事其他职业。特别是，她招募了刚刚开始接受培训、正在申请许可的 79 名出租车司机（全部都是男性）作为研究对象，另外招募了 31 名年龄相仿的男性作为控制组。她对所有人的大脑进行了扫描，发现正在申请许可的出租车司机与控制组成员之间的海马体后部的大小并无差别。

四年后，她重新观察了这两组对象。这个时候，当初的 79 名申请许可的出租车司机中，已有 41 人获得了许可，成为出租车司机，另外的 38 人则不再接受培训，或者没能通过测试。因此，此时参加对比的有三个小组：已经获许可的出租车司机，他们对伦敦的街道已然十分熟悉，并通过了系列测试；曾接受培训的出租车司机，他们对伦敦的街道并不十分熟悉；以及那些根本没有接受过培训的控制组成员。马圭尔再度扫描了他们的大脑，并计算了每个人海马体后部的尺寸。

研究结果让她备感震惊。不过，如果她曾经测量过健身爱好者的肱二头肌，本不应该对这些结果感到惊奇，但她没有这样做过，她只是测量了大脑中不同部位的尺寸。在接受过出租车司机培训的那两组实验对象中，继续参加培训并成为获许可的出租车司机的那些人，海马体后部的体积明显大一些。相反，中途不再参加培训或者没能通过出租车司机系列测试的人们，或是那些和出租车培训项目毫无关系的控制组成员，其海马体后部的尺寸没有变化。几年过去了，由于熟练掌握了伦敦的地理情况，获许可的出租车司机的海马体后部已经变大了，这是因为它负责空间导航。

2011 年，马圭尔发表了这项研究的成果，这也许是证明人类大脑为响应密集训练而发展和改变的最引人关注的证据。此外，她的研究还有一层清晰的含义：获许可的出租车司机的海马体后部，潜藏着更多的神经元和其他组织，增强了他们的导航能力。你可以把伦敦出租车司机的海马体后部想象成男性健美运动员经过高强度训练之后的胳膊和肩膀。他们年复一年地训练哑铃、鞍马、双杠、自由体操，练就了一身的肌肉，而这些肌肉又与他们在那些不同器械上要做的各种运动完美匹配起来，实际上，这使得他们可以做各种体操动作，远远突破了他们刚开始训练时的极限。出租车司机的海马体后部也同样“膨胀”，但其中充满的是脑组织，而不是肌肉纤维。

大脑拥有无限的适应能力

21 世纪头 10 年之前，大多数科学家断然否认类似马圭尔等人对伦敦出租车司机的大脑进行研究的成果，他们觉得这不可能。科学界一般认为，一旦某个人已成年，他的大脑“布线”就已经相当固定了。没错，我们每个人都明白，在你学习一些新知识时，大脑的某些部位一定会有一些调整，科学家们认为，这些调整只不过是强化了某些神经连接，弱化了另一些神经连接，因为大脑的整个结构及其各种各样的神经网络仍然是固定的。上述这种观点，与下面这种观点密切相关：个人在能力上的差别，主要由大脑“布线”的不同而导致，它是由遗传基因决定的，而学习，只不过是发挥某人遗传潜能的一种方式而已。

一个常用的隐喻是把我们的大脑描述成电脑：学习就像载入数据或安装新的软件，使你可以做一些以前做不到的事情，但你的最终效果总是受到一些因素的限制，比如随机存取存储器（RAM）中的数据数量，以及中央处理器（CPU）的能力，等等。

◉ 身体的适应能力

相反，如我们已经提到的那样，人们身体上的适应能力总是更容易辨别。关于身体的适应能力，我最喜欢用做俯卧撑的例子来证明。如果你在 20 多岁的时候身体相对健康，而且是男性，你也许能做 40 个或 50 个俯卧撑；如果你能做 100 个，你的朋友可能对你刮目相看，而且，如果他们和你打了赌，那他们毫无疑问会输。那么，根据上面的这些信息，你认为俯卧撑的世界纪录会是多少个？500 个还是 1000 个？1980 年，一位日本人创下了连续做 10 507 个俯卧撑的纪录。在此之后，吉尼斯世界纪录不再接受人们提交的纪录申请，转而接受在 24 小时之内做完的最多次数俯卧撑的纪录。1993 年，一位美国人在 21 小时 21 分钟之内做完了 46 001 个俯卧撑，这一纪录当前仍然没有被打破。

或者，想一想引体向上的例子。即使是相对健康的男性朋友，通常也只能做 10 个或 15 个，尽管如此，如果你真的训练过，也许可以做 40 个或 50 个。但在 2014 年，一位捷克人在 12 小时之内做了 4654 个引体向上。

简单地讲，人类身体的适应能力令人难以置信。这种适应能力，不仅仅是骨骼肌肉的，还是心脏、双肺、循环系统、身体的能量储存以及更多其他方面的，凡是与身体爆发力和耐力相关的各个方面，都包括在内。尽管适应能力依然存在极限，但并没有迹象表明我们已达到那些极限。

从马圭尔以及其他学者的研究成果中，我们了解到，大脑的适应能力也与我们身体的适应能力非常相似，不但程度相近，而且类别相差无几。

◉ 盲人大脑如何"重新布线"

对这种适应能力（或者像神经系统科学家所说的"可塑性"）最早的观察结果，在一些研究中多次出现，这些研究着眼于盲人或聋哑人的大脑怎样"重新布线"，以便为大脑中专门用于处理视觉或听觉的部分找到新的用途，这些部分对于失明或失聪的人来说已经用不上了。绝大多数失明者由于眼睛或视觉神经出了问题，无法看见东西，但视觉皮层和大脑中其他的部位依然在充分运转；他们只是无法从眼睛那里获得任何信息。如果说大脑真的像电脑那样是硬连接的，那么，这些视觉区域永远在那里空闲着。不过，我们现在知道，大脑会重新分配它的神经元的路径，以便这些以其他方式无法得到运用的区域也可以用来做其他的事情，特别是涉及其他感觉（如触觉、味觉、嗅觉等）的事情。失明者必须依靠其他那些感觉，从周边的环境中获得信息。

例如，为了能够阅读，失明者要用他们的指尖来触摸布莱叶点字法（盲文的一种）上凸起的小点点。研究人员使用磁共振成像机器来观察失明的研究对象在阅读盲文时大脑的活动，看到大脑中发亮的部分，就是视觉皮层。对于视力正常的人们，视觉皮层可能在处理来自双眼（而不是指尖）的信息时才会发亮；但对于失明者，视觉皮层帮助他们解读在指尖触摸到盲文上凸起的小点点时的感觉。

有趣的是，重新布线并不只是发生在没有以其他方式得到运用的大脑部位上。如果你足够多地练习做某件事情，你的大脑会改变某些神经元的

> 如果你足够多地练习做某件事情，你的大脑会改变某些神经元的用途，以帮助完成那件任务。

用途，以帮助完成那件任务，即使它们已经有了其他事情要做。在这方面，最引人关注的证据也许来自 20 世纪 90 年代科学家所做的一个实验。研究人员观察了一组十分熟练的盲文阅读者在阅读时，控制他们手上各个不同手指的大脑部位的情况。

参与研究的是用三个指头来阅读盲文的失明者，也就是说，他们用食指来阅读构成单个字母的点的图案，用中指来判断字母之间的空间，用无名指来追踪他们阅读时特定的行数。大脑中负责控制手指的部位通常开始布线，以便每个手指头的动作都有一个截然不同的部位负责。例如，正是因为这样，我们才有可能清晰地判断哪个指头的指尖碰到了物体，以及碰到的物体究竟是铅笔笔尖还是一颗图钉，而根本不需要低头去看我们的手指。研究中的参与对象是一些盲文老师，他们每天都要用手指头去触摸盲文，一摸就是几个小时。研究人员发现，他们经常使用三个手指头，已经使大脑中专门用来负责这三个指头的部位增大了许多，以至于那些部位到最后都重叠起来了。结果，参与研究的对象对这三个指头上的触觉格外敏感，和视力正常的研究对象相比，他们能够察觉到轻柔得多的触碰，但通常无法分辨到底是触碰了三个指头中的哪一个。

这些对失明研究对象的大脑可塑性的研究，类似于对失聪研究对象的大脑可塑性的研究，其结果告诉我们，大脑的结构和功能并不是固定不变的。它们会根据你对它们的运用而改变。因此，通过清醒的、刻意的练习，以我们期望的方式来塑造大脑，包括你的大脑、我的大脑以及任何人的大脑，都是可能的。

研究人员刚刚开始探索可以将这种可塑性付诸运用的各种不同方式。迄今为止最引人关注的结果，可能对一些特定人群有特别的含义，即那些随着年龄增大而饱受远视痛苦影响的人们。几乎每个50岁以上的人，对那种远视都有切身体会。这项研究是由美国和以色列的神经系统科学家及视力研究人员进行的，其结果于2012年发布。科学家组织了一组中年志愿者作为研究对象，他们所有人都难以对附近的物体聚焦。这种情况，官方的名称是老花眼，是由于眼睛本身的问题而造成的，因为眼睛的晶状体失去了伸缩性，使得人们更难充分地聚焦，以观察微小的细节。此外，老花眼还存在一种难以觉察亮与暗之间的对比度的情况，这加剧了聚焦的难度。这些结果，对于验光师和眼镜商来说是一种好处，却时刻困扰着50岁以上的人群，他们中几乎所有人都需要佩戴老花镜才能阅读或者从事需要细致观察的工作。

研究人员让研究对象每周来实验室3次左右，连续3个月保持这样的频率，并且每次花30分钟来训练他们的视力。研究人员要求他们观察一张小小的图片，将图片放置在与其形状非常相似的背景之中；也就是说，图片与背景之间的对比度很小。要观察图片，需要高度集中注意力，还得付出巨大的精力。随着时间的推移，研究对象学会了迅速而准确地辨别图片。到3个月的训练结束时，研究人员组织了测试，以了解研究对象能够观察多大尺寸的图片。总体而言，研究对象能够阅读比他们在刚开始训练时小了60%的文字，而且，每位研究对象都改进了视力。此外，在训练之后，研究对象能够不戴眼镜读报了，这是他们中大多数人在接受训练之前无法做到的。不但如此，他们读报的速度也比从前更快了。

令人惊奇的是，所有这些改进，并非由眼睛本身的变化造成。研究对象的眼睛还和从前一样，晶状体依然缺乏伸缩性，而且难以聚焦。相反，这些改进是由他们大脑中某些部位的改变引起的，这些部位负责解读来自眼睛的视觉信号。尽管研究人员并没有准确地指出这些改变到底是什么，但他们认为，研究对象的大脑学会了对图片“去模糊”。人们看图片模糊，是由两种不同的视觉缺陷共同引起的，一是无法看清微小的细节，二是难以察觉对比度中的差别。这两个问题，都可以借助在大脑中执行的图片处理来缓解，其方式很大程度上与电脑中的图片处理软件一样，或者像照相机那样，可以通过操纵对比度等来修饰图片。开展这项研究的研究人员认为，他们的训练教会了研究对象的大脑对视觉信号进行更好的处理，这反过来使研究对象能辨别更加细微的细节，不需要改善来自眼睛本身的信号。

走出舒适区的重要性

为什么人类的身体与大脑一开始就具有如此强大的适应能力呢？讽刺的是，它全都源于这样一个事实：单个的细胞和组织在尽最大的努力使一切保持相同。

◉ 身体偏爱稳定性

人类的身体有一种偏爱稳定性的倾向。它保持稳定的内部温度，保持稳定的血压和心率，并使得血糖稳定、pH 值（即酸碱度水平）平衡。它使我们的体重日复一日地保持合理的一致。当然，所有这些全都不是完全静态的。例如，如果进行锻炼，人们的心率会加快；如果暴饮暴食，人们的体重会增加；如果节食，人们的体重会下降。但是，这些变化通常是暂时的，而身体最终会回到它原来的模样。对于这种现象，技术上的术语是“体内平衡”（homeostasis），它只是意味着一个系统（可以是各种类型的系统，但最常见的是一种活着的生物，或者是活着的生物的某些部位）以一种保持其自身稳定性的方式来行动的趋势。

单个的细胞也喜欢稳定性。它们保留一定的水分，并且通过控制着哪些离子和分子留在细胞膜之内，哪些则排出细胞膜之外的方式，调节正离子和负离子（特别是钠离子和钾离子）以及各种各样小分子的平衡。对我们来说更为重要的是，如果要让细胞有效地运转，就需要一个稳定的环境。假如周围的组织过热或者过冷；假如它们的流动水平过快，超出了理想的范围；假如氧气含量下降过快；或者假如能量供应过于缓慢，都会破坏细胞功能的发挥。如果这些变化幅度太大且持续时间过长，细胞就开始死去。

因此，身体需要各种各样反馈机制的支持，这些反馈机制着力维持现状。想一想，当你进行某种强有力的体育活动时，会发生什么。肌肉纤维的收缩使单个的肌肉细胞扩大它的能量与氧气的供应，这些能量与氧气需要由附近的血管来补充。但现在，随着血流中的氧含量和能量供应量下降，身体需要采取各种措施来响应。

心跳开始加快，以增加血液中的氧含量，并排放更多二氧化碳。身体储存的各种不同能量都转换成肌肉可以使用的那种能量，并注入血流之中。与此同时，血液循环也加快，以便更好地将氧气和能量传送到需要它们的身体部位上去。

只要体育锻炼并非费力到让身体的体内平衡机制无法正常运行，那么，它基本上不会引起身体上的生理变化。从身体的角度来看，它没有理由改变；一切还是照常运转。但当你从事持续而有力的体育锻炼，使得身体超出了体内平衡机制能够补偿的界限时，就是另一回事了。

被迫走出舒适区之后

超出界限后，你的身体系统和细胞自身会处在异常状态下，含氧量和各种与能量相关的化合物含量都异常低，比如葡萄糖、二磷酸腺苷（adenosine diphosphate，ADP）、三磷酸腺苷（adenosine triphosphate，ATP），等等。各种细胞的新陈代谢不再像往常那样继续下去，因此，细胞中的生物化学反应，与正常状态下完全不同，产生的生物化学产品也和细胞通常产生的完全不同。细胞对这种状态的改变不满意，它们通过升高细胞 DNA 中的一些不同的基因来响应。（DNA 中的大多数基因，在任何特定的时间都是不活动的，而细胞会“打开”和“关闭”各种不同的基因，这取决于它在那个时刻需要些什么。）这些刚刚激活的基因将打开或者提升细胞内部各种生物化学系统，由那些系统来改变细胞的行为，使细胞顺应这样的事实：细胞和周围的系统已经被迫走出了它们的“舒适区”。

细胞内部到底是怎样进行活动以应对这些压力的，其细节极为复杂，研究人员还只是刚刚开始揭示它们。例如，在一项关于老鼠的研究中，从事研究的科学家计算了 112 种不同的基因，当老鼠后腿的某块特定肌肉上的负荷突然增大时，这些基因便会打开。通过已经打开的特定基因来判断，顺应包括许多方面，比如肌肉细胞的新陈代谢发生改变、细胞的结构发生改变以及肌肉细胞形成的速度发生改变。所有这些改变，最终的结果是强化了老鼠的肌肉，以便它们能够应对增加的负荷。老鼠还被逼着走出了舒适区，而肌肉对此的顺应方式是：变得足够强壮，以建立新的舒适区。这样就重新建立了体内平衡。

这就是体育锻炼制造身体变化的一般模式。当身体的系统（比如某些肌肉、心血管系统或者其他系统）感受到压力，以至于原来的体内平衡无法继续保持下去时，身体便会开始响应那些变化，目的是重新建立体内平衡。比如，假设你开始执行一个有氧运动的计划，如每周慢跑 3 次，每次跑半个小时，使你的心率保持在最大心率的 70% 左右的水平（对于年轻人，应当超过 140 次）。这种持续的活动，将使得供应腿部肌肉的毛细血管的氧含量降低。于是，你的身体将通过生长新的毛细血管的方式来应对，以便为腿部的肌肉提供更多的氧，并使你的双腿重新回到它们的舒适区。

这正是我们可以怎样利用身体对体内平衡的渴望而推动变化的例子：足够努力地锻炼，并且保持足够长的时间，那么，身体将以各种方式来改变，使得那种努力变得更容易。你会稍稍变得更强壮一些，积累一定的耐力，身体也变得更协调一些。但这里也有一个陷阱：一旦补偿已发生，也就是说，新的肌肉纤维已经生长出来并变得更加高效，新的毛细血管也已长出，等等。那么，身体就能轻松应对以前感到十分艰难的那些体育锻炼活动了，它会再度感到舒服。改变也停止了。因此，要使改变不断进行下去，你必须不断地加码：跑得更远一些、更快一些，并且爬坡跑。如果你不继续给自己施加一些压力，身体将会保持体内平衡，尽管此时的体内平衡不同于以前，但你将停下改进的脚步。

挑战越大，变化越大，但不要太过

这解释了持续将自己推出舒适区的重要性：你要使身体的补偿变化不停地发生，但如果一下子推得太猛，使自己远远离开了舒适区，就有可能受伤，而且，事实上反而阻碍了你的提高。至少，这是身体响应体育锻炼活动的一种方式。对于这些方面，科学家已经了解了许多，但他们对人类大脑如何响应心理上的挑战，却知之甚少。

身体与大脑的一个主要差别是：成年人大脑中的细胞，一般并不会分裂并组成新的大脑细胞。当然，也有少数几种例外，比如在海马体中，新的神经元可以生长，但发生在绝大多数大脑部位之中的、为了顺应心理挑战而进行的改变（比如通过训练对比度来提高人们的视力），没有包含新的神经元的长出和发育。相反，大脑会以各种不同方式来“重新布线”那些网络，例如，强化或弱化神经元之间的各种连接，同时还增加新的神经元连接或摒弃旧的神经元连接。髓磷脂的含量也会增加，在神经细胞周围形成的隔离鞘，允许神经信号更加迅速地传递；髓鞘形成可以使神经脉冲的速度提高10倍之多。因为这些神经元网络负责思考、记忆、控制移动、解读感官信号以及大脑的所有其他功能，重新调整和加快这些网络的运转速度，使人们可以做各种各样的事情，譬如不用戴眼镜读报，或者迅速确定从甲地到乙地的最佳路径等，那些事情都是以前做不了的。

一个人遇到的挑战越大，在一定程度上，大脑中的变化也越大。一方面，最近的研究表明，人在学习一项新的技能时，如果能够触发大脑结构的变化，那么，这种学习比起只是继续练习已学会的某项技能时的学习要高效得多。另一方面，在过长的时间内过分地逼迫自己，可能导致倦怠和学习低效。大脑和身体一样，对于处在舒适区之外却离得并不太远的“甜蜜点”上的挑战，改变最为迅速。

大脑对于处在舒适区之外却离得并不太远的“甜蜜点”上的挑战，改变最为迅速。

练习改变大脑结构

人类大脑和身体通过发展新的潜力以响应各种挑战的事实，其背后潜藏的原理是有目的的练习和刻意练习的有效性。伦敦出租车司机、奥运会体操选手或者音乐节上小提琴演奏家等人的训练，事实上是一种充分利用大脑和身体的适应能力发展和提升新能力的方法，而这些能力，我们以前并没有通过其他方式来发展和提升。

◉ 音乐训练如何改变大脑

要证实上述观点，最好是观察音乐能力的发展与提升。过去20多年，研究人员极为细致地研究了音乐训练如何影响大脑，以及那些影响反过来如何造就在音乐上的极高造诣。最有名的研究发表在1995年的《科学》（*Science*）期刊上。阿拉巴马大学伯明翰分校的心理学家爱德华·陶布（Edward Taub）与四位德国科学家合作，招募了六位小提琴演奏家、两位大提琴演奏家和一位吉他演奏家，这些人全都不是左撇子。研究人员对他们的大脑进行了扫描。另外，他们还招募了六位并非音乐家的实验对象作为控制组成员，作为那些音乐家的参照对象。陶布想了解的是，这两群人在他们的大脑中专门用于控制手指的部位上有哪些区别。

陶布最感兴趣的是音乐家左手的手指。演奏小提琴、大提琴或者吉他，需要对那些手指进行超常的控制。手指得在乐器上来回滑动，而且需要在琴弦之间来回切换（有时，这种切换的速度奇快无比），还必须异常准确地把手指放在特定的位置。此外，从乐器中发出的许多抖动的声音，比如颤音等，涉及手指放在某些位置时的滑动或颤动，通常需要大量的练习才能熟练掌握。左手的大拇指几乎不会用到，主要只是用一些力气，以便左手握紧乐器。右手的功能也比左手简单得多，对大提琴和小提琴演奏家而言，主要是握住琴弓，而对吉他来说，主要是拨弹或捏住弦。简单地讲，对这类乐器演奏者的训练，重点是加强他们对左手手指的控制。因此，陶布提出的问题是：这会对大脑产生什么影响？

陶布的团队使用脑磁波描记器来确定研究对象的大脑控制了哪些手指，这种仪器通过检测大脑中细微的磁场，勾画了大脑的活动。特别是，实验人员还触碰了研究对象的单个手指，并观察每次触碰时，他的大脑的哪些部位给予了响应。实验人员发现，与非音乐家研究对象相比，音乐家大脑中控制左手的区域明显大得多。特别是控制手指的大脑区域，已经占据了通常专门用于控制手掌的那些区域的一部分。此外，音乐家开始演奏的时间越早，这种膨胀就越明显。相反，在音乐家与非音乐家的实验对象控制右手手指的大脑区域中，研究人员并没有发现任何差别。

这些研究的含意是明显的：音乐家年复一年地练习某种弦乐器，使他们大脑中控制左手手指的区域逐渐变化，从而使他们控制那些手指的能力也日渐增强。

这次研究之后的 20 年里，其他研究人员详细阐述了其研究成果，并描述了音乐训练影响大脑构造和运行的各种不同方式。例如，与非音乐家的研究对象相比，音乐家在控制移动中发挥着重要作用的大脑部位，也就是小脑，通常大一些，而且，音乐家训练的时间越长，小脑也越大。与非音乐家的研究对象相比，音乐家在皮层的各种不同部位中拥有更多的脑灰质（一种包含神经元的大脑组织），包括躯体感觉区（触觉和其他感觉）、顶上区（来自双手的感觉）以及前运动皮层（计划移动和引导在空间中的运动）。

对于那些没有接受过神经科学培训的人们，一旦知道哪些大脑区域中到底会发生什么，可能会让他们感到震惊，但从宏观来看，却是十分清楚的：**音乐训练以各种不同方式改变了大脑的结构与运行，使人们的音乐演奏能力进一步增强。**换句话讲，最有效的训练形式其实不只是帮助你学会某种乐器的那些训练，而且是更深入和更高级的训练，这些训练确实增强了你演奏乐器的能力。当你演奏音乐时，这些训练改变了你大脑中的部位，从某种程度上提升了你自己的音乐“天赋”。

◉ 从纯智力技能到纯体格技能

除了音乐领域之外，科学家在其他行业或领域所做的这类研究不是太多，尽管如此，在科学家已经研究的每一个行业或领域，结果都相同：长期的训练，使大脑中与那种特定技能相关的部位发生了改变。这些研究有的着眼于纯智力的技能，比如数学能力。例如，与非数学家的研究对象相比，数学家的顶下小叶中的脑灰质明显多得多。这个大脑区域负责数学计算和看见空间中的物体，在数学领域的许多方面，这些功能十分重要。此外，它恰好也是研究过阿尔伯特·爱因斯坦的神经系统科学家十分关注的大脑区域。那些科学家发现，爱因斯坦的顶下小叶比常人大许多，而且形状也格外异常，这些发现使得科学家们推测，爱因斯坦的顶下小叶，可能在他进行抽象数学思考方面发挥着至关重要的作用。难道像爱因斯坦那样的人，一生下来就拥有比常人更发达的顶下小叶，因而具有擅长数学思考的天赋吗？你可能会这样想，但是，研究人员对数学家与非数学家大脑部位的尺寸进行过研究，结果发现，那些从事数学研究工作时间越长的数学家，其右侧的顶下小叶中脑灰质越多，这可能意味着，顶下小叶这个部位更大，是他进行大量数学思考的结果，而不是天生就如此。

许多科学家对那些既有心理因素又有生理因素的技能开展了众多研究，比如音乐演奏。最近的一项调查关注了滑翔机飞行员和非飞行员的大脑，发现飞行员的大脑在几个不同区域中拥有更多的灰色区域，包括左腹侧前运动皮层、前扣带皮层以及辅助眼区。这些区域似乎涉及许多方面，包括学习怎样使用滑翔机的控制杆，在飞行时将指示滑翔机方位的身体平衡信号与视觉信号进行对比，以及控制眼睛运动等。

即使是我们通常认为的纯“体格技能”，比如游泳或体操（这些运动需要谨慎地控制身体的移动），大脑也在其中发挥着重要的作用，研究发现，训练也造就了大脑的改变。例如，竞技跳水运动员与非竞技跳水者相比，在测量大脑区域中脑灰质数量的一个指标（即皮层厚度）上，前者在三个特定区域中都更厚一些，所有这三个区域都在觉察和控制身体的移动方面发挥着作用。

三个重要细节

尽管由于技能不同，具体细节也各不相同，但总的规律不变：经常性的训练会使大脑中受到训练挑战的区域发生改变。大脑通过自身重新布线的方式来适应这些挑战，增强其执行那些挑战所需功能的能力。从那些关于训练对大脑影响的研究中，我们应当可以得出这样一条基本信息，但还有其他更多细节值得一提。

第一个值得一提的细节是：训练对大脑的影响。可能随着年龄增长，在几个方面有所不同，最重要的方面是：年轻人的大脑，即儿童和青少年的大脑，比成年人的大脑更具适应能力，因此，年纪越小，训练产生的影响也越大。因为年轻人的大脑会以诸多不同方式来发育，因此，幼年时期进行的练习，实际上可以塑造后来的发育路线，从而造就更大的改变。这就是“折弯幼枝效应”。如果你将一根刚刚长出来的幼枝稍稍折弯一点点，那么到最后，那根树枝生长的位置，可能会发生重大改变；而如果你去折弯已经长成了的树枝，这种影响则小得多。

这种效应的一个例子是，与非音乐家相比，成年钢琴家大脑的某些区域通常拥有更多的脑白质，这种差别完全由他们在儿童时期经常练习所致。孩子越早开始练钢琴，长大后脑白质也就越多。因此，尽管你也可以在成年以后再开始学弹钢琴，但与儿童时期开始学相比，大脑中不会产生更多的脑白质。目前，并没有人知道这在现实中有怎样的含义，但一般来讲，脑白质增多，可以加快神经信号的传送，因此，在儿童时代练习弹钢琴，似乎能使练习者具有一定神经学上的优势，这是成年以后练钢琴无法比拟的。

第二个值得一提的细节是，通过超长时间的训练来发展大脑中的某些部位，可能得付出一些代价。在许多案例中，那些已经超常发展了某项技能或能力的人，在另一些行业或领域则出现了退化。马圭尔对伦敦出租车司机的研究，也许就是最好的例子。到了四年的训练结束时，受训者要么完成了训练，成为获许可的出租车司机，要么不再尝试，此时，马圭尔再用两种方法测试他们的记忆。一种方法涉及认识不同伦敦地标的位置，对此，已经成为获许可出租车司机的人比其他实验对象强得多。第二种方法是空间记忆的标准测试，即在延迟 30 分钟之后再记住复杂的图案，这一次，获许可的出租车司机，比那些从来没有接受过出租车司机培训的实验对象，表现却差得多。

相反，那些已被淘汰的受训者与那些从未受过培训的实验对象几乎相差无几。由于在为期四年的实验开始之时，所有三组实验对象在这项记忆测试上的得分都很好，因此，唯一的解释是，那些获许可的出租车司机尽管提高了对伦敦街道的记忆，却导致其他类型的记忆力出现下降。尽管我们不能确定地知道是什么导致这种现象的发生，但是，似乎那些密集的训练导致受训者的大脑将越来越大的部分专门用于这种记忆，从而留给其他类型记忆的脑灰质变少了。

由训练引起的认知和生理变化需要继续保持。如果停止训练，它们便开始消失。

最后，由训练引起的认知和生理变化需要继续保持。如果停止训练，它们便开始消失。例如，在没有重力的太空中待了几个月的宇航员，一旦回到地球，会发现自己难以正常行走。

另外，由于骨折或者韧带撕裂而停止训练的运动员，他们无法训练的肢体将丧失大部分的力量和耐力。同样的现象也在自愿参加研究的运动员身上出现。在这些研究中，他们必须卧床一个月左右的时间。结果，力量下降了，速度减缓了，耐力消失了。

同样的现象，对大脑也是一样的。马圭尔研究一组伦敦出租车司机时发现，他们海马体后部区域中的脑灰质比活跃的出租车司机少一些，不过，依然比那些已经退休、从来没有当过出租车司机的研究对象多一些。一旦这些出租车司机停止每天都运用自身导航记忆的训练，那么，由于这种训练而引起的大脑改变也将开始消失。

潜能可以被构筑

一旦我们以这种方式理解了大脑和身体的适应能力，便开始以完全不同的视角来思考人类的潜力，而且，这将我们引向了一种完全不同的学习路径。

想想这个：大多数人在生活中从来没有受到特别的身体挑战。他们坐在办公桌前，或者即使需要四处走动，也不用走动很多。他们不会奔跑和跳跃，不会去举重物或者长距离投掷物体，而且不会进行大量的平衡和协调的运动。因此，他们的身体能力处于相当低的水平，尽管对日常活动来说已经足够，甚至足以步行、骑单车，或在周末的时候玩一玩高尔夫或网球，但远远达不到受过高度训练的运动员拥有的体能。这些“正常”的人们，不能在 5 分钟之内奔跑 1.5 千米，或者在 1 小时之内跑完 16 千米；无法把棒球打到 90 多米的地方去，或者将高尔夫球击出近 300 米；

他们做不到在冰上做出三周跳的动作，或者在自由体操项目中完成三个后空翻。这些事情需要人们进行艰辛的训练，通常比大多数人愿意做的训练量大得多，但不管怎样，这些能力也是能够培养出来并发展提高的，因为人类的身体具有足够的适应能力来响应训练。大部分人做不到这些事情，并不是因为他们不具备做这些事情的能力，而是因为他们满足于在舒适区中生活，从来没有尝试走出舒适区。他们生活在“足够好”的世界中。

对于我们从事的所有心理活动，同样是这个道理，从写报告到驾驶汽车，从教课到经营组织，从卖房子到做大脑手术。我们在日常生活中已学到足够多的东西，但是，一旦我们抵达了那个界限，很少迫使自己超出“足够好”的范围。我们很少去挑战自己的大脑来生产新的脑灰质、脑白质，或者以有望成为伦敦出租车司机的人们或小提琴学习者可能采用的方式，对整个大脑进行“重新布线”。很大程度上，这没问题。一般说来，“足够好”就是足够好。但重要的是记住，选择总是存在。如果你希望变得更擅长某件事情，你就可以做到。

而且，传统的学习方法与有目的的练习或者刻意练习的方法之间存在着一种关键的差别，那便是：传统方法并不是专门用于挑战体内平衡的。它假设，不论是有意的还是无意的，这种学习全都涉及发挥你的内在潜力，并且意味着你可以发展某一特定的技能或能力，而不用走出你的舒适区太远。从这种视角观察，只要你进行训练，便可以发展自己的潜力。事实上，训练也是你唯一能做的。

然而，对于刻意练习，我们的目标不仅仅是发掘自己的潜能，而且要构筑它，以便从前不可能做到的事情变得可能做到。这要求挑战体内平衡，也就是走出你的舒适区，并迫使你的大脑或身体来适应。一旦你做到这一点，学习便不再只是执行某些遗传命运的方式；它变成了一种控制你自己命运的方式，也是一种按照你选择的方法构筑潜力的方式。

对于刻意练习，我们的目标不仅仅是发掘自己的潜能，而且要构筑它，以便从前不可能做到的事情变得可能做到。

下一个明显的问题是：挑战体内平衡和发展那种潜力的最佳方式是什么？我们将在本书余下的大部分内容中回答那个问题，但在那之前，要解决在本章中抛出的一个问题：我们到底在试图提升大脑的什么？我们明显知道，是什么改进了我们的身体能力。如果你长出了更多和更大的肌肉纤维，你就会变得更强壮。如果你增加了肌肉的能量贮存、提高了肺活量、改进了心跳能力以及循环系统的能力，那么你的耐力将得到增强。但是，当你在参加培训，立志当一位音乐家、数学家、出租车司机或者外科医生时，你的大脑产生了什么样的变化？令人惊奇的是，在所有这些区域中的改变，有一个共同的主题。理解该主题，是理解人们怎样用心理组成要素在任何一个行业或领域发展并提升超常能力的关键。接下来我们会进行讨论。

第3章

chapter3

心理表征

1924年4月27日下午，时钟即将敲响2:00，在纽约市阿拉玛克酒店的一间大房里，俄罗斯国际象棋特级大师亚历山大·阿廖欣（Alexander Alekhine）端坐在舒适的真皮座椅上，准备接受当地26位最优秀的国际象棋棋手的挑战。挑战者坐在阿廖欣背后两张长方形桌子前，每位挑战者前面都有一个棋盘，上面摆着与阿廖欣下的棋。阿廖欣看不到任何一个棋盘。挑战者每下一步，都由一位工作人员大声念出那步棋，使阿廖欣能够听得见，然后，一旦阿廖欣说出了自己的应招，工作人员会把这步棋摆到相应的棋盘上去。

累计有26盘棋，832个棋子，以及棋盘上1664个方格。所有这些，都不能做笔记，或借助任何其他辅助记忆工具，然而，阿廖欣却游刃有余地应对着。这次的表演赛持续了超过 12 个小时，中间只吃了个简单的晚餐，等到最后一盘棋下完，已是凌晨 2 点，阿廖欣赢了其中的 17 盘棋，输了 5 盘，和了 4 盘。

这种其中一位选手（有时候是对局的双方）无法看见棋盘，并且必须根据记忆来下棋的国际象棋比赛，被称为“盲棋比赛”，即使并没有真正意义上的盲人参与。象棋大师下盲棋的历史已超过千年，很大程度上是作为一种表演，有时也作为和棋力较低的对手下棋时使双方机会均等化的比赛方式。这些经验老到的国际象棋大师，有的甚至同时和两个、三个或四个对手下盲棋，但直到 19 世纪末，只有少数几位大师开始认真对待这种比赛方式，一次性和十多位或更多对手对弈。当前，盲棋的纪录是由德国的马克·朗（Marc Lang）在 2011 年创造的，他同时和 46 位对手对弈，共赢了 25 盘，输了 2 盘，和了 19 盘。尽管如此，人们依然认为，1924 年时阿廖欣的同步盲棋表演给人留下了最为深刻的印象，因为他的挑战者水平都很高，而且，他在激烈的竞争中依然赢了 17 盘棋。

刻意练习可以将下棋水平提高到什么样的程度，盲棋比赛可谓是最戏剧性的例子。稍稍了解一下盲棋比赛，可以让我们清楚地知道，这样的练习可以使神经系统怎样改变。

偶然的盲棋大师

尽管阿廖欣早年时有兴趣下盲棋，并在他 12 岁时就和别人下过盲棋，但在一生之中，他的绝大多数训练并非专门针对下盲棋，而只是为了提高棋艺。

阿廖欣出生于1892年10月，7岁时开始下棋。他在10岁那年就开始参加对抗赛，尽管他当时在上学，但依然每天花很多时间来详细分析自己的棋。由于他不能把棋盘带到学校，因此，他会把自己研究的棋招写在纸上，并且在学校的时候把它解出来。有一次，阿廖欣正上着数学课，猛然间站了起来，脸上挂着满足的微笑。老师以为他解答出了课堂上刚刚布置的作业，于是问道："嗯，你已经解出来了吗？"他答道："是的！我把马让给对方吃，用象去进攻……最后，白棋赢了！"

阿廖欣在参加对抗赛的同时，开始对盲棋感兴趣。1902年，美国的国际象棋冠军哈里·尼尔森·皮尔斯布里（Harry Nelson Pillsbury）在莫斯科进行了一场表演赛，创下了同时对阵22名挑战者的世界纪录。这次活动激发了阿廖欣对盲棋比赛的兴趣。阿廖欣后来回忆，他的哥哥阿列克谢当时就是皮尔斯布里那天盲棋比赛的22名挑战者中的一个，不过从我们如今掌握的关于那场比赛的记录中，并没有找到阿列克谢的名字。但不论是以哪种方式，那场表演赛在年轻的阿廖欣心中留下了极其深刻的印象。

几年后，他自己也开始下盲棋。他后来在回忆录中写道，下盲棋的能力，是他习惯在课堂上思考象棋招法自然而然的结果。起初，他会把招法勾画出来，然后使用自己画的草图来思考最佳招法，但到最后，他发现自己可以不用那些图来研究招法了，他可以完全凭记忆记住整个棋盘，并且在脑海中思考招法，尝试不同的对弈局面。

随着时间的推移，阿廖欣能够不看棋盘，光在脑海中思考整盘棋了，而且，随着年龄的增长，他受到皮尔斯布里的鼓舞，开始尝试着同时下好几盘盲棋。17 岁那年，他可以同时下四五盘盲棋，但他并没有在这方面追求更大进步，而是着重提高他在标准比赛中的棋艺。显然，到这个时候，如果他足够努力的话，他有可能成为世界上最优秀的国际象棋大师。而阿廖欣对自己的棋艺从不缺乏信心，他并不局限于“最优秀国际象棋大师之一”的称号。他的目的是成为最杰出的大师，也就是夺得国际象棋世界冠军。

第一次世界大战爆发时，阿廖欣在他通往世界冠军的路上可谓顺风顺水，但恰在此时，他的事业中断了。也正是这次中断，重新点燃了他对盲棋的兴趣。1914 年 8 月初，阿廖欣和其他许多国际象棋大师正在柏林参加一项重要的锦标赛，恰逢德国宣布与俄国和法国交战。很多外国选手都被扣留，阿廖欣因此住进了德国的监狱。在监狱里，阿廖欣发现，俄罗斯另外六七名最优秀的国际象棋选手也在那里，但他们弄不到棋盘。因此，等到他们被德国人释放，重返俄罗斯，时间已过去一个多月，在此之前，大师们只能靠盲棋比赛打发时间。

一回到俄罗斯，阿廖欣就开始在红十字会中为军队服务，被派往奥地利前线，但在 1916 年，他的脊柱受了重伤，而且被奥地利人俘虏了。由于他的后背受伤了，奥地利人把他用铁链锁在医院的病床上，一锁就是几个月。他又一次成天无事可做，只能靠国际象棋来打发时间，娱乐自己，而他也邀请了许多当地的棋手来医院和他对弈。在那段时间，也许是为了让一让当地那些棋艺不高的对手，阿廖欣经常下盲棋。等到他回到俄罗斯，他再次忽略了盲棋，潜心研究标准的国际象棋，一直到 1921 年时他移居巴黎。

此时的阿廖欣努力朝着国际象棋世界冠军的头衔迈进，在此过程中，他得采用某种方式来支持自己。他为数不多的选择之一是进行国际象棋表演赛，因此，他开始同时和好几位挑战者下盲棋。第一场比赛在巴黎举行，他对阵12位挑战者，而在此之前，他只和七八位挑战者同时下过盲棋。到1923年年底，他来到蒙特利尔，决心打破北美洲盲棋比赛的纪录。当时，北美洲盲棋比赛的纪录是同时迎接20位挑战者的挑战，该纪录由皮尔斯布里保持，因此，阿廖欣决定同时下21盘盲棋。他下得很顺利，因此，他决定去创造世界纪录，那时的纪录是25盘。所以，才有了我们在本章开头介绍的在阿拉玛克酒店的那场比赛。

在接下来的几年，阿廖欣又打破了两次纪录，一次是在1925年同时下28盘盲棋，一次是在1933年同时下32盘盲棋，但他总是声称，他下盲棋不过是为了吸引人们对国际象棋比赛的关注，当然也是为了赢得人们对他自己的关注。他并没有特别努力地提高自己的盲棋技能，而是下定决心付出百倍的努力去掌握国际象棋，并成为世界最佳的国际象棋大师。

最终，阿廖欣达到了他的目标，在1927年时击败了何塞·拉乌尔·卡帕布兰卡（José Raúl Capablanca），成为世界冠军。他连续多年保住了这一头衔，但在1935年被其他大师击败，后来他又在1937～1946年夺得世界冠军头衔。在许多的排名中，阿廖欣被列为有史以来最出色的十大国际象棋棋手之一。但当人们为史上最伟大的盲棋棋手排名时，阿廖欣的名字通常也能排在名单的前列，尽管盲棋一直都不是他的奋斗目标。

如果我们观察盲棋发展的整个历史，便会发现，大多数盲棋棋手也像阿廖欣这样，不经意之间就培养了卓越的盲棋技能。他们致力于成为国际象棋大师，觉得自己几乎没有，或者完全没有付出额外的努力下盲棋。乍一看，如此众多的大师提高了他们下盲棋的能力，但这不过是一种技艺罢了，只能算是为国际象棋的发展史留下了有趣的脚注。但如果你更深入地观察就会发现，这种关联实际上是一条线索，它指向一些特定的心理过程。正是这些过程将国际象棋生手与大师区分开来，并且使大师们拥有了令人难以置信的能力来分析棋子的位置，并将注意力集中在最佳招法上。此外，在所有行业或领域的杰出人物中，我们也可以发现他们身上具有同样这些经过高度发展的心理过程，我们可以将它们作为理解卓越专家杰出能力的钥匙。

不过，在深入研究这一现象之前，让我们首先更为详尽地观察国际象棋大师那种记住棋盘上棋子位置的记忆力。

大师比新手强在哪里

在 20 世纪 70 年代初期，研究人员开始从事研究，以理解国际象棋大师怎么做到如此准确地记住棋子位置。最早的研究由我的导师赫伯特·西蒙（Herbert Simon）与比尔·蔡斯合作完成，后者和我共同进行了史蒂夫·法隆的记忆数字研究。

◉ 有意义的记忆更高效

我们已经知道，对国际象棋大师来讲，对手每下出一步棋，只有短短几秒钟的时间来研究棋盘，因此，他们将准确地记住大多数棋子在棋盘上的位置，而且能够近乎完美地重新确定棋盘上最重要的区域。这种能力，似乎否定了众所周知的短时记忆的局限。相反，刚刚开始下国际象棋的人，只能记住几个棋子的位置，没有能力去重新配备棋盘上的棋子。

赫伯特和比尔提出了一个简单的问题：国际象棋大师究竟是能够回忆每个棋子的位置，还是实际上只能记住当时的整个棋局，而把单个棋子的位置作为更大整体中的一部分而记住的呢？为了回答这个问题，赫伯特和比尔做了一个简单而有效的实验。他们摆好两个棋盘，对国家级的国际象棋棋手（即国际象棋大师）、水平中等的棋手以及新手进行了测试。在其中的一个棋盘上，摆出一盘别人真正下出来的棋局，在另一个棋盘上，只是较为混乱地摆放了一些棋子，根本谈不上是一盘棋。

当国际象棋大师看到别人真正下出来的棋局的 10 多个或者 20 多个棋子时，经过 5 分钟的研究，能够记住大约 2/3 棋子的位置，但新手却只能记住大约 4 个棋子，水平中等的棋手，则介于这两类人之间。而当他们全都看到随意摆放棋子的棋盘时，新手的表现某种程度上还是差一些，只能准确说出 2 个棋子的位置。这是意料之中的事情。不过，令人惊讶的是，无论是水平中等的棋手还是优秀的大师，在记住棋盘上随便乱摆的棋子的位置方面，并不比新手表现得优秀。他们也只能记住两三个棋子的位置。此时，经验丰富的棋手的优势不见了。科学家最近对一大批国际象棋棋手进行的研究，也得出了同样的成果。

在语言的记忆中，也存在一些十分类似的现象。如果你让某个人回忆一个句子，但句子中的词语全都打乱了顺序，要让他从第一个单词开始记住，比如“前面的、以至于、肚子、花生、他的、咕咕叫了、太香了、他、那个女人、在吃、起来、不由得、花生”，普通人只能记住这些单词中的前六个词。不过，如果你把这些词语组成一个完整的、表达清晰意义的句子，比如“他前面的那个女人在吃花生，花生太香了，以至于他的肚子不由得咕咕叫了起来”，那么，某些成年人会以完美的次序记住所有单词，而且，大多数人记得句子中的大部分内容。差别在哪里？第二种排序是带有含义的，使我们能够运用预先存在的“心理表征”来解释单词。在第二种排序中，单词并不是随机的，它们有意义，而那些意义可以辅助我们记忆。同样，国际象棋大师并没有培养令人不可思议的记忆力，来记住棋盘上单个的棋子；相反，他们的记忆是取决于背景的，也就是说，只针对那些在正常棋局中出现的棋子位置进行记忆。

5 万个数据块

这种辨别和记住有意义图案的能力，源于国际象棋大师提高棋艺的方式。任何一位真心想提高国际象棋水平的人，通常会花无数个小时的时间来研究大师下过的棋局，也就是我们说的“打谱”。深入分析棋子的位置，预测下一步招法，如果猜错了，回头再想一想自己到底漏算了什么。研究表明，用来进行这种分析所花的时间，而不是与其他对手对弈时所花的时间，是对国际象棋棋手水平高低的唯一最重要的指示符。这样的训练通常要花十年之久，才能达到大师级的水平。

这么多年的训练，使得国际象棋棋手只需看一眼，就能辨别出棋子的规律，不仅是它们的位置，而且包括它们之间的相互关系。棋子俨然成了他们的老朋友。比尔·蔡斯和赫伯特·西蒙称这些规律为“数据块”，棋手已经把这些数据块保存到他们的长时记忆之中了，这很重要。

西蒙估计，到一位棋手训练成国际象棋大师的时候，他已经积累了 5 万个这样的“数据块”了。研究国际象棋的大师已经在其他棋局中见过大量的这种“数据块”，它们相互之间有关联。研究表明，这些“数据块”是按层级整理的，低水平的构成一组，中等水平的构成一组，高水平的又构成另一组。这种层级类似于公司或者其他大型机构中的组织结构，个人隶属于团队，团队隶属于部门，部门隶属于公司等，高层次的组更抽象，而且，距离采取真正行动的最底层也较远。(在国际象棋这个例子中，可以这样来想：越是复杂的棋局，调动的子力也越多，子力之间的相互配合也越复杂；越是简单的棋局，调动的子力也越少，子力之间的相互配合也越简单。)

既见树木，又见森林

国际象棋大师处理和解释棋子位置的方式，就是心理表征的一个例子。这是他们“看到”棋盘的方式，而且，新手与大师相比，尽管看到的是同一个棋盘，理解却全然不同。当他们在心理上观察棋盘上的局势时，问他们看到了什么，大师不会说他们看到的棋盘上的实际棋子，不会只按照某种对棋子位置进行“照相式记忆”的方式来理解棋盘上的局势。这些是“低级”的表征。相反，他们的描述模糊得多，通常会说出一些“攻击线路”以及“运子”之类的术语。这种表征的关键在于，它们使得棋手能将棋盘上棋子的位置进行编码，而且，编码方式比只是简单地记住棋子到底位于哪个方格之中有效得多。这种有效编码，就是源于大师能够只看一眼棋盘，便可记住大多数棋子的位置，特别是能够和挑战者下盲棋。

这些表征，还有另外两个特点值得一提，因为它们是我们探索更广泛的心理表征世界时会一而再再而三出现的主题。

第一，心理表征不只是对棋子位置的编码那么简单。它们使得国际象棋大师看到正在进行中的棋局时，马上便能感到哪一方占优势，棋局会朝哪个方向发展，以及下一步或更多步的招法是什么。这是因为表征除了记住棋子的位置以及它们之间的相互关系之外，还包括记住两位棋手在棋盘上各种优势与劣势，以及在那种局面下可能有效的招法。清晰地将大师与新手或中等水平棋手区分开来的因素是，大师第一次研究棋局时，便能想出精妙得多的招法。

这些心理表征第二个值得一提的特点是：尽管国际象棋大师最初会根据普通的规律来分析棋子的位置（而且在和水平不太高的对手下棋时已经足以应对了），但是这种表征还使得大师将注意力集中在单个的棋子上，并且从心理上“移动”它们，以观察那些下法会怎样改变棋局。因此，大师可以迅速而详尽地研究可能的一连串招法和对手的应对方式，寻找能争取最大获胜可能性的特定招法。

简单地讲，一方面，心理表征使大师着眼于全局来观察，看到“一片森林”，这是新手无法做到的；另一方面，心理表征还使大师可以在必要时把注意力集中在具体的招法上，观察“一棵树”。

> 心理表征既使大师着眼于全局来观察，又使大师可以在必要时把注意力集中在具体的招法上。

心理表征是什么

心理表征不只是针对国际象棋大师的，我们也经常运用它们。**心理表征是一种与我们大脑正在思考的某个物体、某个观点、某些信息或者其他任何事物相对应的心理结构，或具体或抽象。**一个简单的例子是视觉形象。例如，一提到蒙娜丽莎，很多人马上便会在脑海中“看到”那幅著名油画的形象；那个形象就是蒙娜丽莎在他们脑海中的心理表征。

有些人的表征比其他人更详尽、更准确，而且，他们还能描述关于背景的细节，比如说，描述画中的蒙娜丽莎在哪里坐着，以及她的发型和眉毛的模样。

稍稍复杂一些的心理表征的例子是单词，比如说狗。假设你从来没有听说过狗，也从来没有看到过和它相似的动物。也许你在一个孤岛上生活，那里找不到任何的四足动物，只有鸟类、鱼类和昆虫。当别人第一次向你介绍狗的概念时，那些全都只是孤立的数据，而“狗”这个词，对你来说真的没什么意义；它只是这种与你无关的知识的标签；狗身上长毛，有四条腿，喜欢吃肉，喜欢群居，小狗通常被称为“狗狗”，可以对它们进行训练，诸如此类。不过，通常情况下，随着你花时间和狗一块玩，并且开始了解它们，所有这些信息全都被整合到一个全面的概念之中，这个概念由“狗”这个词来表征。现在，当你听到这个词，不必搜索记忆，便能想起关于狗的各种细节；而且，所有这些信息都可以即时访问。你不仅将“狗”这个词添加到了你的单词库之中，而且也添加到了你的心理表征集之中。

◉ 刻意练习包括创建心理表征

大多数的刻意练习包括创建更加有效的心理表征，不论你在练习什么，都可以使用这些心理表征。当史蒂夫·法隆和我一起练习，以提高他记住长数字串的能力时，他想出越来越复杂的方法，在心理上将那些数字进行编码，也就是说，他创建了心理表征。当接受过伦敦出租车司机训练的人们在学习高效地从甲地到乙地的导航时，包括在城市中所有行驶路线上导航时，他们通过描绘这座城市越来越复杂的心理地图来导航，也就是说，通过创建心理表征来导航。

即使训练的技能主要是身体技能，创建适当的心理表征也是一个主要因素。想一想某位致力于研究新型跳法的竞技跳水选手。这种训练很大程度上只为形成一幅清晰的心理画面，描绘那种跳法看起来是怎样的，更为重要的是，它在体位和动量上给人的感觉应该是怎样的。当然，刻意练习还使身体本身发生了一些生理变化，对于跳水选手，包括腿部和腹部肌肉，以及背部和肩部，还有其他身体部位的发展，但如果不创建心理表征来正确地产生和控制身体的动作，那么身体上的变化将毫无用处。

◉ 行业或领域的特定性

关于这样的心理表征，一个重要的事实是：它们都是“行业或领域特定的”，也就是说，只应用于专为它们而培养出来的技能。我们在史蒂夫·法隆身上看到了这种现象：他已经设计了心理表征来记住数字串，然而，那些心理表征与他的数字串记忆力的提高没有关系。同样地，国际象棋棋手的心理表征，并不会使他们在涉及普通视觉空间能力的测试上具有超出他人的优势，而跳水运动员的心理表征如果放到篮球这项运动中，也将毫无用处。

一般来讲，这解释了关于杰出表现的一个关键事实：如果只是培育普通的技能，便没有心理表征这回事。比如说，你不是在普通地训练你的记忆力，你训练，是为了特定地记住数字串，记住一些单词，或者记住人们的脸；你不是单纯地把自己训练成运动员，你训练，是为了有目的地当一名体操运动员、短跑选手、马拉松运动员、游泳选手或者篮球运动员；你不是将自己训练成一般化的医生，你训练，是为了有针对性地使自己成为外科医生、病理学家或者神经外科医生。当然，有的人确实可以成为"一专多能"的专家，比如说，既是记忆专家，又是运动员，但他们确实要在许多不同的行业或领域进行训练。

由于各个行业或领域之间心理表征的细节具有极大差异，我们难以给出一个十分清晰的顶层定义，但基本上，这些表征是信息预先存在的模式（比如事实、图片、规则、关系，等等），这些模式保存在长时记忆之中，可以用于有效且快速地顺应某些类型的局面。**对于所有的心理表征，有一点是相同的：尽管短时记忆存在局限，但它们使得人们可以迅速地处理大量信息。**事实上，人们可能把心理表征定义为一个概念式的结构，设计用于回避短时记忆施加在心理加工上的一般局限。

在这方面，我们见过最好的例子是：史蒂夫·法隆能够记得住多达 82 位数字，但是，如果他单单依靠短时记忆，却只能记住七八位数字。他每次将自己听到的数字分为若干组，每个组包含 3 个或 4 个数字，然后将这些组编码到长时记忆中，变成有意义的记忆，再将这些记忆与检索结构关联起来，这样一来，他能记住接下来的数字组是哪些。为了做到这些，他需要的心理表征，不仅用来记住 3 个数字或者 4 个数字的数字组，而且用来记住检索结构本身，他将这个结构想象成一棵二维的树，在这棵树的各个枝头的末端，就是那些由 3 个数字或者 4 个数字组成的数字组。

但是，记住一连串事情的列表，只是短时记忆在我们生活中发挥作用的最简单例子。我们经常不得不同时记住和处理许多信息。比如，弄清某个句子中的单词的意思；记住棋盘上各个棋子的位置；或者，在开车时必须考虑诸多不同的因素，如速度和动量，其他车辆的位置和速度，路况和能见度，脚是必须放在油门踏板上还是刹车踏板上，用多大的力度踩踏板，以及打方向盘的时候该打多猛，等等。对于任何较为复杂的活动，我们都得在脑海中记住更多的信息，但它们超出了短时记忆的极限，因此，我们总是在自己甚至还不知道的情况下，就创建了这样那样的心理表征。事实上，没有心理表征，我们连走路（太多的肌肉运动需要协调）、说话（同样要协调肌肉的运动，再加上要理解所说的话的含义）都做不到，根本无法生活下去。因此，每个人都拥有并使用心理表征。

◉ 心理表征铸就杰出表现

将杰出人物与其他人区别开来的因素，正是前者心理表征的质量与数量。通过多年的练习，他们针对本行业或领域中自己可能遇到的各种不同局面，创建了高度复杂和精密的表征，比如，在比赛期间可能出现的国际象棋棋子的各种配置。这些表征使他们能够做出更快更准确的决策，并且在特定的局面上更快更有效地应对。这是其他任何方法都无法比拟的，它解释了新手与专家之间的差别。

想一想，职业棒球运动员能够持续不断地击球，而且对方抛出的球的速度，可能超过每小时 144 千米，如果换成其他人，他们没有在连续几年时间里不停地训练这种特定技能，根本不可能做到。只在刹那间，击球员就得决定要不要挥棒击球；如果要击球的话，还得决定朝哪个方向挥棒。他们的视力与常人无异，反应也不会比常人快。他们只是拥有了一系列心理表征。这些心理表征的形成，是经过多年的击球训练，而且获得即时反馈（比如，教练在旁边指出应当如何预测对方怎样抛球）的结果。心理表征使击球员能迅速意识到对方抛出了什么样的球，并且马上判断在击中此球后，球可能会朝哪个方向飞去。只要他们看到了投球手的胳膊开始动，球离开了他的手，便非常清楚地知道这个球是快球、旋转球，还是曲线球，并且大致可以算出击球后球会朝哪个方向飞去，根本不必进行任何刻意的计算。基本上，他们学会了怎样解读投球手的投掷，因此，在确定是否挥棒击球以及朝哪里击球时，无须真正看到球怎样飞过来。我们其他的人，由于没有接受过相应训练，根本没办法做出这些决定，只能眼睁睁地看着球飞到接球手的手套之中。

因此，在上一章的结尾，我们提出了一个问题，这里可以回答很大一部分：在刻意练习之中，我们的大脑究竟是什么发生了变化？将杰出人物和我们其他人区分开来的主要因素是：他们经过年复一年的练习，已经改变了大脑中的神经回路，以创建高度专业化的心理表征，这些心理表征反过来使得令人难以置信的记忆、规律的识别、问题的解决等成为可能，也使得他们能够培养和发展各种高级的能力，以便在特定的专业领域中表现卓越。

理解这些心理表征是什么，以及它们怎样运行，最好的方式是为心理表征的概念创建良好的心理表征。正如我们前面提到过的狗的例子，为心理表征创建心理表征，最好的办法是花一点点时间来了解它们，轻轻摸一下小狗的皮毛、拍一拍它们的头，并且细心地观察它们的一举一动。

> 将杰出人物和我们其他人区分开来的主要因素是：他们经过年复一年的练习，已经改变了大脑中的神经回路，以创建高度专业化的心理表征。

心理表征有助于找出规律

几乎在每一个行业或领域，杰出表现的标志是能在一系列事物中找出规律，这些事物，在无法创建高效心理表征的人们看来，可能是随机或令人困惑的。换句话讲，杰出人物能够看到“一片森林”，而其他所有人，却只看见“一棵树”。

这也许在团队体育项目中最为明显。拿足球来举例。那些没有经验的人会以为，一方的 11 位球员似乎在场上会乱作一团，并没有可辨别的规律可循。球员们只是在场上要么奔跑，要么站立，不论什么时候，只要球到了身边，便去抢球。不过，对那些了解并喜欢足球的人，特别是那些踢得很好的人来说，这种杂乱根本算不上杂乱。球员为响应来球而跑动，以及其他球员的跑动，都是有规律可循的，而且，这其中的规律有着细微的差别，并且在持续不断地变化。最优秀的球员几乎会在一瞬间就辨别出规律，并做出响应，充分利用对方球员的弱点或本方努力创造出来的空档。

预测未来

为研究这种现象，我和保尔·沃德（Paul Ward）和马克·威廉姆斯（Mark Williams）两位同事对一些足球运动员进行了研究，以了解他们可以多么准确地根据球场上已经发生的事情，预测接下来会发生的事情。为做好这项研究，我们让球员观看一些真正的足球比赛视频，然后，当某个球员刚刚接到球时，突然摁下"暂停"键。然后，我们问实验参与对象，那位接球的球员下一步会做什么。他是自己带球、起脚射门，还是把球传给队友？

我们发现，球员在足球这一领域越是取得了卓越的成就，也就越能准确地预测录像中那位接球的球员下一步会做什么。我们还请参与实验的球员尽可能回忆他们看到的最后一帧画面，以测试他们是不是记住了视频中其他球员的位置，以及这些球员在朝着哪个方向走动或跑动。在这次测试中，更优秀的球员再次胜出。

我们可以推断，更优秀的球员在预测未来方面具备的优势，与他们能够预想更多种可能的结果，迅速对这些结果进行过滤，相应地提出最有可能的行动不无关系。简单地讲，更优秀的球员已经培养了超强的能力来解读球场上的规律。这种能力使他们可以感知哪些球员的移动及互动最为重要，从而围绕"应该向球场的哪个方位奔跑，什么时候传球以及传球给谁"等问题，在瞬间做出更好的决策。

橄榄球场上也是这种情形，尽管在这个球类项目中，主要是四分卫需要对球场上的变化情况创建心理表征。这解释了为什么最成功的四分卫通常是那些在视频室里待得最久的球员。他们会通过观看视频，反复观察和分析自己队和对方队中的球员怎样踢球。最优秀的四分卫追踪观察球场上每个地方都在发生什么，比赛结束后，他们通常能够回忆起该场比赛的大多数细节，并且可以详尽描述双方队中许多球员的移动。更重要的是，有效的心理表征还使得四分卫能马上做出优秀的决策：是不是传球、向谁传球、什么时候传球，诸如此类。能够比别人快 1/10 秒的时间做出正确决策，可能就意味着赢与输的差别，比如，这减少了传球被断球的概率，提高了传球成功的概率。

◉ 无意识决策

一些德国科学家于 2014 年进行的一项研究，表现了关于心理表征的另一个重要事实。该研究着重观察了室内攀岩。这项运动专门用来模仿室外攀岩运动，也作为室外攀岩运动的一种训练方法，攀岩者必须使用各种把手来攀爬一堵垂直的墙。这些把手要求采用各种不同的握法，包括张开式抓握、口袋式抓握、从旁边抓握，以及皱褶抓握。如果你在把手上运用了错误的抓握方法，就有很大可能从墙上掉下来。

研究人员采用标准的心理方法研究了攀岩者在分析各种不同的把手时大脑中产生的变化。他们首先注意到，有经验的攀岩者和新手不同，前者能够根据需要的抓握类型来辨别每个把手。例如，在他们对各种把手的心理表征中，所有那些需要采用皱褶抓握方法的把手，都构成一个组，而且与需要采用其他方法来抓握的把手区别开来。这种分组方法是无意识的，就好比你看到贵宾狗和大丹狗的时候，马上就知道它们全都是犬科的一员，而不会这样对你自己说：“那两种都是狗。”

换句话讲，经验丰富的攀岩者已经对把手形成了心理表征，这使得他们无须有意识地思考，便知道看到的是哪一种把手，需要采用哪一类抓握方法。此外，研究人员还发现，有经验的攀岩者看到某个特定的把手时，大脑会给双手发送一个信号，让他们做好相应抓握的准备，同样无须有意识的思考。

没有经验的攀岩者则必须有意识地思考每个把手适合哪种抓握方法。经验丰富的攀岩者使用心理表征来自动分析把手的能力，使他们能更快地攀岩，而且掉落的概率也更低。因此，更好的心理表征带来了更加杰出的表现。

心理表征有助于解释信息

对我们刚刚描述的杰出人物来说，**心理表征的一个重要好处在于，可以帮助我们处理信息：理解和解读它，把它保存在记忆之中，组织它、分析它，并用它来决策。**对所有的杰出人物来讲，都是这个道理，而且，无论我们自己是不是知道，我们大多数人都是某件事情的专家。

比如，只要大家把这本书读到了这里，几乎都可以称为阅读“专家”，而且从某种程度上，你必须创建某些心理表征。这首先要从学习字母与声音之间的相互对应开始。通过练习，你开始借助它们来识别整个单词。C–A–T这三个字母放一起，就变成了“猫”(cat)，这是由于心理表征已经将这个单词中的字母组合模式进行了编码，并且将这一模式与该单词的发音以及一种小小的、长毛的、发出“喵喵”叫声、通常与狗无法和谐相处的动物联系起来。和我们对单词的心理表征一起，你还创建了一系列其他的表征，它们对阅读至关重要。你学会了如何辨别一个句子的开头和结尾，以便将单词串分解成各种有意义的块，你还知道，有的单词出现在句子中，尽管看起来像是一句话已经说完了，但其实并不是这样，比如先生、女士、博士等称呼[⊖]。你将各种各样的模式内化于心，可以推断你以前从没见过的单词的意思，而且，当有的单词可能被拼错了、错误使用了，或者遗漏了的时候，你能利用上下文关系来解释。现在，当你在阅读时，你做这些全都是下意识的，心理表征潜藏在平静的表面下运转，不被人注意，但却至关重要。

只要读到了这里，你就已经完全能够认出页面上的记号，并将它们与你语言中的词语和句子对应起来。从这个意义上讲，几乎你们所有人都是阅读的专家；尽管如此，你们中有些人一定比另一些人更擅长理解和消化本书所包含的信息。这再次涉及你们的心理表征有多么强大，以使你们克服短期记忆的局限，并且记住正在阅读的内容。

要究其原因，想一想当你在测试一组实验对象时，让他们阅读报纸上一篇稍稍有些专业的文章（例如，讲述的是一场足球赛或棒球比赛），然后出题测试他们，看他们记住了多少内容。你可能猜想，其结果主要取决于实验对象的一般语言能力（这与他们的智商密切相关），但你错了。研究表明，对于某则关于一场足球或棒球比赛的新闻故事，决定某个人理解程度的关键因素是那个人对这项体育运动有多了解。

原因简明而直接：如果你不太了解那项运动，那么，你读到的所有细节，基本上都是一系列毫不相干的事实，你要记住它们，并不会比记住一个随机的单词列表容易。但如果你对这项运

⊖ Mr.\Ms.\Dr. 的末尾有一个小点，在英语中是句号。——译者注

动有所了解，你已经建立了一个用来解释它、组织信息，将它与你已消化的其他所有相关信息综合起来的心理结构。新的信息变成了不间断的故事中的一部分，因此更加迅速且更加容易地转移到你的长时记忆之中，使你能记住文章中的大量信息；与你并不熟悉这项运动时相比，你熟悉这项运动时，能记住的文章中的信息更多。

你对某个主题研究得越多，对该主题的心理表征也变得越细致，也越能更好地消化新的信息。因此，国际象棋高手可以看懂棋谱，那些对大多数人来说，是完全没有意义的数据，比如 1. e4 e5 2. Nf3 Nc6 3. Bb5 a6……而且，高手还可以理解整盘棋。同样，职业音乐家可以看懂一首新曲子的乐谱，并且即使没有弹奏过它，也知道它会发出怎样的声音。如果你是一位已经熟悉刻意练习这个概念的读者，或者已经熟悉学习心理学的更广泛领域，那么，你可能比其他读者更容易消化这本书的信息。

不论是哪一种方式，读这本书和思考我正在讨论的这个主题，将帮助你制造新的心理表征，这反过来将使你在未来更容易读懂和了解这个主题的知识。

心理表征有助于组织信息

《纽约时报》时不时发表由医生兼作家丽莎·桑德斯（Lisa Sanders）撰写的专栏文章，题为“像医生那样思考”（Think Like a Doctor）。每篇专栏文章都提出了一个医学谜题，也是一个最初让遇到该谜题的医生感到难解的真实案例。然后，假设读者拥有需要的其他所有工具，比如相关的医学知识，并且具备根据综合征来推理病情以进行诊断的能力，要求读者给出答案。报纸上的版本往往给读者提供足够的信息，以便自己来解答这样的谜题。桑德斯会在下一期的专栏文章中给出正确的答案，解释最初遇到该谜题的医生是怎样找到解答之道的，并宣布有多少人答对了。这些专栏文章总是吸引数百名读者的积极响应，但往往只有少数几人能够答对。

我最感兴趣的并不是专栏文章中揭露的医学谜题或者它们的答案，而是从专栏文章中得出的、对诊断思考过程的洞察。医生进行诊断时，尤其是对复杂病例的诊断，总是面对大量关于病人病情的事实，而且必须吸收那些信息，然后将其与相关的医学知识结合起来，以得出结论。医生至少必须做三件事情：理解关于病人的事实，回忆相关的医学知识，运用这些事实和医学知识来辨别可能的诊断方法，并从中选择正确的方法。对于所有这些活动，如果医生掌握了更加复杂的心理表征，也就使这一过程变得更快更有效，有时候甚至使不可能变得可能。

医学谜题：耳朵痛和瞳孔小

为了观察这一过程如何运行，我会借用桑德斯在专栏中提到的一个医学谜题，这个谜题共有 200 多人给出了他们的答案，但只有少数几位读者正确解答出来了。一位 39 岁的男警官来看医生，说他耳朵痛得厉害，感觉耳朵里有一把刀子在割似的，并说他的右眼瞳孔比左眼瞳孔小一些。他以前耳朵曾经痛过一次，到一个急诊中心就过诊，在那里，医生将其诊断为感染，开出了抗生素的处方。之后，在几天的时间里，耳朵好了一些，他觉得没有关系了，但两个月之后，耳痛再度复发，而且这一次，抗生素也不管用了。

医生认为，这可能是一种鼻窦感染，但由于是瞳孔的问题，他建议病人去看眼科医生。眼科医生无法进行诊断，于是将病人转到专科医生那里。专科医生是一位神经 - 眼科医生，他立刻意识到，瞳孔小是一种特殊综合征的症状，却不清楚是什么原因可能导致其他方面健康的男性患上这种症状，而且也不知道它与剧烈的耳痛有没有关系。因此，他提出了一系列问题：你全身的其他地方有没有感到虚弱无力？有没有麻木或发麻的感觉？你最近有没有举过重物？

当病人回答说，他最近连续几个月一直在举重物时，医生又提了另一个问题：在举起重物之后，他的头部或颈部有没有感到剧烈的疼痛？病人回答说是，在几个星期之前，他在一次举起重物后，曾患过剧烈的头痛。医生终于能判断是哪里出了问题。

在解答这一谜题时，表面看起来，基本的步骤是辨别导致一只瞳孔比另一只瞳孔小的原因，但这实际上非常简明直接：要求医生在某种程度上了解那一症状，而且能够回忆起综合征。它被称为“霍纳氏综合征”，是由于眼睛背后的神经受损所致。这种损伤伤害了眼睛放大的能力，通常限制了那只眼睛的眼睑的运动，事实上，专科医生在仔细观察时，发现那只眼睛的眼睑并没有完全打开。

◉ 专科医生如何解谜

有些读者准确地判断出霍纳氏综合征，但不知道该综合征怎样与耳痛联系起来。在这种特殊的挑战之中，需要将大量的线索综合起来考虑，专科医生的心理表征的作用开始显现出来。用一系列复杂的症状来诊断的医生，必须能领会事先并不知道的大量信息，而且那些信息有的可能是最为相关的，有的则可能与病情毫不相干。因为短时记忆的局限，人们无法吸收所有那些散乱的信息，因此，必须对照相关的医学知识背景来理解。

但什么是相关的呢？在做出诊断前，医生很难知道各种各样的临床信息可能意味着什么，以及它们可能与哪些类型的医疗状况有关。那些对诊断医学的心理表征依然处在初级阶段的医学院学生，往往将症状与他们熟悉的某些特定的医疗状况相关联，并马上得出诊断结论。他们没能提出多种选择。甚至许多经验不太丰富的医生，也和他们一样。因此，当例子中的这位警官到急诊中心去就诊，告诉医生他的耳朵痛时，医生认为是某种类型的感染所致。尽管这在许多案例中可能是正确的答案，但这次，医生并没有考虑该病人的某只瞳孔发生了变化，而这个事实看起来似乎与耳痛无关。

和医学院的学生不同，专业诊断医生创建了复杂的心理表征，使得他们能够马上考虑大量不同的事实，即使那些事实第一眼看上去似乎并没有密切关联。精心创建的心理表征的一个主要优势是：你可以立即吸收和考虑更多的信息。科学家对专业诊断医生的研究发现，这些医生往往不会把病人的症状与其他相关数据视为相互孤立的信息，而是作为更大整体中的一部分来看待，可以说，他们观察病人的方式，和国际象棋大师观察棋局一样，后者从来不把棋子看成相互没有联系的孤立个体，而是看成整盘棋中的一部分。

精心创建的心理表征的一个主要优势是：你可以立即吸收和考虑更多的信息。

国际象棋大师的心理表征使他们能够迅速想出大量可能的招

法，然后把注意力集中在寻找最佳招法之上，同样，经验丰富的诊断医生也会提出各种可能的诊断，然后分析各种各样的替代选择，以便从中选择最有可能的那一种。当然，医生可能最终确定，所有的选择都与眼前的病人不相符，但这种推理的过程可能将他引向其他的可能性。这种能够提出大量可能的诊断，并通过它们来仔细推理的能力，正是专业诊断医生和其他医生之间的差别。

《纽约时报》上描述的医学谜题的解答，恰好也需要采用这样的方法：首先，围绕为什么病人既有霍纳氏综合征，又感到耳朵里面好像有小刀在割而提出各种可能的解释；然后，分析每一种可能性，以便找到正确答案。中风可能是其中的一种可能性，但病人以往的病史并没有表明他可能患上了中风。带状疱疹也可能让病人产生两种症状，但病人并没有带状疱疹通常有的症状，比如起水泡或者皮疹等。第三种可能性是颈总动脉壁撕裂，它可能是随着霍纳氏综合征中受感染的神经所引发的，而且恰好经过耳朵附近。颈总动脉轻微的撕裂可能使血液从动脉的内壁渗出，导致其外壁膨胀，从而压迫通向脸部的神经，也会压迫通向耳朵的神经（这种情况很罕见）。记住了这一点，专业医生于是询问病人是否举过重物并患过头痛。众所周知，举重物有时候可能导致颈总动脉撕裂，而那种撕裂伤通常会与头痛或颈痛的症状相关。当病人肯定自己最近举过重物时，专业医生确定颈总动脉的撕裂是最可能的诊断。最后，医生对病人进行了磁共振成像扫描以验证诊断，随后对病人采取稀释血液的治疗法，防止血块的形成，同时，医生还告诉病人，在几个月之内要避免任何的用力，那样会阻碍血管的恢复。

成功诊断的关键并不只是拥有必要的医学知识，而是能够将这种知识组织起来，以便提出可能的诊断结果，并聚焦于最有可能的诊断结果。在对杰出人物的研究之中，出色地组织信息是反复出现的主题。

即使对于像保险销售之类的平常事情，也是这个道理。最近的一项研究，观察了150位保险代理人对各种保险产品的了解（如人寿保险、家庭保险、汽车保险和商业保险等）。极为成功的代理人（根据他们的销量来确定）自然比那些不太成功的代理人更了解各种各样的保险产品。但更重要的是，研究人员发现，与不太成功的代理人相比，极其成功的代理人有着更为复杂和综合的“知识结构”，我们称之为心理表征。特别是，更优秀的代理人事先想好了更多的“如果……那么……”的句式：“如果这些事情对客户来说是真的，那么就这么说或者那么做。”由于最优秀的保险代理人都更好地组织了他们对保险产品的了解，因此，在任何特定的场合下，他们能更为迅速和准确地想出该怎么推销保险产品，这也使得他们成为更加高效的代理人。

心理表征有助于制订计划

经验丰富的攀岩者在开始攀岩之前，会仔细观察整堵墙，以找到他们将会选择的最佳路径，想象着自己从一个把手的位置攀爬到另一个把手的位置。这种在真正的攀岩开始之前先创建详尽的心理表征的能力，是随着经验的积累而造就的。

更一般地讲，**心理表征可以用来为很多行业和领域做计划，表征越好，计划就越高效**。例如，外科医生在第一次拿起手术刀之前，通常会想象整个手术该怎样进行。他们使用MRI、CT和其他的影像来仔细观察病人的体内情况，以确定可能造成麻烦的部位，然后，他们会精心确定一个手术计划。为手术进展情况创建这样一种心理表征，对外科医生来说是最具挑战性，也是最重要的事情，经验越是丰富的外科医生，通常也越会为这些程序创建更加复杂有效的表征。这种表征不仅指导着手术，而且在手术过程中出现某些意料之外的事情和潜在的风险时，可以作为一种预警。当实际的手术偏离了外科医生的心理表征时，他知道要放慢手术速度，重新思考其他选择，而且如果有必要的话，会制订一个新计划来应对新信息。

在现实生活中，真正去攀岩或者做手术的普通人相对较少，但几乎所有的人都会写作，而怎样写作，为我们提供了关于心理表征可以怎样用于计划的好例子。过去几年，在我写这本书的时候，我本人对这个行业或领域十分熟悉，而许多读了这本书的人，近来也完成了一些写作，无论是写一封个人信件还是商业备忘录，一个博客帖子还是一本书。

◉ 松散的写作方法

研究人员对人们在写作时使用的表征进行了相当多的研究，研究表明，出色的写作者使用的方法与那些新手使用的方法存在着巨大的差异。例如，想一想当一位六年级学生被问到他在写文章时采用了什么方法时，他是这样回答的：

> 我的脑海中有许多的观点，我把它们写下来，直到全部写下为止。然后，我可能会努力思考更多的观点，直到自己再也想不出值得写在纸上的观点时，我才停下来。

这种方法实际上非常典型，不仅对于六年级的学生，而且对许多并不以写作为生的人们都是如此。写作的表征既简单又直接：写作者确定写作的主题，而且脑海有各种各样的思考，通常，这些想法根据相关性或重要性而松散地组织，但有些时候，则根据类别或者某些其他规律来组织。一种稍稍复杂些的表征，可能包括刚开始时某种介绍，以及快结束时进行某种总结或概括，但要前后一致，即结束时的总结与概括要与开始时的介绍相呼应。

这种写作方法被称为“知识陈述”（knowledge telling），因为差不多是把你脑海中浮现的所有观点一一告诉读者。出色的作家会采用完全不同的方法。

如何写这本书：创建心理表征

想一想我的共同作者和我是怎样把这本书整合起来的。首先，我们必须搞懂我们希望写本书的目的。我们希望读者从我们的专业知识中学到些什么？什么概念和观点是重要的，需要介绍？读者读完本书后，对于训练潜力的看法，会怎样改变？回答类似这样的问题，给我们提供了对本书最初的大致心理表征，即我们写本书的目标，以及我们想实现些什么。

当然，随着我们为本书付出的努力越来越多，本书最初的形象已经日臻完善，但那只是开始。我们需要阐述哪些一般的主题？显然，得解释刻意练习是什么。怎么来解释？嗯，首先要解释人们通常怎样练习、那种练习方法有哪些局限，然后探讨有目的的练习，等等。那时，我们想象了可以用哪些方法来达到我们的目标，并且逐一衡量它们，看看哪种选择似乎最佳。

在做出选择时，我们也在慢慢地完善自己对本书的心理表征，直到我们看起来似乎实现了所有的目标为止。在这个阶段，想象我们的心理表征最简单的方法是回头思考你在初中语文课堂里学过的那种老式的概括方法。我们准备了对各章的概述，每一章的概述都着重阐述一个特定的主题，并且阐述了那一主题的各个方面。但我们创建的对这本书的表征，远比简单的概括丰富得多，也复杂得多。例如，我们知道每个部分的内容为什么安排在那里，以及我们想用它来达到什么目的。而且，我们对本书的结构与逻辑有非常清晰的了解，比如，为什么 A 主题放在 B 主题之前，而 C 主题又放在 B 主题之后，同时，我们对各个部分之间的相互关系有怎样的理解。

如何写这本书：调整心理表征

我们发现，这个过程还迫使我们仔细地思考，我们怎样对刻意练习形成自己的概念。我们首先从刻意练习的明确理念以及如何来解释这一理念入手，但是，随着我们试图以非技术的方式来简要描述这一理念，有时候我们发现，它并没有按照我们的意愿来进行。那将使我们重新思考，怎样才是解释某个概念或者提出某一观点的最佳方式。

例如，当我们向文稿代理人埃莉丝·切尼（Elyse Cheney）提出了我们最初的建议时，她和她的同事难以清晰地理解刻意练习。特别是，她们并没有搞懂，是什么将刻意练习与其他形式的练习区分开来，只不过觉得刻意练习更加有效罢了。这并不是她们的错，而是我们没有解释清楚，因为我们原本以为人们能够轻松地读懂这个概念。

那迫使我们重新思考如何介绍刻意练习，基本上，我们对自己以及我们希望其他人关于刻意练习的想法，提出了全新和更好的心理表征。很快，我们发现，为了让人们理解我们想要怎样介绍刻意练习，心理表征发挥着至关重要的作用。

起初，我们把心理表征视为会向读者介绍的关于刻意练习的许多方面之一，但现在，我们将其视为本书的一个核心特点。刻意练习的主要目的是创建有效的心理表征，而且，如我们很快将会探讨的那样，心理表征反过来在刻意练习中发挥着重要的作用。我们具有适应能力的大脑，在响应刻意练习的过程中发生的重要转变，就是发展出更好的心理表征，它反过来为提高绩效而创造了新的可能性。简单地讲，我们开始把自己对心理表征的解释视为本书的主旨，没有它，本书的其他内容都将无法成立。

我们写这本书，与我们对本书的主题进行概念化，两者是相互交织的，随着我们想尽各种办法以求更清楚地向读者解释我们的观点，我们会提出新的方式来思考如何刻意练习我们自己。研究人员把这种类型的写作称为“知识转换”（knowledge transforming），它与“知识陈述”完全相对，因为写作的过程改变并增加了作者在写作开始时拥有的知识。

这是杰出人物运用心理表征来提高技能水平的一个例子：他们监测并评估自己的技能水平，在必要时调整心理表征，使之更加有效。心理表征越有效，水平也越优异。我们已经为本书创建了一种特定的心理表征，但我们发现，这本书并不像我们希望的那样出色，因此，我们运用获得的反馈来相应地调整那一表征。

杰出人物运用心理表征来提高技能水平，监测并评估自己的技能水平，在必要时调整心理表征，使之更加有效。

这反过来使我们能够更好地解释刻意练习了。而且，在写作本书的整个过程之中，一直是这样的。尽管我们的解释在不断地改进，但我们对本书的心理表征引导并激发了我们对写作的决定。随着我们一路写下去，我们在编辑艾蒙·多兰（Eamon Dolan）的帮助下评估每一个部分，而且，当发现其中的缺陷时，我们调整那一表征，以解决问题。

显然，针对某一本书的心理表征，比起针对一封个人信件或一个博客帖子，既重要得多，也复杂得多，但一般规则是相同的：好好地写，事先创建心理表征，以引导你努力写作，然后监测和评估你的努力，并且准备在必要时调整这一表征。

心理表征有助于高效学习

一般来讲，心理表征并不只是学习某项技能的结果；它们还可以帮助我们学习。对于这一点，一些最好的证据来自音乐表演领域。一些研究人员着重研究了将最优秀的音乐家与不太优秀的音乐家区分开来的因素，结果发现，两者之间的主要差别之一是，最优秀的音乐家能创建高质量的心理表征。在练习某件新作品时，新手和中等水平的音乐家往往对这件音乐作品听起来应当是什么样子缺乏好的、清晰的想法，而最优秀的音乐家往往对音乐作品有着极为细致的心理表征，他们用这些表征来指导自己的练习，到最后，指引他们在演出作品时的表现。特别是，他们用心理表征为自己做出反馈，以便知道自己有没有准确地把握好作品，以及还需要做些什么，从而表现得更优秀。新手和中等水平的学生对音乐作品的心理表征可能很粗糙，使得他们只能分辨自己是不是演奏了错误的音符，但必须依靠导师的反馈，才能辨认出更难察觉的错误和缺陷。

◉ 心理表征质量与音乐练习效果

甚至在刚刚开始上台表演的音乐系学生中，某件音乐作品的心理表征质量的差别，与他们在练习时的效果怎样也有很大关系。大概 15 年前，澳大利亚的两位心理学家盖瑞·麦克赫森（Gary McPherson）和詹姆斯·伦威克（James Renwick）开展了一项研究，对许多 7 ~ 9 岁的孩子进行了研究。孩子们当时正在学习演奏不同的乐器，如长笛、小号、短号、竖笛以及萨克斯管，等等。部分研究是当孩子在家练习时用视频记录，然后分析他们练习时的情况，以了解孩子都做了些什么，使得练习的效果产生差别。

特别是，研究人员计算了学生第一次和第二次练习音乐作品时所犯的错误数量，以及第一次到第二次之间有些什么改进，以这两个方面作为学生练习有效性的衡量指标。他们发现，学生们的改进程度之间，存在着广泛的差别。

在参与研究的所有学生之中，有位演奏短号的女生在学习该乐器的第一年，所犯的错误次数最多：在练习时首次弹奏某件作品时，平均每分钟犯 11 次错误。在第二次演奏同一作品时，她犯的错误次数依然达到第一次演奏时所犯的同样错误的 70%，也就是说，在每 10 次错误中，她仅仅注意到并纠正了其中的 3 次。

相反，最优秀的那位学生，是个演奏萨克斯管的男孩，他在第一次演奏某件作品时，平均每分钟只犯了 1.4 次错误。而在第二次演奏时，所犯错误的次数只占到第一次所犯次数的 20%，也就是说，在每10次错误中，他纠正了其中的8次。这种纠正错误次数的百分比之间的差别格外引人注目，因为演奏萨克斯管的那位男孩已经在演奏时犯了比别人少得多的错误，因此，他改进错误的空间也小了许多。

所有学生都有端正的态度，而且有志提高自己的演奏水平，因此，麦克赫森和伦威克总结道，**学生之间的差别，在很大程度上最有可能取决于他们能多敏锐地察觉自己所犯的错误，也就是说，他们对音乐作品的心理表征有多么有效。**研究人员说，一方面，萨克斯管的演奏者对音乐作品有清晰的心理表征，这使他能意识到自己所犯的大多数错误，下一次演奏时依然记得这些错误，并纠正它们。另一方面，短号的演奏者似乎并没有对自己演奏的水平创建良好的心理表征，她不具备和萨克斯管演奏者同样的那些改进方法。

麦克赫森和伦威克并没有试图理解心理表征的精确特点，但另一项研究表明，那些表征可能有几种不同的形式。其中一种是听觉表征，也就是说，对某件音乐作品听起来应当是什么样子，有着清晰的认识。水平各异的音乐家使用这些表征来指导他们的练习与演奏，越是优秀的音乐家，就有越发细致的表征，不仅仅包括音高和要演奏的音符长度，而且包括它们的音量、升降调、音准、颤音、震音，与其他音符的和谐关系等，其他音符包括由其他音乐家在其他乐器上演奏的音符。优秀的音乐家不但能辨别乐声的所有这些不同特点，而且知道怎样在他们的乐器上演奏出这些声音，也就是说，他们知道，这需要他们对乐器产生自己的心理表征，这反过来与声音本身的心理表征紧密地联系在一起。

麦克赫森和伦威克研究的学生，可能在某种程度上已经创建了心理表征，这些表征将乐谱上的音符与他们演奏这些音符必需的指法联系了起来。因此，如果演奏萨克斯管的学生在演奏某件音乐作品时，不慎把手指放在错误的位置上，他不仅可能由于萨克斯管发出了错误的声音而产生注意，还可能由于指法错误而产生注意（即他的手指所放的位置），因为这与他对自己的手指应当放在哪里的心理表征并不相一致。

虽然麦克赫森和伦威克开展的研究在极其个人的层面上具有优势（当我们做完这些研究时，我们差不多觉得自己已经认识那位短号演奏者和萨克斯管演奏者了），但它同时也有一种劣势：只观察了一所学校中的少数几位音乐家。幸运的是，英国研究人员开展的另一项研究，支持了麦克赫森和伦威克的研究成果。英国这项研究对 3000 多名音乐学校的学生进行了观察，其中有些是新手，有些是准备进入大学音乐学院深造的高才生。

研究人员发现，成就最杰出的音乐学校学生，能够更好地确定他们什么时候犯了错误，并能更好地辨别作品的哪个部分最难演奏，这需要他们聚精会神。这意味着，这些学生都对他们即将演奏的音乐作品以及自己的表现创建了良好的心理表征，这使得他们可以监测自己的练习，并发现错误。此外，学生的演奏水平越高，其训练方法越有效。这里的含义是，他们正在运用自己的心理表征，不仅为了发现错误，而且为了将适当的练习方法与音乐的难易程度紧密地匹配起来。在任何一个行业或领域，不只是音乐表演领域，技能与心理表征之间的关系是一个良性循环：你的

技能与心理表征之间的关系是一个良性循环：你的技能越娴熟，创建的心理表征就越好；而心理表征越好，就越能有效地练习，以磨炼技能。

技能越娴熟，创建的心理表征就越好；而心理表征越好，就越能有效地练习，以磨炼技能。

知名钢琴家如何运用心理表征

美国康涅狄格州立大学心理学家罗格·查芬（Roger Chaffin）与来自新泽西州的国际知名钢琴家加布里埃拉·因瑞赫（Gabriela Imreh）曾长期合作开展研究，两人在研究成果中更加详尽地描述了杰出人物如何运用心理表征。多年来，两人通力合作，以了解当因瑞赫学习、练习和演奏某件音乐作品时，头脑里都在想些什么。查芬与因瑞赫的大部分研究成果，让我们想起了我是怎样监测史蒂夫·法隆为记住数字串而创建和完善心理表征的。查芬在因瑞赫学习弹奏某件新的音乐作品时，观察她的表现，并且让她说明，当她在决定如何弹奏这件作品时，心中到底是怎么想的。查芬还把训练的情形用视频录制下来，以便掌握更多其他线索，来观察因瑞赫如何一步步接近她的目标。

在一系列的训练中，当因瑞赫花30多个小时来练习约翰·塞巴斯蒂安·巴赫的《意大利协奏曲》第三乐章时，查芬进行了追踪观察。当时，因瑞赫打算首次演奏。当她第一眼看到这部作品时，首先就创建了查芬所说的“艺术形象”，也就是说，对自己在弹奏这部作品时听起来应当是什么声音而形成的心理表征。如今，因瑞赫并没有忘记这部作品，她听过许多次了，能通过简单地看一遍乐谱便对这部作品形成心理影像，这一事实表明，她已为这部钢琴作品创建了非常良好的心理表征。我们大多数人只会在乐谱上看那些音乐的符号，而因瑞赫却在自己的脑海中听那些音乐。

从那时起，因瑞赫大部分的功夫花在思考如何弹奏这部作品上，使之与她脑海中的“艺术形象”相匹配。她首先在脑海中认真想了一遍整部作品，并确定了应当用什么指法来弹奏。只要有可能，她会运用钢琴家为特定的系列音符而确定的标准指法弹奏，但有些音符的弹奏，需要采用与标准不同的指法，因为她想以特定的方式弹奏特定的章节。她尝试不同的选择，最终确定其中的一种选择，并在乐谱上做出标记。她还识别了曲子中的不同时刻，查芬称那些时刻为“令人印象深刻的转折点”。例如，在某个时刻，她会将弹奏风格从轻快活泼转变为中规中矩和严肃认真。后来，因瑞赫在乐曲中挑选一些线索，也就是在转折点到来之前的短章节，或者是技术上有难度的章节，当她弹奏到这些地方时，把那些线索作为提示，让自己做好准备。她还挑选了一些不同的地方，在那些地方，她会为音乐增加一些有细微差别的解释。

因瑞赫把所有这些不同的要素都整合到一起，想方设法从全局和细节两方面对乐曲和自己的弹奏进行掌控。她形成了整部音乐作品听起来应该是什么样子的印象，同时对乐曲的细节形成了清晰的印象，这些都是她在弹奏时需要密切关注的。因瑞赫的心理表征将她对乐章听起来应当是什么声音与她自己推测要怎样发出那种声音结合了起来。虽然其他钢琴家的心理表征可能在细节上与因瑞赫的不同，但他们的总体方法可能极为相似。

因瑞赫的心理表征还使得她能应对任何一位古典钢琴家在学习弹奏某部音乐作品时面临的进退两难局面。一方面，音乐家练习并熟记乐曲，以便能够几乎自动地演奏出来，是至关重要的，这样一来，各个手指都能弹奏出正确的音符，几乎或者完全不需要有意地思考。以这种方式，钢琴家便能在观众面前毫无瑕疵地演奏乐曲，尽管他在台上时感到紧张或兴奋，也能做到游刃有余。另一方面，钢琴家必须在一定程度上表现得自然，以便与观众建立联系、形成沟通。因瑞赫运用她对音乐作品形成的心理地图来做到这些。由于她总在不断地练习，手指的动作因而得到了良好的排练。她总能准确知道自己弹到了乐章中的哪一部分，因为她辨认出了作为标记的各种各样的转折点。有些转折点是演奏过程中的标记，例如，它们会告诉因瑞赫，马上就要改变指法了；而另一些转折点查芬称之为“昂贵的标记”，这些标记告诉因瑞赫，弹到了乐曲中的哪些地方，她应当改变自己的弹奏手法，以捕获一种特定的情绪，这取决于她自己的感觉以及观众对此的反应。做到了这些，她在现场观众面前弹奏一首复杂的乐曲时，就能够保持流畅和自然。

◉ 体育运动也是心理活动

正如我们从几项研究中发现的那样，音乐家依靠心理表征来提高他们的专业实践与认知。对于我们认为是纯粹身体活动的那些活动，心理表征至关重要。

在有些活动中，一个人的身体定位和动作是不是适合相应的艺术表现形式，要由评委来评判。比如，想一想体操、跳水、花样滑冰或舞蹈等。这些活动的心理表征极其重要。运动员或表演者必须创建清晰的心理表征，想象他们的身体应当怎样做动作，才能产生良好的艺术效果。

但即使在另一些领域，比如游泳和跑步等，尽管成绩并非由评委来评判，但以格外有效的方式来训练身体的动作依然十分重要。游泳运动员要学会怎样在每次划水时产生最大的冲力和最小的阻力。跑步运动员则要学会以怎样的频率和幅度来迈步，既能保存体力应对长距离的奔跑，又能使跑步的速度胜过其他人。撑竿跳高运动员、网球选手、武术运动员、高尔夫球员、棒球运动中的击球员、篮球运动中的三分投手、举重运动员、双向飞碟射击运动员以及滑降滑雪运动员等，对所有这些运动员来说，正确的形式是取得杰出成就的关键，而创建了最佳心理表征的运动员，往往具备其他人不具备的优势。

在这些领域，还有一种良性循环在起主导作用，那便是：磨砺了技能，可以改善心理表征；而改变心理表征，也有助于磨砺技能。在这方面，有点类似于鸡和蛋的关系。以花样滑冰为例：如果你不去做两周半跳这个动作，便很难就这个动作给你带来什么感觉而创建清晰的心理表征；同样，如果你没有创建清晰的心理表征，便难以做好这个动作。这听起来有点儿自相矛盾，实则不然。你一步一步地尝试着做这个动作，在此过程中，也就积累了心理表征。

这类似于你一边攀爬楼梯，一边搭建新的阶梯。你攀爬的每一步阶梯，都让你来到了需要搭建新阶梯的地方。然后，你搭建了新的阶梯，爬上去之后，你又得准备搭建下一步阶梯了。如此循环往复。你现有的心理表征在引导你的表现和绩效，并使你既能监测又能判断自己的表现和绩效到底是优还是劣。随着你迫使自己去做一些以前没做过的事情，比如说，去培育一项新技能，或者磨砺一项已有的技能，那么，你也在拓展和优化自己的心理表征。心理表征得到了拓展和优化，你便能够出色做好以前从未做过的事情了。

第4章

chapter4

黄金标准

有目的的练习，到底忽略了什么？除了只是简单地集中注意力并且迫使人们走出舒适区之外，还需要些什么？让我们来进行探讨。

如我们在第1章中见到的那样，不同的人进行的有目的的训练，可能有截然不同的结果。史蒂夫·法隆训练到了能记住82位数字的地步，而雷妮尽管和史蒂夫一样刻苦，却没能超过20个。两人之间的差别，存在于用来提高他们记忆的训练类型的各种细节之中。

史蒂夫第一次证实了我们能够记住一长串数字，随后，数十位竞争对手提升了他们对数字的记忆，超越了史蒂夫的水平。负责监管国际记忆力竞赛的世界记忆力运动理事会报告称，如今，至少有 5 个人已经设法在记忆力比赛中记住 300 个或者更多数字，而且，有数十人记住了至少 100 个数字。截至 2015 年 11 月，这项活动的世界纪录由一位名叫 Tsogbadrakh Saikhanbayar 的蒙古人保持，他在中国台湾举行的 2015 年度成人记忆力公开赛中，记住了 432 个数字，比史蒂夫创造的纪录多了 5 倍多。正如雷妮和史蒂夫之间的差别那样，史蒂夫的表现与新一代记忆奇才之间的重要差别，取决于他们训练的细节。

这是一般模式中的一部分。在所有的行业或领域之中，有些训练方法比另一些更有效。在本章，我们将探索所有方法中最有效的：刻意练习。它是黄金标准，对任何一个渴望学习某种技能的人们来说，都是理想的方法。

从音乐领域开始

有些活动，比如在流行音乐团体中演奏音乐、解答纵横填字谜以及跳民间舞等，并没有标准的训练方法。不管是哪种方法，似乎都是马马虎虎的，产生的结果无法预料。另一些活动，比如古典音乐演奏、数学、芭蕾等，必须得采用高度发展的、被人们广泛接受的训练方法。如果某人谨慎勤奋地遵循这些方法，那么，他几乎一定能成为该行业或领域的专家。我毕生都在研究后面这些行业或领域。

这些行业或领域有几个共同的特点。

- 第一，对于绩效的测量，总是存在客观的方面，比如象棋比赛或者一对一比拼中的输赢，或者至少有一些半客观的方面，比如由专家评委来评断。这是有道理的：如果大家无法就什么是好的表现达成一致，并且没有办法分辨是什么样的改变将提高人们的表现，那么，也就很难（通常也不可能）发展有效的训练方法。如果你无法确切地知道人们表现的提高应当由什么组成，那怎么可能提出一些改进表现的方法呢？

- 第二，这些行业或领域往往具有足够的竞争性，以至于从业人员有强烈的动机来训练和提高。
- 第三，这些行业或领域通常都是已经形成规模的，相关的技能已得到数十年甚至数世纪的培养。
- 第四，这些行业或领域中，有一些从业人员还担任导师和教练，随着时间的推移，他们已经发展出日渐复杂的一整套训练方法，使得该行业或领域的技能水平稳定提高。技能的提高和训练方法的发展是同气连枝的，新的训练方法使人们的成就达到新水平，而新成就的取得又在训练中造就了创新（这又是个良性循环）。这种技能与训练方法的共同发展，至少到目前为止，总是与反复试验相伴相随，而且，行业或领域中的从业人员采用各种方法来试验，以提高表现，继续采用有效的方法，并摒弃无效的方法。

没有哪个行业或领域比音乐训练更强烈地坚持这些原则，尤其是在小提琴和钢琴的训练上。这是一个竞争的领域，其必备技能与训练方法的发展，已历经数几百年。此外，在音乐这个领域，至少在小提琴和钢琴的子领域，如果想要成为世界最佳音乐家中的一员，通常需要经历 20 年或者更长时间扎实的训练。

简单地讲，对于任何一个想要理解杰出表现的人来讲，这是一个自然应当选择的领域，很可能还是最好的领域。幸运的是，当我完成了在记忆方面的杰出表现的研究之后，我在音乐这个领域研究了许多年。

绝好的研究机会

1987 年秋，我在马克斯·普朗克人类发展研究所从事的研究。在结束了我与史蒂夫·法隆的记忆力研究之后，我马上研究了另一些具有杰出记忆力的例子，比如，有的服务生不用把许多客人所点的详细菜单记下来，便能记住他们点的每一道菜；有的舞台剧演员刚开始接拍一部新戏，但每次都能记得住许多台词。在任何一种情况下，我研究了这些人为了强化自己的记忆力而创建的心理表征，但他们全都有一个重大局限：他们是从来没有经过正式训练的"业余爱好者"，是自己通过长期的训练把它琢磨透了。那么，经过严格的、正式的训练方法，可以达到哪种程度的成就？当我移居柏林时，我突然有机会去观察音乐家采用的那些方法了。

那个机会的出现，要感谢德国柏林艺术大学，该学校离马克斯·普朗克研究所不远。这所大学拥有四所学院，一所美术学院、一所建筑学院、一所媒体和设计学院、一所音乐和表演艺术学院，共有 3600 名学生，其音乐专业在师资力量和学生能力方面尤其享有盛誉。

从德国柏林艺术大学毕业的学生，包括指挥家奥托·克伦佩勒（Otto Klemperer）和布鲁诺·瓦尔特（Bruno Walter），两人都是21世纪指挥界响当当的人物，还有凭借《三分钱歌剧》(*The Threepenny Opera*) 的创作而享誉世界的作曲家库尔特·魏尔(Kurt Weill)，尤其他还创作了极受欢迎的歌曲《飞刀手》(*Mack the Knife*)。年复一年，这所大学培养出了大量的钢琴家、小提琴家、作曲家、指挥家和其他类型的音乐家，他们在德国以及全世界的精英艺术家中占有一席之地。

在马克斯·普朗克研究所，我招募了两名合作者，一位是研究所的研究生拉尔夫·克朗普(Ralf Krampe)，另一位是博士后克莱门斯·特斯克–鲁默尔(Clemens Tesch-Römer)，我们三人一起设计了一项调查，对音乐成就的发展进行了研究。起初，我们打算着重研究音乐学生的动机。特别令我感到好奇的是，音乐家的动机是否解释了他们有多么积极地参加训练，因而至少部分地说明了他们是怎么变得如此杰出的。拉尔夫、克莱门斯和我选择了只研究音乐学院中学习小提琴表演的学生。因为这所学院以培养世界级小提琴家闻名，那些学生中的大多数可能在10 ~ 20年的时间里跻身世界最佳小提琴家的行列。当然，并非所有的人都如此卓越。学院拥有的小提琴学生水平各异，有的是优秀，有的是优异，有的是杰出，这使我们有机会在成就各不相同的学生之间对比其动机。

我们首先请音乐学院的教授们辨认出那些具备成为国际独奏艺术家潜力的学生，这类艺术家是职业小提琴家中的佼佼者。教授们说出了14个学生的名字。在这些人中，有3人无法说一口流利的德语，因而难以对他们采访；有1人怀了孕，因而无法正常地参与训练。这样一来，我们只能对10位“最杰出”的学生进行研究，其中7人是女性，3人是男性。教授们还说出了许多其他小提琴学生的名字，尽管他们也非常优秀，却无法成为超级巨星。

我们还从柏林爱乐管弦乐团和柏林广播交响乐团招募了10位中年小提琴家，这两个管弦乐团都在国际上享有盛誉。音乐学院的老师告诉我们，他们最优秀的学生有可能最终进入这两个乐团中的某一个，或者加入德国其他地区同等水平的乐团；因此，来自这些管弦乐团的小提琴家，代表着未来，他们可能是将来20 ~ 30年内音乐专业中最优秀的小提琴家。

我们的目标是，了解到底是什么将真正杰出的小提琴家与那些只是优秀的小提琴家区分开来。传统的观点认为，在这些最高水平的演奏者中，区别主要是天赋。因此，训练的数量以及类型的差别（本质上是动机的差异），在这个层面上并不重要。我们来看一看，这种传统的观点到底是不是错的。

◉ 学小提琴，难在哪儿

要向那些只听过职业小提琴家演奏的人来描述演奏小提琴的种种困难，简直是太难了，因此，我们也难以解释优秀的小提琴家实际上拥有多少技能。演奏得好，再没有哪种乐器的声音比小提琴更优美；演奏得差，那你不如把脚踩在猫的尾巴上，听猫尖叫起来，声音也许还不至于像小提琴的声音那么难听。要想从小提琴上摆弄出一个可接受的音符，不是那种尖锐刺耳的声音、粗而响的声音、像口哨般的声音，而是那种既不太低也不太高的声音，是那种符合乐器曲调的声音，就需要进行大量的训练，而且，学会很好地演奏那样的音符，还只是完全学会拉小提琴这个艰难旅途中的第一步。

拉小提琴难，首先难在小提琴的指板没有任何琴格。吉他的指板上可以见到一些金属脊，它们将指板分为一些独立的音符，并且保证了只要吉他合调，每个弹出的音符都不至于太低或太高。而由于小提琴没有琴格，小提琴家必须把他的手指准确地放在指板适当的位置上，才能拉出期望的音符。只要偏离标记约 1.59 毫米的距离，音符要么就低了，要么就高了。如果手指离正确的位置太远了，结果将与期望的声音产生天壤之别。那还只是一个音符；每演奏一个音符，都需要手指以同样的精度在指板上移动。

小提琴家要花无数小时的时间进行这种反复的练习，以便他们的左手手指能精确地从一个音符移动至下一个音符，无论是在单一的琴弦上来回移动，还是从这根琴弦移动到那根琴弦。他们对手指在指板上的正确位置胸中有数了之后，还得掌握各种指法之间的微妙差别，首先从揉弦开始，也就是指尖在琴弦上来回滚动，而不是滑动，这将使得音符轻轻颤动。这又需要无数小时的训练。

此外，指法实际上还是容易的。正确地运用琴弓，对于小提琴家来说，完全是另一个层面的挑战。由于琴弓是跨过琴弦来拉的，琴弓上的马尾会抓住琴弦，并稍稍拖后一些，然后让琴弓滑动，琴弓再次抓住琴弦，再让它滑动，如此在一秒钟之内达到数百次甚至数千次的循环往复，当然，其次数取决于琴弦振动的频率。琴弦响应琴弓这种拖后并释放动作的特定方式，使得小提琴发出其独特的声音。

小提琴家通过变换琴弓施加在琴弦上的力量，控制着他们演奏的音量，但这种压力应当保持在一定范围之内。如果太高，则会产生可怕的尖叫声；如果太低，尽管其声音不那么令人讨厌，但也被认为不可接受。让事情更加复杂的是，可接受的压力范围，将根据琴弓在琴弦上的位置不同而变化。为使其声音保持在最佳的范围内，琴弓离琴马越近，就需要越大的力量。

小提琴家必须学会以多种不同方式在琴弦上移动琴弓，以改变它发出的声音。琴弓可以在琴弦上平滑地拉动、瞬间停下来、快速地来回锯动、提起来并再度回到琴弦上、允许轻轻地在琴弦上弹起等，共计有十几种运弓技巧。例如，跳弓演奏包括将琴弓在琴弦上弹起，然后回到琴弦上，同时，琴弓来回在琴弦上移动，产生一串急促的断音音符。跳弓还有一种更快的版本，然后还有小跳等多种手法，每种手法都会发出其独特的声音。当然，所有这些运弓技巧必须通过左手手指密切地协调才能完成，因为是用左手手指来按住琴弦的。

这些技能并不是一两年的练习就能练好的。事实上，我们研究的所有学生演奏小提琴都长达 10 年以上，平均每个人从 8 岁时开始练起，而且全都遵循对今天的孩子来说是标准的训练模式。那就是说，他们在很小的时候开始系统的、专注的练习，通常每星期到音乐导师那里上 1 次课。在那每周一次的课上，导师将评估学生当前的音乐表演状况，确定好几个近期的改进目标，并布置一些练习作业，激励学生在接下来的那个星期单独练习，以达到训练的目标。

由于大多数学生每周在音乐导师那里上课的时间是相同的，都是 1 小时，那么，学生之间训练效果的主要差别在于，他们花多少时间专门进行单独练习。那些用功的学生，比如最终进入柏林音乐和表演艺术学院深造的学生，也就是 10 ~ 11 岁的孩子，每周花 15 小时专心练习的情况并不罕见，在练习期间，他们跟着导师设计的课程一步步地练习，以提升特定的技巧。随着这些用功的学生渐渐长大，他们通常还增加了每周的练习时间。

小提琴的训练与其他行业或领域（例如足球或者代数）的训练有所区别，其中的一个差别是：人们期望小提琴家具备的技能组合，是十分标准化的，许多教学方法同样如此。由于大多数小提琴的演奏方法有数十年甚至数百年的历史，因此，这一领域的学生完全可以重点关注正确的或者“最好的”握琴方式，在揉弦期间移动手的位置，在跳弓期间移动琴弓，等等。各种不同的方法，可能并不容易熟练掌握，但导师可以准确地告诉学生，究竟应该做什么以及怎么做。

所有这些，意味着柏林艺术大学的小提琴学生为科学家的测试提供了近乎完美的机会，科学家主要测试动机在提高出色表现方面发挥的作用，更一般地讲，也为了辨别优秀的表演者与最杰出的表演者之间到底有哪些不同。

最杰出的人，练习时间最长

为了寻找这些差别，我们详尽地采访了参与我们研究的30位小提琴学生中的每一个人。我们请他们描述自己的音乐之旅，包括什么时候开始学习音乐、谁是他们的导师、他们在各个年龄阶段每周分别花多少个小时的时间进行独奏练习、赢得过哪些比赛，诸如此类。我们请他们说一说，各种各样的活动在提高他们的演奏水平方面有多么重要，比如独自练习、在团体中练习、独自为了好玩而演奏、在团队中为了好玩而演奏、独自演奏、在团体中演奏、上课、给别人上课、听音乐、研究音乐史，等等。我们请他们估算一下，上一个星期他们花在每一项这些活动中的时间到底有多少。最后，由于我们感兴趣的是他们历年来在练习上所花的时间，因此，请他们估算自开始练习音乐以来，平均起来每一年中的每一个星期有多少个小时用来单独练习。

此外，我们还要求30位音乐学生在接下来的一周时间里天天写日记，在日记中，要详尽地记载他们是怎么过的。还要记录他们持续时间超过15分钟的活动：睡觉、吃饭、上课、学习、单独练习、和他人一起练习、演奏，诸如此类。当他们记完日记时，我们能够详尽地了解他们怎样安排每天的时间，并很好地掌握他们的练习情况。

所有三组学生（即优秀、优异和最杰出三个组）对我们的大多数问题，都给出了差不多的答案。例如，学生们几乎一致地认为，独奏练习是提高演奏水平的最重要因素，第二重要的因素包括与他人一起练习、上课、演奏（特别是单独演奏）、听音乐和研究音乐历史等。他们中的大多数人还说，睡眠充足也对他们的演奏水平十分重要。因为他们的练习强度太大了，所以需要用整个晚上的睡眠来给自己“充电”，通常下午还打个盹。

在研究之中，我们最重要的一个发现是：学生们认为，对提高演奏水平重要的大多数因素，恰好也是需要付出艰辛劳动，而且并非那么有趣的因素；听音乐和睡觉是例外。从每一位顶尖的学生到未来很可能成为音乐教师的学生全都一致认为，提高水平很难，而且他们不喜欢为提高水平而付出艰辛的劳动。简单地讲，没有哪个学生热爱练习，

对提高演奏水平重要的大多数因素，恰好也是需要付出艰辛劳动，而且并非那么有趣的因素。

因此，也就没有哪个学生的动机比别人更强。这些学生之所以激情四射地进行密集练习，并全神贯注地投入到练习之中，是因为他们发现，这样的练习是提高他们演奏水平的不可或缺的因素。

◉ 练习时间是最重要的差别

另一个至关重要的发现是：在三组学生中，只有一个重要的差别，那就是学生们专心致志地进行独奏练习所花的时间总和。

我们找来了学生们的日记。他们在日记中估算了自从开始拉小提琴以来每周花多少时间单独练习，根据他们的估算结果，我们计算了他们在 18 岁之前累计花了多少时间单独练习。18 岁这个年龄，一般是他们进入音乐学院深造的年龄。尽管他们的记忆并不总是可靠，但有志提高演奏水平的学生通常在每周的日程安排上，每天都留出固定的时间来练习，而且，他们在刚刚接受音乐训练时，就一直这样做。因此，我们认为，他们对自己在不同的年龄阶段分别花了多长时间练习的回顾式估算，可能相对准确。

我们发现，平均起来，最杰出的小提琴学生比那些优异的小提琴学生花在训练上的时间明显多得多，而这两组学生则比那些从事音乐教育的学生，花在独奏练习上的时间多得多。特别是，在 18 岁之前，从事音乐教育的学生花在小提琴上的训练时间平均为 3420 小时，而优异的小提琴学生平均练习了 5301 小时，最杰出的小提琴学生则平均练习了 7401 小时。没有人放松过练习，即使是成就最不突出的学生，也花了数千小时来练习，远远超过那些只为了好玩而拉小提琴的人，但刚刚列举的三个数字，也明显体现了三组学生在练习时间上的重大区别。

通过更细致地观察，我们发现，这三组学生在练习时间上最大的差异出现在青春期前和青春期。对年轻人来说，要让音乐训练继续下去，这些时期格外困难，因为还有许多其他方面的兴趣要占用他们的时间，比如学习、购物、和朋友闲逛、参加聚会，等等。我们的研究结果表明，这些青春期前和青春期的孩子，如果能在这些年里保持甚至增强他们的训练强度，最后可能跻身学院中最杰出的小提琴家行列。

我们还计算了在柏林爱乐管弦乐团和柏林广播交响乐团中工作的中年小提琴家估计的练习时间，结果发现，他们在 18 岁之前花在练习小提琴上的时间平均为 7336 个小时，几乎与前面描述过的音乐学院中最杰出的小提琴学生所花时间一样。

还有许多其他的因素，我们并没有包含在研究之中，但它们也可能影响，而且实际上确实影响了不同组别中小提琴家的技能水平。例如，一些足够幸运的学生遇上了杰出的音乐导师，另一些可能遇到技能平平的音乐导师，因此，前者比后者的进步更快些。

但从这项研究中，有两个因素格外清晰：首先，要变成杰出的小提琴家，需要进行几千个小时的练习。我们并没有发现什么捷径，也看不出哪个学生是几乎不需要怎么练习，就能达到专家水平的“神童”。其次，即使是在那些有天赋的音乐家中，也就是能进入德国最好的音乐学院深造的那些学生之中，明显花了更长时间来磨炼技艺的学生，总体而言比那些练习时间较短的学生成就更为突出。

我们在这些学生小提琴家中发现的规律，与在其他行业或领域的从业者中发现的规律完全一样。准确地观察这一规律，既取决于能够很好地估算人们在培养某项技能时总计的练习时间（这并非一直那么容易做到），又取决于能够较为客观地分辨出在某个特定行业或领域中优秀、优异和最杰出的人。这些都不容易做到。但是，当你能够做好这两件事情时，往往会发现，**最杰出的人是那些在各种有目的的练习中花了最多时间的人。**

◉ 来自芭蕾舞演员的证据

仅仅几年前，我和两位同事研究了一组芭蕾舞舞蹈演员，以观察练习在他们的出色表演中发挥了怎样的作用。这两位同事，一位名叫卡拉·哈钦森（Carla Hutchinson），另一位是我的妻子娜塔莉·萨克斯–艾利克森（Natalie Sachs-Ericsson）。参与研究的那些舞蹈演员来自俄罗斯的莫斯科大剧院芭蕾舞团、墨西哥国家芭蕾舞团和美国的三家公司：波士顿芭蕾舞团、哈莱姆舞剧院和克利夫兰芭蕾舞团。

我们给芭蕾舞演员发放一些调查问卷，以了解她们什么时候开始练习，以及每周花多少时间专门练习（是指在导师的指导下，在舞蹈房中接受的持续不断的练习），同时，我们特别将排练与上台表演排除在外。我们通过两个方面判断舞蹈演员的技能水平：首先确定她在哪个级别的芭蕾舞公司中跳舞，比如，地区级公司（如克利夫兰芭蕾舞团）或国家级芭蕾舞团（如哈莱姆舞剧院）或国际级公司（如莫斯科大剧院芭蕾舞团或波士顿芭蕾舞团），同时确定芭蕾舞演员已经在公司内部达到的最高级别，无论是首席演员、独舞演员或者只是剧团中的成员。舞蹈演员的平均年龄为 26 岁，但其中最年轻的为 18 岁，因此，为了进行类比，我们观察了舞蹈演员 17 岁以前累计的练习时间以及 18 岁时达到的技能水平。

尽管我们采用了一些相当粗糙的测量指标，既包括练习的总时长，又包括舞蹈演员的能力指标，但是，在报告的练习时长与舞蹈演员在芭蕾舞蹈界已经达到的高度之间依然存在着相当密切的关系，练习时间更长的演员往往也更优秀，至少根据她们所在的剧团，以及她们在剧团中的地位来看是这样的。不过，不同国家的舞蹈学员需要练习多长时间才能达到某种程度的熟练水平，却并没有显著的差别。

和小提琴家一样，确定某一位芭蕾舞演员最终技能水平的唯一重要因素是她专心投入练习的累计时间。当我们计算舞蹈演员在 20 岁之前花了多长时间练习时，发现她们平均超过 1 万个小时。不过，有些演员练习的时间比平均时间长得多，而另一些则少得多，这种在练习时长之间的差别，与她们的舞蹈水平在优秀、优异与最杰出之间的差别是相对应的。同时，我们发现，如果哪位演员没有像其他人一样刻苦练习，或者比别人更加刻苦地练习，并没有迹象表明她天生就有某种才能，使她能够跻身最杰出的舞蹈演员之列。对其他一些对芭蕾舞演员的研究，也证实了这些。

到现在为止，从众多系列学科的广泛研究中，我们可以大胆得出结论：如果不花费无数小时的时间进行刻苦练习，没有人能够培养杰出的能力。

我不知道是否有哪位严肃的科学家会怀疑这一结论。不论你研究哪个行业或领域，音乐、舞蹈、体育、竞技比赛，或者其他一些对技能水平有着客观测量标准的行业或领域，你都会发现，最杰出的人物花了大量时间来专心培养和提升他们的技能。例如，从一些对世界上最杰出棋手的研究之中我们知道，几乎没有人能够不经过长达 10 年的刻苦研究，就能达到大师级的水平。

即使是贵为最年轻国际象棋大师、被许多人评价为史上最伟大棋手的国际象棋传奇人物博比·菲舍尔（Bobby Fischer），在他跻身大师行列之前，也潜心研究了9年的国际象棋。自菲舍尔之后，随着培训和训练方法的不断进步，年轻棋手能更快地精进棋艺，因此，其他夺得大师荣誉的棋手也在越来越小的年纪便摘得这一头衔，但不管怎样，在他们达到这一目标之前，依然要经历多年的不间断训练。

刻意练习是什么

在最发达的行业或领域，也就是那些受益于数十年甚至数百年稳定进步的行业或领域，每一代人都将他们从上一代人那里学到的经验和技能传承下去，他们的训练方法令人惊讶地一致。不论你观察哪些行业或领域，音乐表演也好，芭蕾舞蹈也罢，或者是类似于花样滑冰或体操等体育项目，你都会发现，练习遵循着非常相似的一系列原则。从那些针对在柏林学习小提琴演奏的学生的研究中，我发现了这种练习，将其命名为“刻意练习”，我在其他许多行业或领域也对这种练习进行过研究。当我的同事和我发表了关于小提琴学生的研究结果时，我们对刻意练习进行了如下描述。

我们注意到，在诸如音乐表演和体育运动之类的领域中，随着时间的推移，人们的水平已得到大幅度提高，而随着个人更大幅度地提高到更加复杂的技能和水平，导师和教练也提出各种各样的方法来教这些技能。水平的提高，通常与教学方法的发展齐头并进，如今，任何人想要在这些领域变成杰出人物，都需要导师的帮助。由于请得起全职导师的学生少之又少，所以，标准的模式是每周上一堂或者几堂课，在上课时，导师布置一些练习，希望学生在下次上课之前完成。这些活动通常是根据学生当前的能力来设计的，目的是促使他提高当前的技能水平。

这正是我的同事和我将其定义为“刻意练习”的活动。

不只是有目的的练习

简单地讲，我们说刻意练习，因为它与其他类型的有目的的练习在两个重要的方面上存在着差别。

首先，它需要一个已经得到合理发展的行业或领域，也就是说，在那一行业或领域之中，最杰出的从业者已达到一定程度的表现水平，使他们与其他刚刚进入该行业或领域的人们明显地区分开来。我们指的这些活动，包括音乐表演、芭蕾舞蹈和其他类型的舞蹈、国际象棋以及许多个人和团体的体育项目，特别是根据打分来评判运动员表现和水平的体育项目，如体操、花样滑冰或跳水等。哪些行业或领域不符合条件？是那些并不存在或者很少存在直接竞争的行业或领域，比如园艺和其他爱好，以及当今职场中的许多工作，如企业经理、教师、电工、工程师、咨询师，等等。在这些行业或领域之中，你可能无法发现积累好的关于刻意练习的知识，因为它们并没有客观的标准来评价卓越的绩效。

> 刻意练习与其他类型的有目的的练习在两个重要的方面上存在着差别。首先，它需要一个已经得到合理发展的行业或领域，其次，需要一位能够布置练习作业的导师。

其次，刻意练习需要一位能够布置练习作业的导师，以帮助学生提高他的水平。导师必须已经达到一定的水平，并且有一些可以传授给别人的有益的练习方法。

有了这个定义，我们可以在有目的的练习（其中，人们想尽一切办法来推动自身的提高）与既有目的、又获得指导的练习之间总结出明显的区别。特别是在刻意练习中，受训者了解表现最杰出者的成就，并且受到后者的指导，同时，他们还理解，这些表现最杰出者在哪些方面表现卓越。刻意练习也是一种有目的的练习，而且知道该朝什么方向发展，以及怎样去达到目标。

刻意练习的特点

简而言之，刻意练习具有以下特点：

- 刻意练习发展的技能，是其他人已经想出怎样提高的技能，也是已经拥有一整套行之有效的训练方法的技能。训练的方案应当由导师或教练来设计和监管，他们既熟悉杰出人物的能力，也熟悉怎么样才能最好地提高那种能力。
- 刻意练习发生在人们的舒适区之外，而且要求学生持续不断地尝试那些刚好超出他当前能力范围的事物。因此，它需要人们付出近乎最大限度的努力。一般来讲，这并不令人心情愉快。
- 刻意练习包含得到良好定义的特定目标，通常还包括目标表现的某些方面；它并非指向某些模糊的总体改进。一旦设定了总体目标，导师或教练将制订一个计划，以便实现一系列微小的改变，最后将这些改变累积起来，构成之前期望的更大的变化。改进目标表现的某些方面，使得从业者能够看到他的表现已经通过练习得到了提高。

- 刻意练习是有意而为的，也就是说，它需要人们完全的关注和有意识的行动。简单地遵照导师或教练的指示去做，还不够。学生必须紧跟他的练习的特定目标，以便能做出适当的调整，控制练习。
- 刻意练习包含反馈，以及为应对那些反馈而进行调整的努力。在练习过程的早期，大量的反馈来自导师或教练，他们将监测学生的进步、指出存在的问题，并且提供解决这些问题的方法。随着时间的推移，学生必须学会自己监测自己、自己发现错误，并做出相应调整。这种自我监测，需要高效的心理表征。
- 刻意练习既产生有效的心理表征，又依靠有效的心理表征。提高水平与改进心理表征是相辅相成的，两者不可偏废；随着人们水平的提升，表征也变得更加详尽和有效，反过来使得人们可能实现更大程度的改进。心理表征使人们能监测在练习中和实际的工作中做得怎么样。它们表明了做某件事的正确方法，并使得人们注意到什么时候做得不对，以及怎样来纠正。
- 刻意练习通过着重关注过去获取的技能的某些特定方面，致力于有针对性地提高那些方面，并且几乎总是包括构建或修改那些过去已经获取的技能；随着时间的推移，这种逐步的改进最终将造就卓越的表现。由于新技能的学习是建立在现有技能基础上的，因此，导师会为初学者提供正确的基本技能，使学生后来能在更高层面上重新学习那些基本的技能。

如何运用刻意练习原则

正如定义的那样，刻意练习是非常专业的练习形式。你需要一位导师或者教练来教你练习的方法，以帮助你提高特定技能。这位导师或教练必须很好地理解，哪些方法是传授这些技能的最佳方法。这个行业或领域本身必须拥有一整套高度发达的技能，可以用来教给业内人士。符合所有这些条件，而且能以最严格的意义进行刻意练习的这种行业或领域相对较少，仅包括音乐表演、国际象棋、芭蕾、体操以及其他一些行业或领域。

但别担心，即使你所处的行业或领域不可能以最严格的意义进行刻意练习，你依然可以运用刻意练习的原则，指引自己发展在所处行业或领域之中可能的最有效的练习方法。

最大限度地运用刻意练习原则

作为一个简单的示例，让我们再次回到记住数字串的例子之中。当史蒂夫努力提高自己的记忆力，以记住那些数字时，他显然并没有使用刻意练习来提高。那个时候，没人能记住 40 个或 50 个数字，当时的记录表明，只有少数几位记忆高手可以记住不超过 15 个数字。而且，当时也没有已知的练习方法可用，自然也没有哪些导师在教授这样的课程。史蒂夫必须自己通过反复的试验来想办法提高。

如今，许多人（可能多达数百人，甚至更多）通过训练来记住数字串，以参加一些记忆比赛。有的人可以记住 300 个数字，甚至更多。他们怎么做到的？至少从最严格的意义上，并不是通过刻意练习。就我所知，并没有哪些导师指导人们记数字。不过，今天的情况与史蒂夫·法隆练习时的情况有些不同：如今，有许多广为人知的方法来训练人们记住冗长的数字串。这些方法往往是史蒂夫想出的方法的变体，也就是说，它们需要记住一些由 2 个、3 个或 4 个数字组成的数字块，然后将这些数字块安排到检索结构中，以便事后能够回忆起它们。

我在和胡毅（音）一同研究世界上最出色的数字记忆专家——来自中国的王峰时，亲眼见证了这样一种方法。在 2011 年的世界脑力锦标赛上，王峰创造了当时的世界纪录：当别人以每秒钟一个数字的速度向他念出数字之后，他记住了 300 个数字。

胡毅教授的助理曾测试过王峰的记忆编码方法，很明显，王峰采用的方法，在心理上与史蒂夫的方法相似，但在细节上却有极大的不同。王峰根据我前面提到过的一些广为人知的方法来制订自己的方法。

他首先勾勒了一组可记住的图像，把这些图像与 00 ~ 99 这 100 对数字中的每一对联系起来。接着，他又勾画了一幅实际位置的“地图”，他会在自己的脑海中以非常特定的次序逐一参观地图中的位置。这是自古希腊以来人们使用的“记忆宫殿”的现代版本，借助这种古老方法，古希腊人记住了大量信息。

当王峰听到一个数字串时，他将数字变成由 4 个数字组成的数字集，把这些数字集编码成两幅图像，分别与数字集中前两个数字和后两个数字相对应，再从心理上将那两幅图像放在心理地图的适当位置上。例如，在一次试验中，他将 6389 这 4 个数字的数字串编码为一只香蕉（63）和一个和尚（89），然后，在心理上把它们放在一个罐子中；为了记住这个场景，他在心里默念，“罐子里有一只香蕉，和尚把香蕉折成两半”。

一旦列表中所有的数字串都被念了出来，王峰就像在心理上沿着地图上的路线依次旅行一样，回忆起那些数字，记住每到一个“站”都有哪些图像，然后将那些图像转换成相对应的数字。和之前的史蒂夫一样，王峰将那些数字串写入自己的长时记忆之中，将串中的数字与已经保存在他长时记忆中的物体之间创建联想，因而远远超出了短时记忆的局限。但和史蒂夫相比，王峰采用的方式更加先进、更加有效。

如今，参加记忆比赛的人们，可以从前人那里获取经验。他们辨别最优秀的从业人员，然后确定是什么使这些人如此优异，并发展一些训练的方法，以便他们自己也能练就同样的本领。在他们看来，辨别最优秀的从业人员并不难，因为最终归结为谁能记住最多的数字。当参赛者找不到导师帮助来设计训练课程时，他们能从以前的专家那里获得建议，那些专家的事迹，要么可从书上找到，要么可从媒体的采访中获得。记忆专家通常会帮助其他那些希望获取类似技能的人们。因此，尽管在最严格的意义上讲，记数字的训练并非刻意练习，但它抓住了刻意练习的最重要元素（从最杰出的前辈身上学习），而且有足够的证据证明，它能够在这一领域迅速提高人们的记忆力。

尽可能地进行刻意练习，是在任何一项事业的追求中变得更加杰出的基本路线图。如果在你所处的行业或领域之中，刻意练习可以实行，那么，你应当采用刻意练习。如果不是，那就要尽最大的可能应用刻意练习的原则。在实践中，这往往归结为带有几

> 如果在你所处的行业或领域之中，刻意练习可以实行，那么，你应当采用刻意练习。如果不是，那就要尽最大的可能应用刻意练习的原则。

个额外步骤的有目的的练习：首先辨别杰出人物，然后推测是什么使他们变得如此杰出，接着再提出训练方法，这些方法使你也能像他们那样表现卓越。

确定谁是杰出人物

在确定谁是杰出人物时，理想的情况是运用某些客观的测量标准，将最杰出的人物和其他人区分开来。在那些涉及直接竞争的行业或领域，这相对较为容易，比如个人的体育项目以及比赛。此外，在艺术表演中挑选出最杰出者也比较直接简明，这些行业或领域尽管更加依赖人们的主观判断，但依然涉及一些被人们广泛接受的标准，而且，人们对杰出艺术家应当做些什么，也有着清晰的期望。（当运动员或表演者隶属于某个团体时，要做出这样的判断，会变得更加棘手一些，但通常情况下，人们对于哪个人是团队中最杰出的、中等的或者最差的，依然有着清晰的看法。）不过，在其他一些行业或领域，要识别真正杰出的专家，可能十分艰难。例如，人们怎么识别最杰出的医生、飞行员或者教师呢？另外，说到最杰出的企业主管、最出色的建筑师或最优秀的广告经理，到底又意味着什么呢？

有的行业或领域并不存在以规则为依据的一对一的竞争，或者也不存在衡量人们绩效的明确而客观的标准（比如分数或时间），如果你试图从这些行业或领域中辨别表现最杰出的人，要牢牢记住一件事：主观的判断本来就容易受到各种偏见的影响。研究表明，当人们正在判断其他人的总体能力与专业特长时，往往受诸多因素的影响，从而产生偏见，比如教育、经验、声望、资历，甚至友善与魅力等。例如，我们已经注意到，人们通常会假定，经验更丰富的医生会比那些经验相对缺乏的医生更优秀，而且，人们还以为，拥有多个学位的人往往比只拥有一个学位或者根本没有学位的人能力更强。即使是在应当用比大部分行业或领域更客观的标准来衡量的音乐表演行业或领域中，研究也表明，评委们还可能受到一些不相关因素的影响，比如演出者的声望、性别以及身材的吸引力等。

在许多行业或领域，如果用客观的标准来判断，那些被他人广泛认为是“专家”的人，实际上并不是杰出人物。对于这种现象，我最喜欢的一个例子是所谓的葡萄酒“专家”。

我们很多人以为，他们那高度发达的味觉，可以察觉葡萄酒中我们其他人并不觉得明显的微妙差别，但研究表明，他们的能力被人极度夸大了。例如，尽管长期以来大家知道，对某一种葡萄酒的评级，不同专家给出的评价也许有着极大的差别，但2008年一篇发表在《葡萄酒经济杂志》上的文章指出，葡萄酒专家甚至还会推翻自己之前已经做出的评价。

罗伯特·霍奇森（Robert Hodgson）是加利福尼亚州一家小型葡萄酒酿造厂的业主。他在一年一度的加州博览会的葡萄酒大赛上与裁判长取得联系，并向裁判长建议，开展一项实验。加州博览会的葡萄酒大赛每年都会吸引数千个葡萄酒酿造厂家的参与。实验是这样设计的：每位裁判一次性品尝30种葡萄酒。这些葡萄酒并没有被鉴定过，因此，裁判不可能受到酒的声誉或其他因素的影响。霍奇森建议，在裁判一次性品尝的那些酒中，应当提供同一种葡萄酒的三个样本。如此一来，看那三个完全相同的样本，是会得到裁判们完全相同的评级还是不同的评级。

裁判长同意了霍奇森的建议，于是，霍奇森从2005年至

2008 年，连续四年在加州博览会上进行了这个实验。他发现，几乎没有哪些裁判将三个完全相同的样本作为类似的样本来评级。

裁判们在评分时，普遍先给出一个分数，然后在此基础上加上或减去 4 分。也就是说，他们给其中一个样本评出 91 分，第二个完全相同的样本评出 87 分，第三个样本则评出 83 分。这个差别十分明显：评分为 91 分的葡萄酒，已经很好了，可以获得溢价的价格，而评分为 83 分的葡萄酒则根本没有什么特别之处。有些裁判确定，那三个样本中的某一个值得拿金牌，而另一个则仅能拿铜牌，或者什么牌也不能拿。

尽管从任何一年来看，都会有一些裁判比另一些裁判在评分时更加前后一致，但当霍奇森比较了不同年份的评分结果时，发现在其中一年评分前后一致的裁判，到了下一年也变得不那么前后一致了。没有任何一位裁判在连续四年时间里保持了前后一致。要知道，这些人都是侍酒师、酒评家、酿酒师、葡萄酒顾问和葡萄酒买家。

研究表明，在许多行业或领域的“专家”，表现并不会一直都比没有获得专业内其他成员高度认可的那些人卓越，或者有时候并不比那些从来没有受过训练的人更出色。罗宾·道斯（Robyn Dawes）在他具有影响力的著作《纸牌屋：建立在错误思想之上的心理学和心理治疗》（*House of Cards: Psychology and Psychotherapy Built on Myth*）中描述了一项研究，该研究显示，在实施治疗时，获得许可的精神病医生和心理学家，并不会比那些只接受过最低限度培训的外行更高效。

同样，还有许多研究发现，金融“专家”在选股方面的表现，几乎或者完全不会比新手的表现更好，甚至还不如纯粹靠运气选股。我们早前还提到过，拥有数十年行医经验的普通全科医生，根据客观的指标来判断时，往往比那些只有几年经验的医生还差一些，这主要是因为，更年轻的医生往往刚从医学院毕业出来，因此，他们的训练更加贴近时代，而且，他们更有可能记住最新的医学知识。与人们的期望相反，许多类型的医生与护士经验是否丰富，并不会影响他们表现得是否卓越。

这里的经验一目了然：在辨别杰出专家时，要擦亮眼睛。理想的情况是，你希望能用一些客观的指标来衡量人们的表现，以对比他们的能力。如果不存在那样的指标，就尽可能寻找。例如，在可以直接观测人们的绩效或产品的行业或领域，如编剧或程序员，同行的评判是一个好的开始，另外还要记住潜意识的偏见可能产生的影响。

不过，包括医生、精神病学家以及教师在内的许多专业人士，大多数时候是自己一个人工作，他们行业或领域中的其他专业人士可能对他们的业务不甚了解，或者对病人及学生最终的治疗情况和学习效果不甚了解。因此，一条好的经验法则是寻求与他们密切合作的其他专业人士的意见，比如在几个不同的手术团队中服务的护士，这些人能够对比医生们的工作绩效，并从中辨别出业务最精良者。另一种方法是寻找这样一些人：当专业人士在遇到格外艰难的局面而需要帮助时，往往寻求别人的帮助，和这些提供帮助的人谈一谈，他们认为谁是这个行业中最优异的从业者，但你一定要问，他们具备哪些类型的经验和知识，使他们能准确地判断某位专业人士比其他人更优秀。

在你已经熟悉的行业或领域，比如你自己的工作，仔细思考杰出的表现具有哪些特点，并尝试采用一些方法来度量，即使在你度量时一定存在着某种程度的主观意识也无妨。然后，寻找你所在行业或领域中评分最高、你认为对杰出表现十分关键的人。**要记住，理想的情况是找到客观的、可复制的测量指标，以便前后一致地从普通从业者之中挑选出最优异的从业者。**如果这一理想的状况不可能实现，那么尽可能做到接近理想。

◉ 找出杰出人物和其他人的差别

一旦你已经辨认出某个行业或领域中的杰出人物，下一步就是有针对性地思考他们都做了些什么，使自己从同一个行业或领域中那些成就不太卓著的人之中脱颖而出，同时还要思考哪些训练方法帮助他们实现了卓越。这并不总是件容易的事。为什么有的老师比其他老师能更大幅度地提高学生的成绩呢？为什么有的外科医生所做的手术比其他医生所做的手术效果更好呢？为什么有的销售员的销售量总是大于其他人呢？通常情况下，你可以将某个行业的专家找来，以观察不同人的成就，并且就他们正在做什么、需要在哪方面改进提出建议，但即使对专家来说，可能也不清楚到底杰出人物与其他人之间的差别在哪里。

问题的一部分出在心理表征发挥的关键作用。在许多行业或领域之中，心理表征质量的高低将最杰出人物和其他人区分开来，而就心理表征本身的特性来讲，它不能被直接观测。再想一想记住数字串的例子。有的人看过史蒂夫·法隆反反复复记住82个数字的数字串的视频，然后又观看了王峰记住300个数字的视频，这些人显然知道谁的记忆力更强，但根本不知道其中的奥秘，我却知道。因为我花了两年时间来收集和整理史蒂夫对我的口头报告，这些报告涉及他的思考过程，同时，我还设计了实验来测试一些理念，这些理念涉及他的心理表征，所以，当我的同事胡毅和我研究王峰的例子时，我便能采用同样的那些方法。研究了五六个记忆专家的心理表征，使我能够更容易辨别史蒂夫和王峰之间的重要差别，但这只是例外，而不是普遍准则。

即使是心理学的研究者，如今也才刚刚开始探索为什么有些人的表现比其他人优异得多，心理表征在其中到底发挥着怎样的作用，而且，在几乎所有的行业或领域，我们都无法确定地说："这些就是这个行业或领域的杰出人物运用的心理表征，恰恰也是它们比其他人可能运用的心理表征更加有效的原因所在。"如果你有一种想了解更多的心理倾向，也许值得和杰出人物交谈一番，并试着去了解他们如何完成任务，以及为什么能够完成任务。不过，即使采用这种方法，你可能也只是揭示了使得杰出人物如此特殊的小部分原因，因为通常情况下，他们自己也不知道其中的原因。我们将在第 7 章更详尽地探讨这一点。

幸运的是，在某些情况下，你可以不去思考是什么将杰出人物与其他人区分开来，而只是想着是什么使他们的训练方法与其他人的训练方法有区别。例如，20 世纪 20 ~ 30 年代，芬兰运动员帕沃·鲁米（Paavo Nurmi）在 1500 米 ~ 20 千米的跑步项目上创造了 22 项世界纪录。在几年时间里，他只要选择训练哪种距离的跑步项目，便会在那个项目上所向披靡，无人能敌；其他所有的运动员只能为竞争第二名而努力。但到最后，其他运动员意识到，鲁米的优势源于他研发了新的训练方法，例如用秒表测定他的步子、运用间歇训练法来提高速度，以及遵循为期一年的训练体制，以便自己总是能够坚持训练。当这些方法得到其他运动员的广泛采用时，整个领域的整体成绩都得到了提高。

这里得到的经验是：一旦你已经辨认出杰出人物，那么，辨别出是什么使得这个人和其他人表现不同，那些差别就可以解释他的卓越成就。尽管人们做的许多事情也许和他们的杰出成就毫无关系，但至少可以从这个方面着手探索。

一旦你已经辨认出杰出人物，那么，辨别出是什么使得这个人和其他人表现不同，那些差别就可以解释他的卓越成就。

牢牢记住所有这些，目的是使你知道有目的的练习，并且为你指出更有效的方向。如果你发现某种方法管用，继续做下去；如果不管用，马上停下来。你越是能够调整自己的练习方法，模仿所在行业或领域中最杰出的人物，那你的练习也可能越是有效。

最佳方法是找到优秀导师

最后还要记住，不论什么时候，只要有可能，最佳的方法几乎总是找一位优秀的教练或导师。高效的指导者懂得成功的训练体制一定还包含些什么，而且能够在必要的时候调整它，以满足单个学生的需要。

在音乐表演或芭蕾舞之类的领域，接受这样的导师指导格外重要。在这些领域之中，人们往往要花 10 多年的时间才能成为专家，而且练习是累积的，同时，成功掌握某项技能通常取决于过去有没有熟练地掌握其他技能。知识渊博的导师可以带着学生奠定扎实的基础，然后渐渐创造在那一领域中期望的技能。例如，在学习弹钢琴的过程中，学生必须从一开始就把手指放在正确的位置，因为尽管手指没有放在理想的位置，也可以弹出简单一点的曲目，但要演奏复杂一些的曲子，学生需要从一开始就养成正确的习惯。经验丰富的导师明白这一点；但如果换成学生自己，不论是哪个学生，也不论他有多么强烈的动机，几乎不可能凭借自己的力量琢磨透这一点。

最后，优秀的导师可以为你提供宝贵的反馈，这是你无法从其他地方得到的。有效的反馈不仅是指出你做某件事情对还是错。例如，优秀的数学老师不只是关心学生对某道题目的解答，还会观察那个学生是怎样知道这种解答方法的，以此来了解学生正在运用什么样的心理表征。如果有必要，他将围绕如何更有效地思考和解答那道题而提出建议。

不论什么时候，只要有可能，最佳的方法几乎总是找一位优秀的教练或导师。

1万小时法则的错与对

1993 年，拉尔夫·克朗普、克莱门斯·特斯克鲁默尔和我发表了我们对柏林小提琴学生研究的成果。这些成果，后来为一部关于杰出人物的科学文献提供了大量重要的素材，多年来，许多其他的研究人员多次引用。但实际上，直到 2008 年时，随着马尔科姆·格拉德威尔（Malcolm Gladwell）出版其著作《异类》（*Outliers*），我们的研究成果才获得了科学界以外其他各界的大量关注。格拉德威尔在探讨是什么使得人们成为某一特定行业或领域中的杰出人物时，说了这句妙语：“1 万小时法则。”根据这一法则，要在大多数的行业或领域之中成为大师级的杰出人物，需要花 1 万小时来练习。实际上，我们曾在报告中提到这个数字，我们认为，这是最杰出的小提琴家在 20 岁之前需要花在独奏练习上的时间。格拉德威尔本人估计，披头士乐队 20 世纪 60 年代初在德国汉堡演出之前，大约花了 1 万小时来练习。另外，比尔·盖茨大约花了 1 万小时来编程，以磨砺技能，为日后创办和发展微软公司奠定了坚实基础。格拉德威尔指出，一般来讲，在人类所努力钻研的每一个行业或领域，基本上也是这种情况：只有当人们付出了大约 1 万小时来练习时，才可能成为这一行业或领域的专家。

这一法则具有无法抗拒的吸引力。它很容易被记住。比如，倘若那些小提琴家在 20 岁之前累计花了 1.1 万小时来训练，那么，训练的效果会更好。它满足了人类发现某种简单的因果关系的渴望：只要你在任何一件事情上花 1 万小时来练习，就会成为大师。

错在哪里

不幸的是，这一法则在许多方面是错误的，我们今天的很多人只是认为，如果确实练习了 1 万小时，那就真能达到这种效果。(它在一个重要的方面是正确的，我马上就会讲到。)

首先，关于 1 万小时，并没有什么特别或神奇之处。格拉德威尔原本可以精确地指出，最杰出的小提琴学生在 18 岁以前投入到练习中的平均时间大约为 7401 小时，但他之所以说他们到 20 岁之前累计的训练时间需要 1 万小时，因为那恰好是一个整数。那些学生非常优秀、前途光明，可能在努力朝着一流小提琴家的方向奋进，但在我研究他们的时候，他们依然有很长的路要走。那些在国际比赛中获奖的钢琴家，往往在 30 岁上下的年纪才做得到这些，因此，到那个时候，他们可能已经投入了 2 万小时到 2.5 万小时的时间来练习；1 万小时对他们来说，仅仅是走完了一半的奋斗历程。

而且，这个数目也因行业的不同而不同。史蒂夫·法隆只经历了 200 个小时的练习，就成为当时世界上能记住最长数字串的第一人。我不知道如今在这一领域参加训练和竞争的那些人，在达到自己最高水平之前，到底花了多长的时间来练习，但可能远远低于 1 万小时。

其次，对最杰出的小提琴家来讲，在 20 岁之前练习 1 万小时，还只是平均数。在 10 位杰出的小提琴家中，一半的人实际上并没有在 20 岁的年龄就累积了 1 万小时的练习。格拉德威尔误解了这一事实，并且错误地宣称，所有最杰出的小提琴家累计练习时间都超过 1 万小时。

再次，我们研究的音乐家所进行的刻意练习，与另外一些可能被贴上“练习”标签的其他各类活动其实是有区别的，但格拉德威尔并没有将它们区分开来。

例如，他在描述 1 万小时法则时，所举的一个重要例子是披头士乐队 1960 ~ 1964 年在汉堡演唱时令人精疲力竭的日程安排。根据格拉德威尔的说法，他们演唱了 1200 场，每次演唱至少持续 8 小时，那么，累计时间接近 1 万小时。然而，马克·李维森（Mark Lewisohn）在 2013 年出版的一部详尽记载披头士乐队的传记中称，这种估算值得怀疑，而且，他在进行广泛的分析后认为，披头士乐队演唱的总时长，更准确的数字约为 1100 小时，远没有达到 1 万小时，便在全世界刮起了一阵旋风。

不过，更为重要的是，表演与练习并不是同一回事。没错，作为一个乐队，几乎可以肯定，披头士在汉堡每次连续演唱几小时后，演唱技巧一定会有所提高，特别是由于几乎每天晚上都唱同样的歌曲，这使得他们有机会获得来自歌迷和自身的反馈，进而想办法提高演唱技艺。但是，在歌迷面前演唱 1 小时，乐队的成员全神贯注地演唱，以求给歌迷献上最好的表演，这与持续进行 1 个小时专注的、着眼于达到目标的练习，并不是同一回事。后者的这种练习，目的在于弥补缺陷和实现改进，恰好是用来解释柏林的学生小提琴家能力的关键因素。

正如李维森坚称的那样，与披头士乐队的巨大成功密切相关的，并不是他们在歌迷面前多么出色地演唱，而是由于他们自己写歌、自己创作新的作品。因此，如果我们要根据练习的时间长短来解释披头士乐队的成功，那么，我们需要辨别哪些活动使得乐队的两名主创约翰·列侬（John Lennon）和保罗·麦卡特尼（Paul McCartney）提升和改进了他们写歌的技能。披头士乐队在汉堡音乐会上的所有那些演唱，对于提升列侬和麦卡特尼的音乐创作水平，即使有一些关系，关系也不大，因此，我们得从别的地方寻找乐队成功的原因。

着眼于某个特定目标的刻意练习，与一般的练习是有区别的，而且这种区别十分关键，因为，并非所有练习都能像我们在音乐学生或芭蕾舞蹈演员身上看到的那样，能帮助提高他们的能力和技艺。一般来讲，刻意练习以及相关类型的练习，设计用于达到某个特定的目标，该目标由个性化的练习活动（通常是单独完成的）组成，那些练习活动专为提升人们表现的某些特定方面而发明。

1 万小时法则的最后一个问题在于，尽管格拉德威尔本人并没有说，但许多人把它解释为一种承诺，也就是说，在任何一个行业或领域，只要做到 1 万小时的练习，几乎人人都能成为该行业或领域的专家。但在我的研究中，根本没有这样的迹象。为了证明类似这样的结果，我得集中一些随机挑选的实验对象，他们在小提琴演奏上花费了 1 万小时来刻意练习，然后再看看他们的结果如何。我们开展的那些研究都表明，在那些已经有资格进入柏林音乐学院深造的足够好的学生之中，平均起来，最杰出的学生花在独奏练习上的时间比那些优异的学生所花的时间多得多，而最杰出和优异的学生又比从事音乐教育的学生更多地进行独奏练习。

在某一特定的行业或领域，人们能否通过参加足够多的刻意练习变成业内的杰出人物，这个问题依然没有定论，而我会在下一章中谈一谈自己对这个问题的一些想法。但在原始的研究之中，并没有任何迹象表明是这种情况。

对在哪里

格拉德威尔有一个观点是对的，值得在这里重复一遍，因为它至关重要：**在任何一个有着悠久历史的行业或领域，要想成就一番事业，致力于变成业内的杰出人物，需要付出许多年艰苦卓绝的努力。**也许并不需要恰好 1 万小时的练习，但要花很长时间练习。

我们在国际象棋和小提琴这些领域中见证了这一点，但研究还在其他的行业或领域中显示出了类似的结果。作家和诗人通常在他们的最杰出作品推出前，写作了逾 10 年时间；从科学家首次发表科技成果，到他发表最重要的科技成果，通常也要历经

10多年的磨炼；我们的这项研究，也是第一次公布的研究过了多年以后的补充版本。由心理学家约翰 R. 海耶斯（John R. Hayes）开展的对作曲家的研究发现，从一个人开始学习音乐算起，到他写出一首真正杰出的乐曲，平均需要20年的时间，一般也不会少于10年。格拉德威尔的1万小时法则，以一种强有力的、可记住的方式紧扣了这样一个基本事实：在许多需要人类付出艰辛努力的行业或领域之中，要想成为世界上出类拔萃的顶尖人物，必须经历多年的练习。这是件好事。

另外，着重强调在音乐、国际象棋或学术研究等一些竞争性的领域中需要怎么做才能变成世界杰出人物，使得我们忽略了一些经验，我认为，这些经验在我对小提琴学生的研究中更为重要。当我们说，花1万小时（或者许多时间）来练习，以便真正擅长某件事情时，我们把重点放在了这件事情令人望而生畏的特性上。当我们把1万小时理解为一个挑战时，比如说，“我只要在这上面花了1万小时苦练，就将成为世界上最杰出的人物！”很多人会望而却步：“如果我要花上1万小时勤学苦练，才能真正成为这个行业或领域的专家，那我为什么要去试呢？”正如在一则《呆伯特》连环画中呆伯特评价的那样，“如果有人愿意花1万小时去做同一件事情，我认为他一定有病，心理不正常。”

但是，我可以将这个核心信息和其他信息结合起来看待：在绝大多数需要人类付出努力的行业或领域，只要以正确的方式训练，人们提高自身绩效和表现的能力将是巨大无比的。如果你练习做某件事情几百个小时，几乎可以肯定，你能看到巨大的进步（想一想史蒂夫·法隆在经历了200个小时的练习之后的效果），但那还只是“万里长征迈出的第一步”。你可以坚持、坚持、再坚持，使你自己变得卓越、卓越、更卓越。你的进步有多大，取决于你自己。

我们再以完全不同的视角来看待1万小时法则：你必须花1万小时或更长时间来练习，以成为世界上最杰出的小提琴家、国际象棋大师或高尔夫球手，其原因是，你将与之比较或竞争的那些人已经花了这么长的时间来练习。人们的绩效或表现的提高，并不存在极限，而更多的练习不一定会带来更大的进步。因此，如果你希望成为你所在的高度竞争行业或领域中的世界上最杰出人物，就得付出成千上万个小时的艰苦努力，只为了与那些在同类工作中同样勤学苦练的人有平等竞争的机会。

你也可以只把这一点想象成对这一事实的反映：迄今为止，我们尚未发现有哪些因素限制某种特定的练习所造就的进步与提高。随着训练方法的改进和人类的成就达到了全新的高度，在任何一个人类付出了努力的行业或领域，都在持续不断地出现变得更加卓越的办法，以抬高人们认为可以做到的“门槛”，而且，并没有迹象表明这样的“门槛”将不能再抬高。每当人类发展至新的一代，潜力的界限也随之扩张和提高。

第 5 章

chapter5

在工作中运用刻意练习原则

1968 年时，越南战争的交战双方激战正酣。来自美国海军和空军的战斗机飞行员经常与接受过苏联培训、驾驶着俄制米格战斗机的北越飞行员交战，而美国飞行员的战绩并不好。在之前的三年，海军和空军的飞行员在空战中一直有 2/3 的胜率：每损失一架战机，便能击落北越两架战机。但在 1968 年的前 5 个月里，海军飞行员的胜率降到了 50%：这段时间，美国海军击落 9 架米格战机，但损失了 10 架战机。此外，1968 年夏，海军飞行员发射了 50 多枚空空导弹，无一中的。海军将领决定必须有所作为了。

结果，海军建设了如今著名的“王牌飞行员学校”（Top Gun school），也就是大家熟悉的美国海军战斗机战术教练计划（最初称为美国海军战斗机武器学校）。该学校教海军飞行员如何更有效地战斗，而且希望在空战中提高海军飞行员的战斗力。

王牌训练计划

海军设计的这个计划，在许多方面都有刻意练习的元素。特别是，它给学生飞行员机会，在不同的局面下尝试不同的战法，并由教官对其表现提供反馈，然后将他们所学的知识运用到实战中去。

海军挑选了最优秀的飞行员担任教官。这些人会假扮成敌方北越的飞行员，与学生飞行员展开空战。教官们被集体称为“红军”，驾驶着类似于米格战机的飞机，而且使用北越飞行员已经学会了的同样的苏联战术。因此，出于实战的目的，他们全都是顶级飞行员，只有一个例外：不使用真正的导弹和子弹，而是在战机上装备照相机，以记录每一次空中遭遇。模拟的空战还用雷达进行追踪与记录。

进入王牌飞行员学校的学生，是美国海军中仅次于他们教官的最优秀战斗机飞行员，被集体称为“蓝军”。他们驾驶着美国海军的战斗机，同样没有装备导弹或子弹。每天，他们会爬进战斗机的机舱，加速、升空，加入与“红军”的战斗。在这些战斗中，飞行员要把他们的战斗机（以及他们自己）推到失败的边缘，以便了解飞机能够做些什么，以及需要做些什么以摆脱那种困境。他们在不同的战斗局面中尝试不同的战术，学会如何最好地应对敌方飞行员的攻击。

担任教官的红军飞行员，是海军中最优秀的飞行员，一般会赢得这些模拟的空战，随着时间的推移，教官的优势会逐渐增大，因为每隔几个星期，就会有整整一个班的新学生加入王牌飞行员学校学习，而教官们则会在那里一连待好几个月，累积了越来越丰富的模拟空战经验，并且练习到了这种地步：他们可以看到学生飞行员们可能向他们发射的几乎所有“武器”。特别是每个新班级的学生加入模拟空战的头几天，学生代表的“蓝军”通常会遭到惨痛的失败。

不过，那没关系，因为一旦飞行员降落到地面，马上就会召开“战斗报告会”。在这些会议期间，教官会毫不留情地考问学生：你在空中的时候注意到了什么？你采取了什么行动？为什么选择采取那些行动？你犯了些什么错误？可以怎样改变？在必要的时候，教官会取出记录双方遭遇战的影像，以及从雷达部队那里获取的数据，准确地指出空战的详细情况。在会中和会后，教官会围绕学生能够怎样改变战术、朝哪个方向改进，以及在不同的战局中考虑些什么等问题，向他们提出建议。第二天，教官和学生会把前一天总结的经验教训应用到实战中去，重新投入战斗。

随着时间的推移，学生飞行员学会了问自己一些问题，因为这比听到教官的考问令人更舒服，而且，他们每天在飞行时，都会认真汲取上一次模拟空战中的经验与教训。渐渐地，他们将学到的东西内化于心，以便在真正做出反应之前无须思考太多。慢慢地，他们发现自己在与“红军”的空战对垒中取得了进步。当课程结束时，“蓝军”飞行员变得比那些从未进入王牌飞行员学校学习的飞行员经验丰富得多，返回部队之后，担任起飞行中队的教官，并且在他们的飞行中队中，把自己学到的东西传授给其他飞行员。

这种训练的效果惊人。1969 年全年，美军停止了轰炸，因此全年并没有发生空战，但到了 1970 年，空战恢复进行，还包括战斗机的空对空战斗。接下来的三年里，美国海军飞行员每损失一架飞机，就平均击落 12.5 架北越战斗机。同样在那段时期，空军飞行员的胜率接近他们在轰炸暂停之前的 2 : 1 水平。也许观察这种王牌飞行员训练效果的最清晰方式是了解“每次交战杀敌”的统计数据。在整个战争期间，美国战斗机每 5 次与敌机的遭遇中，便击落 1 架敌机。然而在 1972 年，也就是战斗持续进行的最后一整年里，美国战斗机飞行员每次与敌机遭遇，平均击落 1.04 架战机。换句话讲，总体而言，每次海军飞行员驾机升空与敌方作战，都会击落一架敌机。

后来，美国空军也注意到了海军“王牌飞行员”训练的这种惊人效果，开设了一些训练课程，目的是使空军飞行员更好地做好空中战斗的准备，而且两个军种在越战结束之后继续进行这种训练。到第一次海湾战争时，两个军种都已经长时间执行了他们的训练计划，使得他们的飞行员比全世界几乎所有的其他战斗军种的飞行员更加训练有素。在第一次海湾战争持续 7 个月的时间里，美军飞行员在空战中击落了 33 架敌方战机，只在战斗中损失 1 架战机，这也许是空战史上最具压倒性的胜利。

◉ 各行各业都需要“王牌训练计划”

美国海军在 1968 年时遇到的问题，几乎任何类型的组织和专业中的人都十分熟悉：在那些已经受过训练和在职的人之中，提高绩效和表现的最佳方式是什么？

在海军的案例中，问题出在飞行员的训练并没有真正使他们做好准备来应对敌军的挑战，而敌军飞行员一心想将他们的战机击落。战争中的经验表明，在第一次空战中获胜的飞行员，第二次空战生存下来的可能性大得多，而且，飞行员经历的空战越多，并且生存了下来，那么，他赢得下一场空战的可能性越大。事实上，一旦飞行员已经赢得了20场左右的空战，他在下一场和之后的空战中获胜的概率几乎高达百分之百了。当然，这种在实战中进行“岗位训练”，缺陷在于成本高得令人难以接受。海军每击落敌军两架战机，自己便损失一架，而且一度打成平手，也就是说，每击落一架敌机，自己便损失一架。而每被击落一架战机，就会有一位飞行员被击毙或被俘，换成是双座飞机，领航员也可能被击毙或被俘。

虽说没有哪几个行业或领域，绩效太差的代价可能是被处死或者被送进监狱，但在许多行业或领域，犯错的代价高得令人无法接受。例如，在医学界，医生不用把自己的生命赌在某一台手术上，但病人却是在赌自己的生命。在商界，犯错的代价可能是时间、金钱以及未来的商机。值得赞扬的是，美国海军能够想出一种成功的办法，不需要飞行员冒着太大的危险来进行训练。（当然，并非完全没有危险。有时，训练的强度太大，接近了飞行员能力的极限，导致飞机坠毁，甚至在很罕见的情况下致使飞行员牺牲，但这种可能性，比起飞行员必须依靠在实战中训练而机毁人亡的可能性小得多。）王牌飞行员训练计划使飞行员不用冒着生命危险而尝试不同的战法，并且能够获得反馈，推测怎样来更好地战斗，然后把前一天学到的经验放到第二天的训练中去测试，而且是一而再再而三地训练、测试。

无论是训练战斗机飞行员、外科医生还是企业经理，设计一个有效的训练计划绝不是件容易的事。美国海军主要通过反复试验，才设计了有效的训练计划，你可以通过了解王牌飞行员计划的历史感受到这一点。例如，对于模拟的空战必须多么逼真，人们有一些争议，有的人希望别那么逼真，以降低飞行员和飞机的风险；而另一些人则坚持认为，重要的是尽可能像在真正的战斗中那样，把飞行员逼到极致。幸运的是，后面这种观点最终成了主流。如今，我们从许多关于刻意练习的研究中知道，只有把飞行员逼出舒适区，他们才有可能最大限度地学会怎么战斗。

从我的亲身经历来看，如今的职场有太多的行业和领域，人们可以从对杰出人物的研究中获取经验，帮助提高成就，这基本上意味着为不同的行业和领域设计王牌训练计划。当然，并不是真正意义上的训练王牌飞行员。那些行业没有战斗机，无须从业者驾驶战机做六次连续回旋。我的意思是，如果你想使用刻意练习的原则，可以想一些办法来辨认某个领域或行业中的杰出人物，然后训练其他那些表现不太出色的人，并且尽可能使后者也达到前者的水平。做到这一点，就有可能提升整个组织或整个专业的整体绩效水平。

让练习变成日常工作的一部分

在专业领域，特别是在企业界，并不缺乏那些为他人提供建议者，目的是教他人如何提高绩效。他们称自己为顾问、咨询师或教练，他们写书、发表演讲、参加各种论坛。他们满足形形色色的客户看似贪得无厌的“胃口”，要知道，这些客户几乎想在各个领域和行业都拥有竞争优势，而在顾问、咨询师或教练们采用的各种方法中，最有可能成功的是和刻意练习最相似的方法。

有些人致力于理解刻意练习原则，并且将它们整合到对公司领导者的训练与指导中去，多年来，我一直与他们这些人中的一个人保持联系。2008 年，来自华盛顿柯克兰的阿特·图若克（Art Turock）第一次联系我时，我们主要围绕短跑而不是公司领导展开讨论。阿特参加了一场大师级的田径比赛，而我对短跑选手怎么训练很感兴趣，部分原因是伟大的短跑选手瓦尔特·迪克斯（Walter Dix）一直代表佛罗里达州立大学跑步，而我住在那所大学里，因此，我们一开始就有了共同话题。阿特偶然得知了我的名字，也看过《财富》杂志上一篇文章里对刻意练习的描述。我们交谈时，看得出来，他对刻意练习可以同样运用在商界和跑步项目上的理念感到痴迷。

自从第一次联系之后，阿特开始全盘接受刻意练习的理念。他谈道，为了训练人们的新技能并拓展他们的能力，需要把人们逼出舒适区。他强调了反馈的重要性，还研究了世界上一些最杰出商界领袖的特点，比如长期担任通用电气董事局主席和首席执行官的杰克·韦尔奇（Jack Welch），以思考其他的商界人士要成为杰出领袖，需要发展哪种类型的领导风格、销售技能和自我管理技能。

◉ 拒绝三种错误思想

他向客户传递的信息是，首先要从思维方式开始改变。组织中绩效的提高，第一步是意识到，只有参与者摒弃了“一切照旧”

的做法时才有可能实现。要提高绩效，需要辨认并拒绝三种流行的错误思想。

第一种错误思想是我们的老朋友，即认为某人的能力通常受到基因特征的限制。这种思想常常表现为各种各样“我不能”或者“我不是”之类的表述：“我不是很有创造力的人。”“我不能管理好别人。”“我不擅长和数字打交道。”“我做不到比这更好。”但是如我们已经了解的那样，在任何一个人们选择着重发展的行业或领域之中，人人都可以通过正确的训练来帮助自己大幅度地提高。我们可以塑造自己的潜力。

阿特采用一种聪明的方法向客户阐述他的观点。当他和公司领导者交谈时，听到有的人说出了“我不能”或者“我不是”之类的句子，他就像全国橄榄球联盟中的教练抗议裁判的判罚那样，抛出一面红色的挑战旗。意思是向表达了消极思想的那个人发出信号，请他重新评估自己并改正这一说法。会议室内突然冒出一面红旗，气氛一下子便活泼起来，同时也以一种人们可以记住的方式阐述了他的观点：心态很重要。

第二种错误思想认为，如果你足够长时间地做某件事情，一定会更擅长。我们很清楚这种思想错在哪里。以完全相同的方式一而再再而三地做某件事情，并不是提高绩效和表现的秘诀；它会使人们停下前进的脚步，并且缓慢地下滑。

第三种错误思想认为，要想提高，只需要努力。如果足够刻苦，你会更加优秀。如果你想成为一位更优秀的经理，加倍努力。如果你想销售更多的产品或服务，加倍努力。如果你想优化你的团队协作，加倍努力。但现实是，所有这些事情，即管理、销售和团队合作，全都是专业化的技能，除非你运用一些专门用于提升那些特定技能的练习方法，否则，即使加倍努力，也无法让你有更大的进步。

刻意练习的心态提供了截然不同的观察视角：任何人都可以进步，但需要正确的方法。如果你没有进步，并不是因为你缺少天赋，而是因为你没有用正确的方法练习。一旦你理解了这一点，进步就只取决于你想出什么是“正确的方式”了。

如果你没有进步，并不是因为你缺少天赋，而是因为你没有用正确的方法练习。

边干边学

当然，这也正是阿特·图若克已经着手做了的事情，但是，在阿特的案例中，他提出的建议，很大一部分可以从刻意练习的原则中追根溯源。一种特别的方法是阿特称为“边干边学”的方法。

这种方法承认，商界人士都很忙，很难挤出时间来练习技能。他们和演唱会上的钢琴家或者专业运动员完全不同，后者真正表演和比赛的时间相对较短，因而每天可以花大量的时间来练习。因此，阿特着手制订一些方法，使正常的商业活动可以转变成为有目的的练习或者刻意练习的机会。

例如，一次典型的公司会议可能由某个人做幻灯片演示，而经理和同事则坐在暗处观看，并努力保持清醒。这样的演示发挥着正常的商业作用，但阿特坚持认为，我们可以重新设计，将它作为对会议室里所有人的一次训练。训练可以这样来进行：演讲者选择一项特定的技能，要求大家在演示期间着重关注，比如讲有趣的故事，即兴讲解，减少对幻灯片的依赖等，然后设法在演示期间提高那种能力。在演示者演讲或讲故事的同时，其他观众做笔记，之后再提供反馈。如果只做了一次演示，那么，演示者可能获得一些有益的建议，但并不清楚这些建议会有多大的效果，因为这种一次性的训练能够带来的进步可能微不足道。不过，如果公司在员工大会上经常进行这样的练习，员工就可以稳定地提高各种各样的技能。

阿特帮助许多公司建立了这一流程，从《财富》500 强的公司到中等规模的地区级公司。特别是一家名叫蓝色兔子的冰激凌公司采用了这种方法，甚至还加上了自己的改良。公司的区域销售经理经常查看公司的主要账目（该公司拥有一些连锁的杂货店和其他店面，批发冰激凌产品），而且一年之中和公司的高级销售经理见好几次面，探讨下一步的销售策略。一直以来，查阅那些账目只是为了了解更新的销售记录，但公司想出一个办法，添加了训练的成分。为应对下一步的销售业务中最具挑战性的方面，这家公司把会议当成一次角色扮演，区域销售经理向一位同事做演示，后者假装是那些账目上的主要买家。演示结束后，会议室里其他的经理为作演示的区域销售经理提供反馈，告诉他这次演示做得怎么样、还需要在哪些方面改变或者改进。第二天，区域销售经理再做一次演示，又获得一些反馈。这两个回合的练习都用视频记录下来，以便经理们观看并评价区域销售经理的表现。区域销售经理给客户做演示时，他的技能得到了磨炼和提高。

“边干边学”方法的一个好处是，它使人们熟悉练习的习惯，并思考如何练习。

“边干边学”方法的一个好处是，它使人们熟悉练习的习惯，并思考如何练习。一旦理解了日常练习的重要性，并意识到可以用练习来实现多大的进步，他们会找机会将其他的日常商业活动转变成练习活动。到最后，练习变成了日常工作的一部分。如果练习达到了计划中的目标，其结果是大家都培养了一种全然不同的心态，这种心态不再认为工作日只能用来工作，练习只能在特殊的时候、特定的场合才能进行，而且只有当顾问来到公司以后才能开始训练课。这种以练习为导向的心态，与杰出人物的心态非常相似，他们总是不停地练习，并且想尽各种办法在日常的工作和生活中磨砺自己的技能。

对于商业世界中任何一个着眼于寻找有效改进方法的人，我的基本建议是找寻一种与刻意练习原则相一致的方法，问自己以下这些问题：这种方法，是不是逼着人们走出舒适区，迫使人们尝试做一些对他们来说并不容易的事情？它有没有提供关于绩效和表现的即时反馈，以及关于可以做些什么事情来提高绩效和表现的反馈？那些制订了这种方法的人，有没有辨别出他们所处的特定行业或领域之中的最杰出人物？有没有确定是什么因素将杰出人物与其他人区分开来？训练是不是被设计用来提高行业或领域内的杰出人物所拥有的那些特定技能？如果对所有问题的回答全都是肯定的，尽管也许不能保证那种方法有效，至少可以肯定，它是有效方法的可能性大得多。

用王牌训练方法训练医生

所有设法运用刻意练习原则的人都面临一个重大挑战，那便是：**要准确地判断最杰出人物做了些什么，使得他们在普通人中间“鹤立鸡群”**。用一本畅销书中的话来讲，极高效人士的习惯是什么？在商界和其他任何行业或领域，这是一个难以确切回答的问题。幸运的是，有一个解答此问题的方法可以在各种各样的局面下使用。把它想象为王牌飞行员训练方法。

在王牌飞行员训练项目实施的早期，人们一直都在思考是什么使最优秀的飞行员如此优秀。他们只是制订了一个训练计划，模拟飞行员在实战中遇到的情形使得他们能够一再地练习自己的技能，并且有许多人可以为他们提供反馈，且无须付出战机被敌方击落的代价。对于众多不同的领域，这都是训练计划成功的绝好秘诀。

放射科医生训练的困境

想一想解释乳腺癌 X 射线检测结果的工作。当某位女性拿到了她每年都要做的乳房 X 射线照片时，照片也会被送到放射科医生手中，他必须仔细观察，确定那位女性的乳房中是否存在任何异常区域，如果有的话，需要做进一步检验。多数情况下，手拿 X 射线照片的女性会一同观看那些照片，因为她们没有发现任何表明自己患上乳腺癌的征兆，因此，查看 X 射线的照片只是放射科医生要走的一个流程罢了。有一项研究发现，和越战早期美国海军的飞行员一样，有些放射科医生能比其他人更好地履行这一职责。例如，一些测试已表明，有的放射科医生比其他医生在区分良性肿瘤与恶性癌变方面准确得多。

在这种局面中，放射科医生面临的主要问题是难以获得关于他们诊断结果的有效反馈，这限制了他们随着时间推移提高自己技能的幅度。部分的挑战在于，在每 1000 张乳房 X 射线的照片中，只有 4 ~ 8 例癌症病例有望被放射科医生发现。即使放射科医生察觉了可能是癌症的病变，其结果被送回到患者的私人医生那里，放射科医生也很少被告知患者的活体组织切片检查结果。而更加常见的是，放射科医生根本不知道患者在拍摄了乳房 X 射线照片之后的一年左右时间里，是否真的患了乳腺癌。如果患者真的不幸罹患癌症，放射科医生便有机会重新察看乳房 X 射线照片，看一看他自己是不是在上一次察看时忽略了癌症的早期信号。

放射科医生这种以反馈为导向的训练，很难使他们判断乳腺癌的技能得到提高，而他们也不一定能通过积累更多的经验来使自己变得更优秀。2014 年，有人进行了一项研究，研究对象是 50 万张乳房 X 射线照片和 124 名美国放射科医生。别人无法一眼就辨别出这些医生的任何背景因素，比如有多少年的从业经验，每年诊断乳房 X 射线照片的数量等，但这些因素都与他们诊断乳腺癌的准确性密切相关。研究的发起者推测，124 名放射科医生诊断乳腺癌的准确性之间的差别，可能是由于医生们在独立从业之前接受的最初培训的差别所致。

这些放射科医生读完了医学院，经历了实习期，还参加了为期 4 年的专业培训，在培训过程中，他们通过与经验丰富的放射科医生一起工作来学习技能，后者教他们从患者的乳房 X 射线照片看些什么，并使他们能够读懂患者的这些照片。然后，资深放射科医生再度检查受训医生的解读记录，告诉他们，他们对异常区域的诊断和辨别是不是与资深放射科医生自己的意见相一致。当然，我们不可能马上就知道资深放射科医生的判断是对还是错，而且，即使是这些资深医生，也可能在每 1000 张照片中漏过 1 例乳腺癌的诊断，而且这些医生也经常要求进行不必要的活体组织切片检查。

◉ 创建有反馈的训练工具

我在2003年度美国医学院协会举办的年度大会上发表了主旨演讲，这份演讲稿后来还在报刊上发表了。在发表的主旨演讲稿中，我提议，为了训练放射科医生更有效地解释乳房X射线照片，可以对他们采用类似于王牌飞行员的训练方法。我发现，主要的问题是，放射科医生没有机会一而再再而三地练习他们的解读，也没有机会每次都获得准确的反馈。因此我建议：首先收集多年来从病人手中获取的大量数字化的乳房X射线照片，建立一个这样的图片库，同时了解那些病人的病历等足够多的信息，以便知晓最终的结果。

比如，是否照片显示中的病人的乳腺真的存在癌变？如果是这样的话，随着时间的推移，癌症将会怎样发展？以这种方法，我们收集了大量的测试问题，这些问题的答案是已知的：癌症存不存在？有些照片可能是那些从没患过癌症的妇女的；而另一些照片可能是那些已被医生确诊为癌症病人的女性的；甚至还有些照片，尽管表明该病人已经罹患癌症，医生最初却没能诊断出来，只在后来对照片再进行回顾分析后，才发现了癌变的信号。

理想的情况是根据照片的训练价值来选择照片。例如，如果找来许多明显健康的乳房的X射线照片，或者是存在着明显肿块的乳房的X射线照片，那么，这些照片的价值就很小；最好的照片，是那些可能对放射科医生存在挑战的照片，它们显示了癌变的或者良性的异常肿块。

一旦建立了那样的图片库，我们就很容易将其转变成一个训练工具。人们可以编写一个简单的电脑程序，使得放射科医生能仔细检查那些照片，做出诊断并获得反馈。该程序可以显示另一些具有相似特点的照片来回应错误的答案，以便医生可以更多地训练他存在差距的那个方面。这与音乐导师注意到某个学生难以学会某种特定类型的指法，并布置一系列的练习以专门改进那种指法，在理论上并没什么不同。简单地讲，这是一种刻意练习。

我很高兴地告诉大家，澳大利亚建立了一个数字图片库，与我刚刚提议的图片库十分相似；它使得放射科医生能够用一系列的乳房 X 射线照片来测试他们自己，而这些照片可以从图片库中检索获得。2015 年开展的一项研究指出，放射科医生在一系列测试中的表现，预示着他能多么准确地在专业实践中解释乳房 X 射线照片。下一步将展示，用这样的图片库训练所取得的进步，到底怎样提高了临床诊断中的准确性。

为了更加准确地判断儿童扭伤的脚踝的伤情，一个与上述图片库相似的图片库被独立组建起来。在 2011 年的一项研究的报告中，纽约市摩根士丹利儿童医院的一些医生集中了儿童可能受到的脚踝伤害的 234 个病例。每个病例包含一系列的 X 射线照片，以及对儿童的病历和症状等信息的简要概括。医生们运用这一图片库来训练放射医学住院医生。他们给住院医生提供病例的详情，并要求其做出诊断，特别是将病例归类为正常或异常；如果是异常病例，还需要指出异常之处。住院医生一做出诊断，其他有经验的放射科医生马上提供反馈，解释住院医生的诊断是对还是错，以及他们漏看了什么。

开展这项研究的医生发现，这种训练和反馈帮助住院医生大幅提高了他们的诊断能力。起初，住院医生依赖他们自己过去的知识，而他们的诊断有时对有时错，在经历了 10 多次的试验之后，定期反馈的效果开始显现，而住院医生诊断的准确性开始稳定提高。在他们了解了所有这234个病例之后，诊断的准确性继续提高，如果有数百个这样的病例，他们经过逐一的研究，诊断还会更加准确。

简单地讲，这种用即时反馈（要么是由导师提出的，要么是由精心设计的电脑程序来提供的）来强化的练习，可以成为提高绩效的强大方法，强大到令人难以置信。此外，我认为，如果我们可以努力确定哪类问题可能使新来的放射科医生在诊断时出现错误，并且设计一些练习更多地重点关注那些问题，那么放射学培训会更有效一些，这基本上是更多地理解心理表征在做出准确诊断方面所发挥的作用，并且应用那些理解来设计练习。

改进外科医生的心理表征

有些研究人员使用了我在研究史蒂夫·法隆时用过的“有声思维协议”，以便理解放射科医生杰出表现背后潜藏的心理过程。结果似乎很明显，最杰出的放射科医生实际上已经创建了更加准确的心理表征。我们甚至很好地了解了给医术不太精良的放射科医生带来麻烦的那些疑难杂症的病例。不幸的是，到目前为止，我们依然不太清楚那些杰出的放射科医生与不太出色的放射科医生在判断时到底有着怎样的差别，因此，也无法精准地设计一些练习项目来弥补医术不太精良的医生的不足。

不过，我们可以发现，到底这类练习可以怎样在腹腔镜手术中发挥作用。对于这一点，研究人员进行了大量的研究，将医生们对医术精良的医生在工作中使用的各类心理表征的理解集中了起来。

在一项研究中，劳伦斯·韦（Lawrence Way）率领一组来自加州大学旧金山分校的外科医生，打算了解在摘除胆囊的腹腔镜手术中，究竟是什么导致病人的胆管出现了特定类型的损伤。几乎在所有的病例中，这些损伤都是由于医生所谓的“视觉错觉”造成的，也就是说，外科医生在手术时把身体的部位弄错了。这使得原本要去摘除胆囊管的外科医生，到最后却切除了病人的胆总管。外科医生太相信这种错觉了，以至于当他们发现了异常时常常也会继续手术下去，不会停下来怀疑自己是不是弄错了手术部位。

另一些研究人员研究了使腹腔镜手术成功的各种因素，结果发现，杰出的外科医生想出了一些办法来更加清楚地观察身体的部位，比如把某些组织拨向一边，使自己可以更好地借助用来指导手术的摄像头更清晰地观察病人的手术部位。正是这类信息，使人们可以通过刻意练习来提升绩效。我们知道了最杰出的腹腔镜外科医生在哪些方面做得好，也知道了普通医生最常犯的错误后，应当在手术室外设计一些用来培训的练习，以改进外科医生的心理表征。

一种练习方法是使用实际手术的视频，先播放一段，播放到某个决策点时停下来，然后问，“你接下来会怎么做？”或者“你在这里看到了什么？”外科医生的回答，要么是在屏幕上画一条线，以回答说要切掉哪个部位，或者画出胆总管的形状，或者建议拨开一些组织，以便更好地观察。外科医生可以得到关于他们答案正确与否的即时反馈，纠正他们错误的想法，并转向下一个也许更难的病例。运用这样一种方法，医生们可以进行数十轮或者数百轮的训练，聚焦于手术中那些可能导致问题的各个方面，直到他们创建了有效的心理表征为止。

一般来讲，这种类似于王牌飞行员训练的方法，可以在广泛的领域和行业中运用。在那些领域和行业之中，反复多次的“离线”练习使人们受益匪浅，也就是说，这种练习并不是在真正的工作中进行练习，即使犯了错，也不会产生严重的后果。这便是运用仿真器来训练飞行员、外科医生和其他许多高风险专业背后的原理。实际上，使用乳房X射线照片的图片库来训练放射科医生，就是这种类型的仿真。但是，还有许多其他的领域和行业可以运用这一概念。例如，人们可以想象，构建一个案例研究库，以帮助税务会计磨砺他们在一些专业中的技能，或者帮助情报分析师提高他们解释外国正在发生的一些事件的能力。

即使在已经使用仿真器或以其他方法提高技能水平的行业或领域之中，也可以通过直接纳入刻意练习中的经验，大幅度提高其效能。如我提到的那样，尽管仿真器已经在手术的许多方面得到了应用，但如果它们的设计考虑了特定专业中最杰出的外科医生运用的心理表征的话，那也许还能更高效地增强练习效果。

此外，还可以确定哪些错误最常见、最危险，并通过创建一些聚焦于可能会出现这类错误局面的仿真器，来提高仿真器的练习效果。例如，在手术期间，外科医生常常会突然想起事先没有想到的事情，暂时中断手术，而如果那件事情发生时，恰逢在对病人进行输血前的血型检验，那么，至关重要的是在完成使手术中断的事情后继续检验血型。为了帮助外科医生和医疗团队中的其他成员获取经验，以应对那些临时想起的事情，仿真器管理者可以在各种场合的关键点处启动那样的插入程序。这类仿真器练习的可能性无穷无尽。

致力于传授知识的传统方法

对于训练，王牌飞行员训练方法有一个含蓄的主题，那便是着重强调动手做，无论是击落敌机还是解释乳房 X 射线照片。这里的底线是你能做什么，而不是你知道什么，尽管大家都明白，为了能做好你的工作，你首先得知道一些事情。

知识与技能之间的区别

知识与技能之间的区别，正是发展专业技能的传统路径与刻意练习的方法之间的核心差别。一直以来，人们的关注焦点几乎总是知识。即使当最终的结果是能够做某件事（比如解答某种特定类型的数学题，或者写一篇优秀的文章），传统的方法也一直是先找出关于正确方法的信息，然后很大程度上让学生去运用那些知识。刻意练习则完全相反，它只聚焦于绩效和表现，以及怎样提高绩效和表现。

> 传统的方法一直是先找出关于正确方法的信息，然后让学生运用那些知识。刻意练习则只聚焦于绩效和表现，以及怎样提高绩效和表现。

我在卡内基梅隆大学开展的记忆实验，第三位参与者是达里奥·多纳泰利（Dario Donatelli）。当他开始尝试提高对数字串的记忆时，和史蒂夫·法隆进行了一番交谈，后者告诉他，自己是怎样做到记住 82 个数字的。事实上，他们两人是经常见面的朋友，因此，史蒂夫给达里奥出主意，并指导他如何创造记住数字组的记忆方法，以及如何将这些数字组整合到记忆之中。简单地讲，对于怎样记住数字，达里奥掌握了大量的知识，但他仍需提升这一技能。由于达里奥不必经历史蒂夫曾做过的反复试验，因此，他能够更加迅速地提高记忆能力，至少一开始时这样，但他记忆力的提高，依然是一个漫长而缓慢的过程。那些知识对他有所帮助，但只是让他更清楚，为了提高这种技能，他需要怎样来练习。

当你观察人们在职业领域和商业世界中如何接受训练时，会发现一种趋势：不重视技能，过于重视知识。主要的原因是传统和方便：向一大群人介绍知识，比起创造条件让人们可以通过练习来提升技能，要容易得多。

传统医学教育的失败

想一想医学培训。未来的医生从医学院毕业时，已经花了 15 年的时间接受教育，但几乎所有那些教育全都聚焦于提供知识，几乎没有或者完全没有直接运用他们行医之后必备的技能。事实上，这些未来的医生在进入医学院之前，甚至没有接受过医学培训，完全不懂医学。一旦他们进入了医学院，又要花好几年的时间学习课程，然后接触临床诊治，也就在这个时候，他们才终于开始提升自己的医学技能。很大程度上，对于外科医生、儿科医生、放射科医生、肠胃科医生或者其他任何专科的医生，只有在他们从医学院毕业之后，才开始专攻和发展他们将来行医必备的技能。也只有到了这个时候，当他们开始在经验丰富医生的监管之下开始实习并成为住院医生时，才终于学会了他们需要的许多诊断技能和技术技能。

在他们的实习和住院医生实习期结束之后，有的医生赢得奖学金，继续更加专业的训练，但那也标志着他们结束了官方监管的培训。一旦新的医生达到了这个水平，那么他们将作为成熟的医生正式参加工作，人们都以为，他们已经获得了有效治疗病人所需的全部技能。

如果说这些听起来全都似曾相识，那是因为它与我在第 1 章中解释学习打网球的规律十分相似：上一些网球课，发展足够的技能来和别人打比赛，然后把最初学习阶段的最大特点——密集训练抛在脑后。如我提到的那样，大多数人以为，只要继续打下去，日积月累地“练习”，你将必然更加擅长打网球，但是，现实却与之相反：如我们已看到的那样，通常情况下，人们不会因为只去打比赛而变得更优秀，有时候，实际上他们的水平反而更差了。

医生与休闲时期打网球的人之间的这种相似性，在 2005 年的一项研究中得到了展示，当时，哈佛大学医学院的一组研究人员发表了一份广泛的研究结果评审报告，关注了随着时间的推移，医生们所提供的护理质量将怎样变化。如果说年复一年的练习使医生更有优势，那么，随着他们积累更丰富的经验，他们提供的护理质量也应当提高。但现实完全相反。在评审包含的 20 多项研究之中，几乎每一项研究中的医生的绩效都随着时间的推移而越来越差，或者说，最多也只是保持不变。

年纪大一些的医生，比那些经验少得多的医生，对于提供适当的护理，不但知道得少一些，做得也差一些。研究人员认为，那可能是由于年纪大一些的医生所面对的病人，情况更糟糕一些。在 62 项研究之中，只有 2 项研究中的医生，随着经验越来越丰富，提供的护理质量也越来越好。另一项关于决策准确性的研究，调查了 1 万多名临床医生，结果发现，丰富的专业经验带来的好处微不足道。

不要感到吃惊，在护士这个群体中，同样是这种情况。一些谨慎的研究表明，总体而言，经验非常丰富的护士为病人提供的护理，并不会比那些刚刚从护理学院毕业几年的护士更好。

年纪较大的和经验更丰富的医护人员的绩效，为什么并不总是比年轻一些、经验相对缺乏的医护人员更好一些，有时候甚至还更差？个中原因，我们只能推测。确实，年龄更轻的医生和护士在学校里掌握了更多最新的知识与培训，而且，如果继续教育无法使医生的知识结构得到有效更新的话，那么，医生的年纪越大，对当前的技能了解得也越少。但有一件事是清晰的：几乎没有例外，无论是医生还是护士，都不会只从工作经验中获得专业技能。

当然，医生也十分努力地寻求提高医术。他们不停地参加行业大会、研讨会、小型课程，以及类似的活动，目的是了解他们的领域中最新的思想和方法。我写到这一部分的时候，访问了doctorsreview.com，该网站自称是“网络上最完整的医学会议清单”。在会议搜索页面，我随意挑选了一个字段（心脏内科），并且随机地挑选了一个月份（2015 年 8 月），然后点击了“确定”键，以搜索那个月围绕那一主题的所有医学会议。结果，我搜索到了 21 条结果，包括在休斯敦召开的心血管病研究人员集训，在佛罗里达州圣彼德斯堡举行的超声引导血管穿刺会议，以及在加利福尼亚州首府萨克拉门托市举行的电生理学会议，为初级护理提供商和心血管专家揭秘心律失常的大会，等等。这还只是针对某一专科在一个月内举行的各种会议。

简单讲，医生确实在认真地精进他们的医术。遗憾的是，他们采取的方式并不管用。一些研究人员研究了执业医生接受继续教育的好处，一致认为，尽管它并非真的毫无价值，但用处却并不大。而对于医学这个专业，我发现某些医生特别乐于寻找他们行业的不足之处，并想尽办法来弥补它们。很大程度上，正是因为他们有这种意愿，我才花了如此多的时间去研究医生以及其他的医学专家。

这并不是说医学培训的效果比其他行业或领域的培训效果差，而是因为，这一行业中的人有很强的动机去想办法精进医术。多伦多大学的博士、教育科学家戴夫·戴维斯（Dave Davis）曾进行过一些引人关注的研究，着重研究医生继续职业教育的效果。在一次极有影响的研究中，戴维斯和一些同事研究了一大批教学“干预”，他们所说的“干预”，指的是课程、行业大会和其他会议、讲座、座谈会，以及参加医疗会诊和许多其他的会议，其目的是增长医生的知识并精进他们的医术。

戴维斯发现，最有效的干预是那些具有一些互动因子的干预，比如角色扮演活动、讨论小组、案例分析、实习培训，等等。这些活动虽然实际上既提高了医生的医术，又改善了病人的治疗，但总体的进步依然不大。相反，效率最低的活动是那些“说教式的”干预，也就是那些教育活动基本上是由医生聆听讲座，令人感到可悲的是，它们是迄今为止最常见的一种医学继续教育活动。戴维斯总结道，这种被动地聆听讨论，既无法明显提高医生的医术，也无助于显著改善病人的病情。

戴维斯的那次研究，评估了在1999年以前发表的其他关于医学继续教育的研究成果。十年后，挪威研究人员路易斯·弗斯特朗德（Louise Forsetlund）率领一些研究者更新了戴维斯的研究成果，观察了在同一时期内发表的对医学继续教育的 49 项新研究。路易斯等研究人员得出的结论与戴维斯的结论相似：医学继续教育可以精进医生的医术，但效果不大，而对病人的病情改善作用甚至更小。除此之外，有效果的那些教育方法，主要是包含某些互动因子的方法；讨论、研讨会以及类似的会议，对医生提高医术的帮助不大，甚至没有帮助。最后，研究人员发现，在改进复杂行为方面，没有哪种继续教育是有效的，所谓的复杂行为，是指那些包含好几个步骤，或者要求考虑诸多不同因素的行为。换句话讲，医学继续教育在某种程度上是有效的，它的效果体现在，仅仅改变了医生们在训练中的一些最基本方面。

从刻意练习原则看待医学教育

从刻意练习的角度看，问题显而易见：参加讲座、小型培训课以及类似的活动，并没有给医生们提供反馈，或者说反馈很少，因此，医生们几乎没有或者完全没有机会去尝试新的治疗和诊断方法、犯错、纠正错误，并逐渐发展新的技能。就如同业余网球球员试图通过读网球杂志上的文章并观看视频网站上的一些视频来提高球技，他们可能以为自己在学习新的东西，但这些做法不会对他们的网球水平有太大的帮助。此外，在医学继续教育中，有一些在线的交互式方法，但却很难模拟医生和护士在日常的临床实践中遇到的那些复杂病情。

人们认为，一旦医生和其他专业人士结束了培训，他们理应能够独立地工作了。但没有人为他们扮演类似于网球专业陪练的角色，和他们一同练习，以查找他们的不足，提出练习计划来弥补不足，然后监督甚至指导那些练习。一般来讲，医学行业和领域历来缺乏支持培训和进一步提高专业人员能力的传统，当然，其他大多数的专业领域也是这种情况。人们都以为，医学界的专业人士能够依靠自己想出有效的练习方法，并将它们付诸使用，以精进自己的医术。简单地讲，医学训练的隐含假设一直是：如果你给医生们提供了必要的知识（比如在医学院学习，或者通过医学杂志、研讨会和医学继续教育培训班等接受教育），应当就足够了。

在医学界，有一种关于学习外科手术的说法，可追溯至20世纪初期外科手术的先驱者威廉·霍尔斯特德（William Halsted）。威廉是这么说的："看一场，做一场，教一场。"意思是说，为了能够做一场新的手术，接受训练的外科医生只需要看熟练的医师做一场，然后自己思考怎样在病人身上手术。这是在知识与技能对抗中的终极信仰告白。

然而，在20世纪80年代和90年代，随着腹腔镜手术或者微创手术的广泛普及，这一信条受到了严峻的挑战。在那些手术中，外科医生可以通过在身体上微小的切口，将手术仪器插入患者体内来做手术，而那些微小的切口，可能离手术部位很远。这需要外科医生采用与传统手术完全不同的方法。不过，我们一般人依然认为，有经验的外科医生应当不需要额外的训练，便能相对较快地掌握这种新方法。毕竟，他们拥有做手术必备的所有知识。然而，当医学研究人员将在传统手术中积累了丰富经验的外科医生的学习曲线与接受训练的外科实习医生的学习曲线进行对比时，他们发现，这两类医生熟练掌握腹腔镜手术以及减少并发症数量的速度，并没有差别。

简单地讲，经验丰富的医生在传统手术中学到的更多知识或者积累的更丰富经验，都无法为他们提高腹腔镜手术的技能带来优势。这种技能必须通过独立操作来培养。由于这些研究成果，当今那些想做腹腔镜手术的医生们，必须通过由专家级的腹腔镜外科医生监管训练以及这项特定技能的测试，才能正式走上手术台。

在教育中一直更强调知识的作用而忽略技能的作用的行业或领域，不只是医学这一个。在许多其他的专业学院，比如法学院和商学院等，情况也差不多。一般来讲，专业学院着重关注知识而不是技能，因为教学生知识，然后为检验学生掌握知识的情况而设计一些测验，要比教学生技能容易得多。此外，人们一般认为，如果掌握了知识，也就能相对容易地熟练掌握技能。结果，当大学生进入职场时，通常发现自己需要大量的时间来提升工作中需要的技能。另外，许多专业领域并不会比医学专业更好地帮助从业人员磨砺他们的技能，大多数情况下，甚至在这方面比医学专业做得更差。在这些行业和领域之中，人们同样以为，只要简单地积累更多的经验，就能提高从业者的技能水平。

在专业的或商业的背景中涉及提高绩效和表现时，正确的问题是“我们怎样改进相关的技能”，而不是“我们怎样传授相关的知识”。

正如在许多情况下，只要你已经想出了怎样来正确地提问，就已经知道了一半的正确答案。在专业的或商业的背景中涉及提高绩效和表现时，正确的问题是“我们怎样改进相关的技能”，而不是“我们怎样传授相关的知识”。

致力于改进技能的新方法

如我们在王牌飞行员训练方法和阿特·图若克的研究中看到的那样，我们可以采用许多方法来应用刻意练习的原则，以便在专业和企业的背景中提升技能。但从长远来看，我认为最好的方法是：制订致力于改进技能的培训计划，这些计划将补充或完全替代那些致力于传授知识的、在如今许多行业和领域中经常使用的方法。这种策略认为，由于最重要的是人们能够做什么，因此，训练应当着重于实干，而不是知晓，特别是着重于使特定行业或领域中每个人的技能尽可能接近最杰出人物的水平。

自 2003 年以来，我一直和一些医学专业人士合作，以表明刻意练习能够怎样磨砺医生每天都要用到的技能。转而采用这些方法，代表着一种范式转变，而且对医生能力的提升乃至病人健康水平的提升，有着深远的意义。在一项密切相关的研究中，研究人员约翰·伯克迈耶（John Birkmeyer）及同事们邀请了密歇根州一组肥胖症治疗手术师来做实验，请他们提交在临床中腹腔镜缩胃手术的典型案例的录像带。随后，研究人员请一些专家匿名评估那些录像带，以评价外科医生的技术技能。出于我们阐述的目的，这项研究的一个重要发现是，在技术技能评价有差异的外科医生中间，病人的结果也有着巨大的差别：技术能力更熟练的外科医生的病人，患上并发症或手术致死的可能性低一些。这意味着，如果人们能够帮助技术技能不太熟练的外科医生提高技能水平的话，病人可能会受益匪浅。这些研究结果促使后来创办了一个项目，在其中，技能熟练的外科医生为技能不太熟练的外科医生提供指导，帮助后者精进医术。

在本章剩下的内容中，我将概略地叙述如何运用刻意练习原则为医生发展更有效的训练方法，最终使病人得到更好的诊治和救助。

◉ 辨认谁是专家

第一步是较为明确地确定，在某个特定专科中谁是专家医生。我们可以怎样辨别其医术确实高于其他医生？如我们在第 4 章中探讨的那样，这并非总是件容易的事，但通常可采用一些方法来辨别，而且，这些方法有着合理的客观性。

在医学界，最起码的职责是保证病人的健康，因此，我们真正想探寻的，是可以确定与医生行为有关系的病人的结果。这可能有点棘手，因为医学护理是一个很复杂的过程，包含诸多环节，而且有很多人的参与，很少存在那些可明确地与某一位医护人员的贡献相关联的结果指标。但不管怎样，一般情况下，至少有两个例子证实，我们可以从普通医生中辨别出医术高超的医生。

2007 年，由纽约市纪念斯隆 – 凯特林癌症中心的安德鲁·维克斯（Andrew Vickers）领导的一组研究人员报告了一项研究结果，研究的对象是近 8000 位患有前列腺癌、已经做过前列腺切除手术的男性患者。这些手术是在 1987 ～ 2003 年由 72 位不同的外科医生分别在四个医疗中心完成的。手术的目的是切除整个前列腺以及周边组织中的任何癌细胞。这个复杂的手术需要医护人员精心的护理和精细的技能，而且，如果没有完全正确地做好手术，癌细胞更有可能再生。因此，在手术之后防止癌细胞再生的成功率，应当为区分最杰出的与普通的外科医生提供了一个客观的指标。

以下就是维克斯及其同事在研究中的发现：那些拥有丰富经验的外科医生，与那些只在相对较少的手术中才表现得胸有成竹的外科医生，两者之间的技能存在重大差别。一方面，只做过 10 台前列腺切除手术的外科医生，其病人在五年内复发癌症的比率为 17.9%，而做过了 250 台前列腺切除手术的外科医生，其病人在五年内复发癌症的比率仅为 10.7%。换句话讲，如果前列腺切除手术由一位经验不够丰富的外科医生来做，与由一位经验丰富的医生来做相比，在五年之内复发癌症的比例几乎是两倍之多。

在一项后续研究中，维克斯观察了随着外科医生的经验变得更加丰富，癌症复发比率会产生怎样的变化。结果他发现，复发的比率会继续下降，直到那位外科医生做到 1500 ~ 2000 台手术时，复发的比率才不会继续下降。到了那个时候，如果遇上了较简单的病例，癌细胞并未在前列腺之外的组织中扩散的话，那么，外科医生基本上已经能够完美地防止五年之内癌症的复发了。与此同时，在较为复杂的病例中，也就是癌细胞已经在前列腺之外的组织中扩散的话，外科医生也可以防止 70% 的病人癌症复发。

即时反馈的重要性

维克斯在一篇描述其研究成果的论文中提到，他的研究小组没有机会去思考，那些经验极其丰富的外科医生到底做了哪些不同的事情。不过，看起来似乎明显的是，做了几百台或者几千台手术的医生，已经提升了特定的技能，这使得他们病人的结果得到了极大的改观。此外，值得注意的是，手术中经验的积累促使技能水平的增强，因此，外科医生一定可以运用某些类型的反馈，让他们能够随着时间的推移，通过纠正错误和精进技巧，使自己的技能精益求精。

外科与医学界许多其他专科不同，因为在外科中，许多问题马上就会暴露出来，比如血管的破裂或组织受损等，因此，外科医生可以获得即时反馈，至少能够马上知道他们犯了哪些错误。在系列手术的术后护理中，医护人员会对病人的情况进行仔细监测。有时到了这个阶段，病人会有出血的状况或者其他一些问题，那么必须对病人再次手术，以纠正该问题。那些纠正性的手术，也为外科医生提供了关于也许可以避免的问题的反馈。

在切除癌变组织的手术病例中，医生可以对已切除的癌细胞组织进行实验室分析，以便知道是否所有癌细胞都被成功切除。理想的情况是，观察所有被切除下来的组织，应当可以看见，在癌细胞的周边还有一些健康的组织，这样才能证明所有癌变组织都已被切除。而如果外科医生没能在癌变组织的周围留下这些“干净的边缘”，那么，这给他提供了另一种类型的反馈，使之在将来类似的手术中可以运用这些反馈。在心脏手术中，可以测试修复的心脏，以评估手术是否成功，如果手术并不成功，便能确定哪些地方出了错。**可以获得反馈，最有可能是外科医生随着经验的日渐丰富而手法精进的原因，这也是他们不同于许多其他医学专业人士的地方。**

采用基于刻意练习的方法来精进技能，可能是格外宝贵的，因为从这项研究和其他类似研究中，我们清楚地发现，外科医生需要花多年的时间、做大量的手术，才能达到被人们认为是专家的水平。如果可以制订出一些训练计划，使外科医生达到专家水平的时间缩短一半，可能对病人来说有着重大的意义。

一种改进过的模式，类似于维克斯在外科医生中观察到的模式，它出现在一项针对解释乳房 X 射线照片的放射科医生的研究之中。那些放射科医生在他们参加工作的头三年时间里，极大地改进了他们对乳房 X 射线照片的解释，误报的情况越来越少见（误报是指参加检查的女性原本没有患上乳腺癌，却被要求做进一步的筛查）。随后，他们的这种改进速度则急剧下降。有意思的是，过了头三年，这种曲线只有在那些并未接受过放射学专科训练的放射科医生中才会出现。经历了专科训练的医生，并没有出现同样类型的学习曲线，而是仅仅在岗位上工作了几个月的时间，便达到了那些没有接受专科训练的医生花了三年时间才发展出的同样的技能水平。

如果说专科训练帮助放射科医生以比正常情况快得多的速度达到专家的水平，那么，我们似乎可以合理地假设，经过精心设计的、不需要专科训练的训练计划，可能也有着相同的效果。

杰出医生的心理过程

一旦你已经辨别出了那些绩效经常比同行优秀的人们，下一步就是推测，在那种杰出表现的背后到底潜藏着什么。这通常涉及我在第 1 章中描述的、用来帮助史蒂夫·法隆提高记忆力的方法的变体。也就是说，你拿到事后的报告，让人们描述他们在完成某项任务时心里在想些什么，而且你观察哪些任务对某个人来说更容易些或是更难一些，并从中得出结论。那些研究了医生的思考过程，以便理解是什么使最杰出人物与普通人区分开来的研究人员，已经使用了所有这些方法。

这种方法的一个好例子是最近的一项研究，研究对象是 8 名外科医生。研究人员询问了他们在腹腔镜手术之前、之中和之后的思考过程。这些手术的进行，首先在病人腹腔上开一个小口，将手术仪器从小孔中插入病人体内，然后指向手术部位。这需要做好大量的准备工作，而且要求外科医生能够适应和应对手术开始之后发现的各种情况。研究的主要目的是辨别外科医生在整个过程中做出的决策的类型，并推测他们如何做出那些决策。

研究人员列举了外科医生在手术期间必须做出的几种决策，比如切除哪些组织，是不是将腹腔镜手术临时改变为开腹手术，以及是不是需要放弃最初的手术计划并即时制订新的计划。这些细节，很大程度上只有腹腔镜外科医生和那些指导他们的熟练医生感兴趣，但研究中的一个发现有着更广泛的意义。在进行这类手术时，只有很少的外科医生会简单直接地照搬某位专家医生的基本模式来实施手术；相反，大多数医生都临时做出一些事先没有想到的调整，或者绕过了某些未曾料到的障碍，那些障碍迫使外科医生谨慎思考他正在做什么，并做出某种类型的决策。正如开展这一研究的研究人员指出的那样，"即使是专家级的外科医生，也会发现他们自己有时必须在手术期间深思熟虑地重新评估他们的方法和替代方案，比如选择不同的手术仪器或是把病人挪个位置。"

这种能力，也就是辨别意料之外的情况，迅速地考虑各种可能的响应并决定最佳响应的能力，这不仅在医学界十分重要，在其他许多领域和行业中同样至关重要。例如，美军曾花大量的时间和精力来思考，怎样以最佳方式教授军官所谓的"自适应思考"，特别是地面部队的中尉、上尉、少校、上校等军官，他们在遭到意想不到的攻击或其他无法预见的事件时，必须立马决定以最佳的行动响应。美军甚至还研发了“像司令官那样思考的训练计划”，使用刻意练习的方法教授初级军官这种自适应思维。

对最杰出医生的心理过程的研究表明，尽管他们已经在手术开始前准备了手术计划，但他们经常会在过程中监控手术，并且做好了在必要时临场应变的准备。加拿大的一些医学研究人员最近开展的一系列研究，明显地展示了这一点。研究人员观察了外科医生预测会很难做的那些手术。当研究人员在手术之后采访外科医生，请他们谈一谈手术期间的思考过程时发现，医生在手术时主要通过留意哪些事情与他们术前准备计划中想象的手术进程不一致，来察觉手术中的问题。一旦他们注意到这种不一致，就会提出一系列的替代方法，并确定哪种最有可能成功。

这表明，关于这些经验丰富的外科医生的医术，有些事情十分重要：随着时间的推移，他们已创建了有效的心理表征，在手术之前的计划阶段、在手术进行过程中以及监控手术进展时，他们运用这些心理表征，以察觉什么时候出现了糟糕的情况，并做出相应的调整。于是到最后，如果我们想知道是什么使得外科医生如此杰出，就要深入了解杰出的外科医生的心理表征。心理学家已想出各种办法来研究心理表征。研究人们用以指导自己完成某一任务的心理表征，标准的方法是让他们在完成任务的过程中停下来，关上灯，然后请他们描述当前的情形、已经发生了什么和即将发生什么。(我们在第 3 章中描述的关于足球运动员的研究中，介绍了这种方法的一个例子。) 但是，这种方法对于正在手术室做手术的外科医生显然行不通，不过，对那些可能面临危险局面（例如手术）的人们的心理表征，我们可以采用另外一些方法去研究。在能够使用仿真器的情况下，例如飞行训练或某些类型的医学手术等，实际上可以在过程之中停下来，并且对受训者进行测试。或者，如果是真正的手术，可以在手术之前和之后向外科医生提问，问他们是怎样想象手术将如何进行，以及他们在手术过程中怎么思考等，在此情况下，最好结合采访来进行，让外科医生谈一谈手术期间所采取的行动。理想的情况是：你可能辨别出与更成功的手术密切相关的那些心理表征的一些特点。

进入 21 世纪以来，几名研究人员成功地辨别出那些有可靠医术的杰出执业医生，并开始研究他们的心理过程。不过，已经明确的是，世界上最杰出的那些医生，其杰出医术背后潜藏的主要因素是他们高质量的心理表征。这意味着，我们将运用医学中的刻意练习找出一些方法，帮助医生通过训练来创建更高质量的心理表征。其他许多专业也是这种情况。

第6章

chapter6

在生活中运用刻意练习原则

2010年，我收到了一封电子邮件，是俄勒冈州波特兰市一位名叫丹尼斯·麦克劳克林（Dan McLaughlin）的男子写来的。他在很多地方读过我撰写的关于刻意练习的研究报告，也包括杰奥夫·科尔文（Geoff Colvin）所写的书《被夸大的天才》（*Talent Is Overrated*）等书。丹尼斯想运用这种方法将自己训练成一位职业高尔夫球手。

为了了解丹尼斯的这一想法到底有多么大胆，你得稍稍了解一下他。他没有加入过高中或大学的高尔夫球队。事实上，他压根儿就没有真正打过高尔夫。有好几次，他和朋友们到过练习场，但他一生中从来没有打过一场完整的、18洞的高尔夫球。实际上，他到了30岁的年纪，从来没有在任何的体育项目中当过竞技运动员。

但他有一个计划，而且认真对待：他会辞去商业摄影师的工作，然后花六年左右的时间学打高尔夫球。他读过马尔科姆·格拉德威尔的《异类》，并且相信“1 万小时训练法则”，认为自己可以花 1 万小时来刻意练习，成为一位足够优秀的球员，以参加职业高尔夫球员协会的巡回赛。为了参加巡回赛，他首先必须获得职业高尔夫球员协会的巡回赛资格赛的参赛资格，然后在资格赛中打得足够好，以获得职业高尔夫球员协会巡回赛的外卡。这才使他有机会参与职业高尔夫球员协会的锦标赛。

丹尼斯把他的计划称为“丹计划”，在他实施一年半以后，《高尔夫》杂志采访了他。当记者问他为什么选择打高尔夫球时，丹尼斯回答，“我真心喜欢。”他说，他不赞成人们这样的看法：只有少数一些人才能在特定领域中获得成功，只有那些逻辑思维清晰和“擅长数学”的人才能进入数学领域；只有那些有运动细胞的人才能进入体育领域；只有那些在音乐上有天赋的人才能真正擅长演奏某种乐器。这种想法，使得人们以此为借口，不去追求他们原本可能真正喜欢做、也许还很擅长的事情。因此，他不想堕入这样的陷阱。他说，“所以，一想到这些，我便想去试着做一些与我曾做过的全然不同的事情。我想证明，如果你愿意投入时间，一切皆有可能。”

我喜欢丹尼斯，甚至不只是由于他的这一番表态，而且是由于他意识到：刻意练习不只是针对那些很早就开始训练的孩子，那些追求长大后成为国际象棋特级大师、奥林匹克运动员或者世界级音乐家的孩子。它也不只是针对类似于美国海军等大型组织的成员，这些组织拥有足够的财力物力，能制订一些高强度的训练计划。**刻意练习针对每一个有梦想的人。**它针对每个想学习怎样画画、编程、变戏法、吹萨克斯管、写出“伟大的小说”的人。它针对每个想提高自己的扑克牌技巧、垒球技能、销售技能、歌唱技艺的人。它针对所有那些想掌控自己的人生、塑造自己的潜力、不向命运低头、不甘心于现状的人。

本章内容，就是为他们所写。

首先，找位好导师

另一个我最喜欢的例子是佩尔·霍尔姆洛夫（Per Holmlöv），他来自瑞典，在 69 岁时开始上空手道培训课。他给自己确定的目标是：到 80 岁时获得黑带。佩尔在参加了空手道训练大约 3 年后给我写了一封信。他告诉我，他认为自己的进步太缓慢了，请我给他提一些建议，怎样才能更有效地训练。虽然他在自己的一生之中经常锻炼，但这是他第一次接触武术。他每星期练习空手道五六个小时，而且每周还花 10 个小时从事其他的锻炼，主要是在树林中慢跑并到健身房练习。他还能做别的什么？

有的人一听到佩尔的故事，自然而然就会这样想，“嗯，当然了，他的进步不可能太快，毕竟他已经 72 岁了！”但事实并不是那样。他确实不可能像 24 岁的年轻小伙那样进步神速，甚至也不如 54 岁的壮年男子那样快速进步，但毫无疑问，他可以更加迅速地提高自己的水平。因此，我给了他一些建议，也恰好是我对 24 岁的年轻小伙和 54 岁的壮年男子给出的相同建议。

大多数的空手道训练是在班级中完成的，班里有许多学生，只有一位导师，导师示范某个动作，班上学生模仿。有时候，导师会注意到某个特定的学生没有把动作做正确，于是稍稍提供一对一的辅导。但那种情况较为罕见。

佩尔就是参加了类似那样的培训班，因此我建议他，可以参加教练的个人训练课，找一位能够专为提高他的水平而提建议的教练。鉴于这种私人教练的花费太高，人们通常是尽量参加团体课，甚至只在视频网站上找视频看，抑或求助于书籍，但这些方法一般只在某种程度上管用。不过，不论在大班或视频网站上观看了多少遍的示范，你依然会注意不到或者理解错某些细微的差别，有时甚至还忽略了并不细微的事情，而且，即使你发现自己的缺陷，也无法想出最好的办法来弥补。

尤其是，你的心理表征将存在问题。如我们在第 3 章讨论的那样，刻意练习的主要目的之一是提出一系列有效的心理表征，它们可以引导你的表现，无论你是在练习空手道、弹一首钢琴奏鸣曲，还是做一台手术。自己练习时，你必须依靠自己的心理表征来监测自己的表现，并确定可能在哪些地方做得不对。尽管这并非不可能做到，但毕竟和找一位经验丰富的导师来观察你并向你提供反馈相比，单凭自己的力量来练习，不但艰难得多，而且效果差得多。在学习过程的早期尤其艰难，这个时候，你的心理表征依然是初步的、不准确的；一旦你为可靠的心理表征奠定了坚实基础，那么，你将在此基础上创建起你自己新的、更有效的表征。

有的人知道学习某些事情的最佳次序，理解并示范正确的方式来展示各种各样的技能，可以提供有效反馈，并且能够设计一些专门用来克服特定缺陷的练习活动，在这些人的指导之下，激情十足和孜孜不倦的学生能够更加迅速地取得进步。因此，为了你的成功，最重要的一件事情是找一位好导师，并向他请教。

◉ 怎样找一位好导师

怎样找一位好导师？这个过程可能需要一番反复，但你可以采用几个办法来增大成功找到好导师的概率。首先，尽管好导师并不一定是世界上最出色的人，但他应当在行业或领域之中有所成就。一般来讲，导师只是能够引导你达到他们或者他们的学生曾经达到过的水平。如果你是一位不折不扣的初学者，那么，只要导师具有足够熟练的技能，对你来说都可以，但如果你已经训练了好几年，那你需要找一位更能干的导师。

导师只是能够引导你达到他们或者他们的学生曾经达到过的水平。

好导师还应当在他所在行业或领域的教育中具有一些技能和经验。许多成就突出的人士并不能胜任导师的角色，因为他们不知道怎么来教别人。他们本身能够做出杰出业绩，并不意味着就能教其他人怎样追求卓越。询问一下导师的经验如何，有可能的话，做一番调查，甚至和这位导师以前的或现在的学生交谈。这些学生有多么优秀？他们技能的提升，多大程度上归功于那位导师？他们对导师的评价是不是很高？最好是和那些刚刚开始接受导师指导的人交谈，因为他们的水平与你现在大致相当，他们对那位导师的体验，也与你自己从那位导师那里获得的体验最接近。理想的情况是找一些年龄和相关的经验与你相当的学生。有的导师可能非常适合教孩子和青少年，但对怎样帮助成人学生，经验相对不足，理解也不够透彻。

衡量导师的声誉时，要牢记主观判断的不足。在线评级网站尤其容易产生那些不足，因为这些网站上的评级，通常反映了导师有着多么迷人的外表，或者在他手下学习多么愉快，而不是反映了他们的教学和辅导多么高效。在了解对某位导师的评论时，要忽略那些关于他的课程多么有趣的评论，着力寻找那些对学生取得的进步以及已克服的障碍进行特定描述的评论。

特别重要的是查询意向中的导师在训练方面的情况。无论你每星期跟导师上多少堂课，主要还得靠你自己来训练，完成导师布置给你的练习。你希望导师尽可能多地在上课期间指导你，不仅教你如何练习，而且告诉你应当注意哪些特定的方面、你犯了哪些错误、怎样识别卓越的表现。要记住：导师可以做的最重要的事情是帮你创建心理表征，以便你能监测和纠正你自己的表现。

丹尼斯·麦克劳克林的“丹计划”，是证实我们可以怎样在导师指导下提高自己的好例子。丹尼斯曾了解过刻意练习，并且吸收了许多经验，因此，从他开始提出要练习打高尔夫球开始，他就理解个人指导的重要性。甚至在他还没有开始时，他已经找好了三位导师：一位高尔夫教练、一位力量和体能训练的教练、一位营养师。

丹尼斯后来的经验阐明了关于指导的最后一条经验：**当你自己改变了时，可能需要更换导师。**几年来，丹尼斯在他最初的高尔夫教练指导下提高了自己的球技，但到了一定程度，他的进步就停滞了。他已经吸收了教练教给他的一切，准备找一位水平更高的教练。如果你发现自己已经到了不再能快速进步，或者根本没有进步的地步，别害怕，去找一位新的导师。最重要的事情是不停地向前、向前。

专注和投入至关重要

回到佩尔的故事，我们可以看到刻意练习的另一个基本要素，它得益于正确的一对一指导。我怀疑，他的团队空手道课程没法让他全身心地专注投入到训练之中。在团队课上，导师站在前面，所有学生一致地跟随他做动作，这很容易只是“走走过场”，而不是真正的训练，无助于实现提高某人在某个特定方面表现的目标。你踢 10 次右腿，然后再踢 10 次左腿。用右腿做 10 次阻挡和重击的组合动作，再用左腿做 10 次。你的动作可能基本到位了，但你开始走神，很快，这些训练的所有好处全都消失殆尽了。这又回到了我们曾在第 1 章讨论过的基本原则：从事有目的的练习十分重要，不能只是漫无目的地重复同样的动作，而不制订提高与进步的清晰目标。

如果你想提高棋艺，只和别人下棋，无法提高；你要单独研究特级大师的棋局，才可能提高。如果你想提高掷飞镖的技能，到酒店里和朋友玩，然后让输了的一方掏钱，水平不会提高；你只有花些时间单独练习，致力于复制你投掷成绩最好的那些投掷动作，才能提高。你可以系统地改变瞄准的飞镖靶上的不同点来提高你的控制水平。如果你想提高自己的保龄球技能，每周星期二晚上和你的保龄球联盟球队在一起玩，对你没什么帮助。你需要花一些时间和高水平的队友在一起，理想的情况是，致力于做一些艰难的球形排列，以便能够准确地控制球的走位，才是关键。依此类推。

要记住：如果你在走神，或者你很放松，并且只为了好玩，你可能不会进步。

10多年前，瑞典的一些研究人员对两组在歌唱训练课上和课后的人进行了研究。一半的研究对象是专业歌手，另一半则是业余歌手。所有人至少都上了半年的训练课。研究人员采用一系列方式测量研究对象，比如心电图、血液样本、对歌手面部表情的观察等，并且在训练课后提出了许多问题，专门用于确定歌手在上课期间的思考过程。

无论是业余歌手还是专业歌手，和上课之前相比，在上完课之后感到更放松、精力更充沛，但只有业余歌手报告说，他们在上完课后感到格外欢欣鼓舞。歌唱训练课使业余歌手而不是专业歌手感到高兴。这种差别的原因在于这两组歌手怎样对待训练课。对业余歌手来讲，在课堂上，他们可以表达自己内心的感受、用歌声表达关爱，并且感受唱歌时的那种纯粹的愉悦。对专业歌手来讲，在课堂上，他们要全神贯注地观察声音技巧、呼吸控制等方面，努力提高自己的技能。这样的专注，没有乐趣可言。

这是从任何类型的训练中最大限度获益的关键，从私人课程或是团体课程到单独的训练，甚至到比赛或竞争，不论你在做什么，专心地做。

佛罗里达州立大学一位名叫科尔·阿姆斯特朗（Cole Armstrong）研究生曾与我合作，他向我描述了高中时期高尔夫球员如何练习这种专注。那些球员大约在二年级时便慢慢懂得有目的的练习与普遍练习之间有何区别，以及有目的的练习可能意味着什么。科尔在他的论文中引用了一位高中高尔夫球员的话，以解释球员在练习中何时改变了这种理解，以及是怎么样改变的。

> 我回想起二年级时的某个特定时刻。我的教练来到我面前对我说："贾斯汀，你在做什么？"我当时正在击球，于是答道："我在为参加锦标赛练习球技。"他说："不，你不是在练习。我一直在看着你，你只是在击球而已。你并没有准备进行例行的练习或者其他练习。"于是，我和教练进行了一番交谈，而且，和你说的一样，我们开始了一个练习日程，从那时候起，我才真正开始了练习。在练习中，我会有意识地朝着特定的目标迈进，而不只是简单地挥杆击球或推杆进球。

学会以这种方式投入，即有意地提升和精进你的技能，是提高训练效果的最强大方式。

不专注，练习没效果

美国游泳运动员娜塔莉·考芙林（Natalie Coughlin）曾描述过她自己体验过的这种"恍然大悟"的时刻。她在职业生涯中累计赢得 12 块奥运会奖牌，这一成就，使得她与另外两位运动员一起成为女子游泳项目中获得最多奥运奖牌的选手。尽管她一直以来是位杰出的游泳运动员，但她早年并没有努力训练，直到后来学会了在整个训练中全心投入，水平才开始突飞猛进。她早年的游泳生涯是大部分时间躺在游泳圈上，幻想着自己摘金夺银的情形。只有苦练才能出成绩，这很正常，不仅游泳运动员这样，跑步运动员以及其他类型的耐力运动员也会每周花大量时间不断地训练，以提升耐力。划水、划水、划水，一次又一次，持续几个小时才结束；这很难不让人感到厌倦并且开小差，让思绪飘到游泳池外边去。考芙林那时恰好是这种情况。

但到了后来，考芙林开始代表加州大学伯克利分校比赛，她意识到，以前躺在游泳圈上幻想，浪费了重要的训练机会。因此，她不再让自己走神，而是专注于自己的训练方法，试图使每次划水都尽可能接近完美。特别是，她致力于改进自己划水时的心理表征，准确地推测在“完美”划水的时候，她的身体是怎样的感觉。等到考芙林清楚地知道了最理想的划水是什么感觉，她便开始注意自己什么时候与理想的状态有差别（也许在那时她已经累了，或者是接近转身了），然后想出各种方法使那些偏差最小化，并不断地使自己的划水尽可能接近理想状态。

从那时起，考芙林特别注意对自己的训练保持专注，把以前躺在游泳圈上幻想的时间用来改进游泳的形态。只有开始这样做时，她才真正看到了自己的进步，而她越是关注自己在训练中的形态，训练也越发成功。考芙林并不是一个单独的例子。研究人员丹尼尔·钱布里斯（Daniel Chambliss）对一些奥林匹克游泳运动员进行过一项扩展研究，最后总结认为，在游泳项目上保持卓越，关键在于密切注意在泳池里的每一个细节，“每次都要把动作做正确，一次又一次不断地累积，直到每一个细节都能做到卓越，而且到成为你根深蒂固的习惯为止。”

这是最大限度改进你的练习的秘诀。即使在健美运动或长跑运动等体育项目中，绝大部分的训练由那些看似漫无目的的、重复的动作组成，用正确的方式来关注那些动作，会带来更大的进步。研究长跑运动员的研究人员发现，业余运动员往往幻想或者想着更加愉快的话题，以便让他们的思维从跑步训练的痛苦与紧张中转移出去，而杰出的长跑运动员则保持身体协调，以找到最理想的步调并做出调整，在整个比赛中保持最佳的步伐。在健美或举重项目中，如果你试图拿出最大力气来举起重物，你得在举起之前先做好准备，并且在举的过程中做到完全专注。在你的能力极限上进行的任何活动，都需要全神贯注和尽最大的努力。当然，在另外一些不太需要力量和耐力的领域或行业，比如智力活动、音乐表演、艺术创作等，如果你不专注，练习根本没有效果。

更短的练习，更好的注意力

然而，即使那些已经开展过多年练习的专家，也很难保持这种程度的专注。如我在第 4 章描述的，我研究过柏林音乐学院的小提琴学生，结果发现，他们的练习让人倍感疲倦，以至于他们通常会在上午和下午练习的间隙抽空打个盹。刚开始学会专注于练习的那些人，也无法做到几个小时持续专注。相反，他们需要把每次的练习时间缩得更短，并逐渐延长。

在这方面，我给佩尔·霍尔姆洛夫提出的建议，同样适合刚刚开始进行刻意练习的任何人：专注和投入至关重要，因此，制订明确的目标，把练习课程的时间缩得更短，是更加迅速地提升新的技能水平的最佳方式。在较短的时间内投入百分之百的努力来练习，比起在更长时间内只投入70% 的努力来练习，效果更好。一旦你发现自己再也无法有效地专注于练习了，那便停下来。一定要确保每天都保持足够的睡眠，以便能够最大限度地集中精力练习。

> 制订明确的目标，把练习课程的时间缩得更短，是更加迅速地提升新的技能水平的最佳方式。

佩尔采纳了我的建议。他和他的导师约好，进行单独练习，把练习的时间缩短，但却使自己能够更好地集中注意力，而他每天晚上保持七八个小时的睡眠，并在午餐之后午休。他通过了绿带的测试，下一个目标是蓝带。在 70 岁的时候，他已经在晋级黑带的目标上实现了一半，而且，只要能够保持不受伤，他有信心自己在 80 岁之前实现晋级黑带的目标。

没有导师，怎么办

我们将在这本书中最后一次谈本杰明·富兰克林，来谈一谈他没日没夜地练习国际象棋，但棋艺却真的没有任何进步的例子。这向我们展示了不能怎样练习，也就是说，不能一再做同一件事情，而且不为自己的进步制作逐步实现的计划且专注地实施。当然，富兰克林的成就远远不是棋手那么简单。他是一位科学家、发明家、外交家、出版家、作家，他的著作在 200 多年后的今天依然被人们广泛阅读。因此，让我们也花同样多的时间来观察他在其他领域中的杰出成就，在那些领域，他的成就比国际象棋显著得多。

◉ 富兰克林如何提高写作水平

在他早年的自传中，富兰克林描述了自己年轻时怎样致力于提高写作水平。根据富兰克林自己的说法，他在童年时代受过的教育，最多只能让他当一名普普通通的写作者，能把句子写通顺就十分不错了。后来，他偶然看到一期名为《观察家》（*The Spectator*）的英国杂志，发现自己被杂志中高质量的文章所深深吸引。富兰克林决定，他也要写出那些漂亮的文章，但没有人教他怎么练习。他可以做些什么呢？他提出了一系列聪明的方法，目的是既教自己写作，也教《观察家》的投稿者提高写作水平。

富兰克林于是开始观察，一旦他忘记了文章中一些句子的措辞，可以怎样以最为相近的方式重写那些句子。因此，他选择了自己喜欢的几篇文章，然后写下对每个句子内容的简短描述，只要让他能够回想起句子讲的是什么意思便行。几天后，他开始厌倦从自己一开始写下的线索中重写文章的方法。他的目的并不是逐字逐句地复写那些文章，而是要写出自己的文章，而且要让自己的文章和那些文章一样描写细致入微、用词精准简练。他写完后，回头找到最初的文章，将它们与自己写出的文章进行对比，并在必要时纠正自己写的版本。这教会了富兰克林如何明确且中肯地表达观点。

富兰克林发现，这些练习的最大问题是，他的词汇积累并不像《观察家》的投稿者那样丰富。并不是说他不认识那些词，而是他无法做到在写作时“文思泉涌、信手拈来”。为弥补这一不足，他想出了前一种练习的变体。他确定，写诗将迫使他想出大量其他不同的词语，他通常不会想到那些词语，只有在需要与诗歌的韵律和声律模式相一致时，才会去努力搜寻它们。因此，他找到《观察家》杂志上的一些文章，并将它们改写成诗句。接下来，在等待了足够长的时间，以至于最初记下来的诗句和措辞在他的记忆中已经消失时，他再把诗句改写成散文。这使他形成了一个习惯，就是要找到正确的词汇，并且增加对词汇数量的积累，以至于他可以迅速从记忆中调用这些词汇。

最后，富兰克林再来完善文章的总体结构和逻辑。他又一次找来《观察家》的文章，并为每个句子都写下一些提示线索。但这一次，他把那些线索写在另一些纸上，并且故意把顺序打乱，使词汇完全处于无序的状态。然后，他等待足够长的时间，不仅让自己忘记了最初的文章中句子如何措辞，还忘记了那些词汇的顺序，再一次复写文章。他找来从某一篇文章中摘抄下来的、没有按顺序排列的提示线索，并按他认为最符合逻辑的顺序来排列，根据每条线索写出一些句子，并将自己写的结果与最初的文章进行对比。这样的练习，迫使他小心翼翼地思考怎样在文章中理清思路。如果他发现，在文章中的某些地方，他整理的思路与原文作者的思路不一致，他会纠正自己，并试着从这些错误中学习。他以自己特有的谦虚的方式，在自传中回忆自己怎样分辨哪些练习可以产生期望的效果，"有时候，我很高兴地发现，在一些重要的小细节上，我一直足够幸运，能够改进方法或语言，而这鼓励我认为，假以时日，我可能成为一名可以被人接受的作家，那可是我最大的梦想。"

当然，富兰克林过于谦虚。后来，他成为美国早期历史上最受人尊敬的作家，他的著作《穷理查智慧书》以及后来的自传，成为美国文学中的经典。富兰克林解决了一个许多人经常面临的问题，即想要提高写作水平，但没有人教他怎么做。也许你请不起导师，或者一下子找不到什么人来教你想要学习的东西。也许在你有兴趣提高自己水平的那些领域或行业之中，你没有发现杰出人物，或者至少没有导师。不论是什么原因，如果你遵循刻意练习的一些基本原则依然可能实现进步，而许多的基本原则对富兰克林来说，似乎天生就知道。

自己设计练习方法

有目的的练习，或者说刻意练习，其标志是你努力去做一些你无法做到的事情，去完成一些处在你的舒适区以外的任务，而且，你一而再再而三地练习，着重关注到底可以怎么做好它，在哪方面还有缺陷，以及你可以怎样进步。在我们的现实生活中，比如我们的工作岗位、学习生活、兴趣爱好中，很少有机会进行这种专注的反复练习，因此，**为了提高，我们必须自己创造机会。**富兰克林用他的练习创造了提高写作水平的机会，每一个练习都侧重于写作的一个特定方面，优秀的导师或者教练很大程度上也是帮助你开发那种练习，他们专用于帮你提高你在那一时刻着重想要提高的特定技能。但没有导师，你必须自己想出自己的练习。

幸运的是，我们生活的这个时代，很容易到互联网上去找一些人们感兴趣的大多数常见技能的练习方法，而且，也能找到许多不那么常见的练习方法。想提高你在曲棍球比赛中的控球能力吗？上网。想成为更出色的写作者吗？上网。想真正“秒解”魔方吗？也可以上网。当然，你必须谨慎地对待互联网上的建议，互联网上的东西应有尽有，但不保证质量。不管怎样，你可以从网上找一些好的主意和秘诀，试一试，看看哪些对你最合适。

但并非所有的东西都在网上，而且，网上的东西可能与你正在尝试着做的事情并不完全一致，或者也可能不实用。例如，那些最具挑战性的技能中，有的涉及和别人的互动。你坐在自己的房间里越来越快地玩魔方，或者去一个高尔夫练习场独自练习击球技巧，是非常容易的事情，但如果你的技能需要一个伙伴或一位听众，怎么办？设计一种有效的方法来练习后面这种技能，可能需要一定的创造性。

佛罗里达州立大学的另一位教授从事非母语英语课程

（English as a second language，ESL），他向我讲起过他的一位学生的故事。那位学生为了学习英语，来到商场里，拉住许多顾客，每次都问同一个问题。以这种方式，她能够一次又一次地听到顾客们相差无几的回答，而那种重复，使得她更容易听懂说母语的人们以正常速度讲出的单词。如果她每次问的问题不同，也许她对英语的理解几乎没什么进步，甚至完全没有进步。另一些学生也在努力提高他们的英语水平，他们找来一些带字幕的相同的英文电影，一遍又一遍地观看，在观看的时候把字幕遮住，努力去理解片中人物所说的话。为了检验他们的理解，看了许多遍之后，他们再把字幕显示出来。通过一再倾听同一些对话，他们理解英语的能力比起简单地观看许多不同的电影来练习，得到了更快的提高。

请注意，这些学生并不只是一遍遍地做同一件事情：他们每次都关注了自己什么地方错了，并且进行纠正。这是一种有目的的练习。毫无目的地一遍一遍地做同一件事情，并不是好办法；反复做一件事情，目的是找出你在哪些方面存在不足，并且聚焦于在那些方面取得进步，试着采用不同的方法来提高，直到你最终找到适合自己的方法。

反复做一件事情，目的是找出你在哪些方面存在不足，并且聚焦于在那些方面取得进步，试着采用不同的方法来提高，直到你最终找到适合自己的方法。

我最喜欢的一个关于这种自我设计练习方法的例子，是里约热内卢一所马戏学校的一位学生讲给我听的。他参加了马戏团演出指挥的训练，发现自己存在一个问题：不知道怎么在表演期间让观众保持兴趣。除了介绍各种各样的马戏节目，演出指挥还必须做好准备，随时填补各个马戏节目演出间隙的准备，防止冷场，尤其是假如下一个节目的准备工作需要耗费较长时间，导致演出推迟的话。但是，这位学生找不到现场观众来练习他的方法，因此，他想到了一个主意。他来到里约热内卢市中心，开始和那些在下班高峰期间回家的人们攀谈起来。大多数人都急着回家，因此，他必须努力使他们既有足够的兴趣停下脚步，来倾听他说些什么。在此过程中，他运用自己的声音和肢体语言来吸引人们的关注，并且利用一些足够长但又不至于太长的停顿来制造扣人心弦的紧张气氛。

不过，这个例子最让我感到震惊的是他如何进行刻意练习：他用手表准确记下每次与路人的对话可以持续多长时间。每天，他花几个小时的时间来这样练习，并且围绕哪些方法最管用、哪些方法根本不管用，做好了笔记。

喜剧演员也采用极为相似的方法练习。他们大多数人经常花时间在单口相声俱乐部里练习，是有原因的。在俱乐部，他们有机会试演自己的节目，而且可以从观众那里获得即时反馈。比如，他们可以让观众马上说一下，这笑话到底好笑不好笑，或者有多么好笑。他们连续几个晚上都泡在俱乐部里练习，把笑料打磨得更好，摒弃那些不好笑的，改进那些好笑的。即使是已经小有名气的喜剧演员，也经常回到单口相声俱乐部来试演新的节目，或者简单地重温在台上时的表演。

◉ 用“三个 F”创建有效的心理表征

为了在没有导师的时候有效地练习某种技能，牢牢记住以下三个 F，将是有帮助的。这三个 F，其实是以字母 F 开头三个单词，即：专注（focus）、反馈（feedback）以及纠正（fix it）。**将技能分解成一些组成部分，以便反复地练习，并且有效地分析、确定你的不足之处，然后想出各种办法来解决它们。**马戏团演出指挥、非母语英语课程的学生、本杰明·富兰克林等，全都验证了这种方法。富兰克林的方法，也是在人们没办法得到导师的指导下创建心理表征的优秀模板。他在分析《观察家》中的文章并思考是什么使那些文章出彩时，也在创建一种心理表征（尽管他并没有从这方面去想），他可以用这种表征来指导自己的写作。他练得越多，心理表征也越成熟，直到他达到了《观察家》投稿人的水平。此时，他的身边并没有具体的例子可供借鉴。他已将优秀的写作水平内化于心，即他已经创建了心理表征，那些表征抓住了写作的突出特征。

令人讽刺的是，这也恰好是富兰克林作为一名国际象棋棋手失败的原因。对于写作，他研究了出色作家的作品，并试着复写；当他没能很好地复写出来时，会从另一个角度来观察，并思考遗漏了什么，以便下一次改进。这种方法恰好也是棋手们更有效精进棋艺的方法。棋手们通过研究特级大师的棋局，试着一步一步地复制下来，然后在他们选择了与特级大师不同的招法时，会再度研究棋局的形势，以观察他们到底漏算了什么。不过，富兰克林没能将这种方法应用到国际象棋之中，因为他很难接触到大师级的棋手。那时，几乎所有的国际象棋大师都在欧洲，同时，没有哪些棋谱书籍收集了他们的棋局，因此，富兰克林没有东西可以研究。倘若有办法研究大师的棋局，他很可能会成为那个时代最杰出的国际象棋大师。可以肯定的是，他是当时最杰出的作家之一。

我们可以采用类似的方法，在许多行业和领域中创建有效的心理表征。在音乐界，莫扎特的父亲教他作曲，采用的方法是让他研究当时某些最杰出的作曲家，并复制他们的作品；在艺术界，长期以来，有抱负的艺术家通过复制大师们的绘画和雕像作品来提高自己的技能。事实上，在某些情况下，他们这样的方式，和富兰克林用于提高写作能力的方式十分类似，也就是说，通过研究大师的作品，努力从记忆中复制它，然后将复制品与原始作品进行对比，以发现其中的差别，并予以纠正。有些艺术家甚至十分擅长仿制，以至于他们可以靠伪造为生，但是，这通常并不是练习的主要目的。艺术家并不想制作出与别人作品很像的作品；他们只是想提高技能，改进指导专业特长的心理表征，并运用那些专业特长来表达他们自己的艺术愿景。

尽管“心理表征”中的第一个词是“心理”，但纯粹的心理学分析几乎是不够的。我们只有努力去复制杰出人物的成就，失败了就停下来思考为什么会失败，然后再去复制，一旦失败了，再次停下来思考原因，如此一而再再而三地尝试，才能创建有效的心理表征。成功的心理表征与人们的行为而不是思想紧密相连，这是一种拓展的实践，着眼于复制原始的作品，这种复制行为可以创建我们寻求的心理表征。

我们只有努力去复制杰出人物的成就，失败了就停下来思考为什么会失败，才能创建有效的心理表征。

跨越停滞阶段

2005 年，一位名叫约书亚 · 福尔（Joshua Foer）的年轻记者来到佛罗里达州首府塔拉哈西对我进行采访，请我对他写的一篇关于记忆力比赛的文章做出评价。这些比赛我此前曾提过，在其中，人们相互比拼，看谁能够回忆最多的数字、谁能够在玩牌的时候最快地记住凌乱的扑克牌，并且比拼其他技艺。在我们讨论期间，约书亚提到，他正在考虑跟自己比拼，以便获得第一人称的视角，并且开始接受一流的记忆比赛竞争者艾德·库克（Ed Cooke）的培训。甚至我们还隐约谈到，他可能围绕他在这些竞争中的经历写一本书。

在约书亚与库克开始合作之前，我的研究生和我测试了他对多种任务的记忆力，看一看他的能力底线是什么。在那以后，我们有一段时间很少联系，直到有一天他打电话给我，抱怨他现在到了停滞阶段。不论他练习了多久，都没办法提高自己记住随机排列的扑克牌的速度。

我给约书亚就如何跨越停滞阶段提了一些建议，他回去后接着练习。他在自己写的书《与爱因斯坦月球漫步》（*Moonwalking with Einstein*）中讲述了这个故事，但最重要的是，约书亚确实大幅度地提高了记忆的速度，最终赢得了 2006 年美国记忆锦标赛的冠军。

◉ 以新的方式挑战自己

约书亚遇到的停滞阶段，在每一种练习中都很常见。当你首先开始学习某些新东西时，发现自己进步神速，或者至少是稳步前进，这十分正常，当那样的进步停滞下来时，你自然会以为自己遇到了某种无情的限制。因此，你停步不前，最后就让自己停滞在那一水平。这是几乎任何一个领域或行业中的人们不再进步的主要原因。

我在和史蒂夫·法隆一起训练时，也遇到了这个特定的问题。有好几个星期，史蒂夫一直停滞不前，只能记住同样数目的数字，觉得可能已经达到了自己的极限。由于他已经远远超出了其他人，所以，比尔·蔡斯和我不知道怎么来预测他的表现。是不是史蒂夫已经达到了人类可能达到的最高水平？我们怎么知道他是不是遇到了某个上限？我们决定做个小小的实验。我放慢了对史蒂夫读数字的速度。尽管那只是微小的调整，但给了史蒂夫足够的额外时间，使他可以比之前记住更多的数字。这让他确信，自己的问题并不是数字的多少，而是能够多么迅速地对数字进行编码。他认为，只要加快把数字“放入”长时记忆中的速度，也许能够提高自己的记忆力水平。

史蒂夫发现，另一个停滞阶段是：面对有一定长度的数字串时，他把数字串分成几个组，但对于其中的某个组，他经常混淆组里的几个数字。他担心自己可能又遇到了极限，这一极限涉及他可以正确地回忆多少个数字组。因此，比尔和我为他提供新的数字串，比他此前能记住的数字串长了10个或更多的数字。后来，他记住了大多数的数字，特别是和以前相比，总体上能记住更多的数字了，尽管记得仍不太完美。这让他吃惊不已。他明白了，实际上自己可以记住更长的数字串，问题并不是他已经达到了记忆力的极限，而是他在整个数字串之中，搞错了其中一两个数字组中的数字。他开始专心致志并更加小心地在长时记忆中对数字组进行编码，而他也很快跨越了那个停滞阶段。

我们从史蒂夫的经历中学到的经验，对每个遇到停滞阶段的人来说都是真实的：要越过这种停滞阶段，最好的办法是以新的方式挑战你的大脑或身体。例如，健美运动员会改变他们训练的类型，增加或减少他们举重的力量或反复练习的次数，并且每周变换一下训练日程。实际上，他们大多数人会主动地变换训练模式，使自己不至于一开始就陷入停滞。各种类型的交叉训练，也是基于这一相同的原则——在不同类型的训练之间切换，以便可以持续不断地以不同方式挑战自己。

攻克特定的弱点

但有时候，你在尝试着做你可以想到的任何一件事情时，依然会陷入停滞阶段。比如，约书亚曾就他记住扑克牌的事情寻求我的帮助，我告诉他史蒂夫是怎么做到的，并谈了其中的原因。我还和约书亚谈到了打字的例子。人们在学习经典的打字方法时，往往给每个手指分配了一些特定的按键，到最后，人们一般能够以他们自己感到舒服的速度来打字，比如说，能以相对较小的错误，每分钟输入 10 ~ 50 个英语单词。这就是他们遇到的停滞阶段。

教人们打字的老师，使用一种行之有效的方法来跨越这一停滞阶段。大部分打字员仅仅通过专心打字并迫使自己以更快速度打字的方式，就将打字的速度提高了 10% ~ 20%。问题在于，一旦他们的专注度滞后了，打字速度就又回到了停滞阶段的水平。为了应对这种现象，老师通常会建议，每天留出 15 ~ 20 分钟的时间，以更快的速度来打字。

这种练习有两个好处。首先，它帮助学生发现减慢他们打字速度的障碍，比如特定的字母组合。一旦你想出了问题是什么，便可以设计一些练习，提高你在那些情形下的打字速度。例如，如果你由于字母o的位置几乎就在字母l的正上方，因此，你在输入“ol”或者“lo”的字母组合时存在问题，那么，你可以练习一系列包含那些字母组合的单词，如old、cold、roll、toll、low、lot、lob、lox、follow、hollow，诸如此类，反复练习。其次，当你的打字速度比平常更快时，会迫使你提前观看即将打出的单词，以便你可以预想接下来该把手指放在什么位置上。因此，如果你发现接下来的四个字母全都要用左手手指来输入时，可以提前把右手手指放到第五个字母的位置上。对最优秀打字员的测试表明，他们的打字速度与他们在打字时多大程度地提前看到即将要输入的字母，有着密切的关系。

尽管打字和记数都是十分专业的技能，但在这两个领域中，跨越停滞阶段的方法都指向了一种有效而普通的方法。任何一项相当复杂的技能，都涉及一系列的组成部分，你可能更擅长其中的某些，不太擅长另一些。因此，当你发现自己再难以有所提高时，可能只是那项技能中的一两个组成部分在妨碍你，而不是所有的组成部分都在绊住你。问题是，到底是哪些呢？

为了弄懂这个问题，你得想办法稍微逼自己一下，但不要逼得太狠，只要使自己稍稍超出正常状态便可以。这通常会帮助你搞清楚自己的“停滞点”在什么地方。如果你是一名网球运动员，试着找一个水平比你平常的对手稍高一些的人来打球，你的弱点可能就会更加明显地暴露出来。如果你是一位经理，着重关注你在很忙碌或周边很嘈杂的情况下，你哪些地方容易出错，那些问题并不是异常，而是表明了你

> 想办法稍微逼自己一下，但不要逼得太狠，这通常会帮助你搞清楚自己的“停滞点”在什么地方。

的弱点，这些弱点时时刻刻都存在，只是通常情况下不容易察觉。

考虑到所有这一切，我向约书亚建议，如果他想加快记住一副牌中每张牌的次序，应当想方设法比平常少花一些时间，然后看一看错误出在何处。一旦他准确辨认出是什么让记忆速度减慢了，便可以设计一些练习来提高在那方面的速度，而不是简单地一而再再而三地尝试着蛮记。如果是蛮记，只能带来一般的进步，那会占用他更多的时间，使得他不得不压缩花在记住整副牌上的时间。

于是，当其他跨越停滞阶段的方法都不奏效时，你应该试一试这种方法。首先，搞清楚到底是什么让你停滞不前。你犯了些什么错？什么时候犯的？逼着自己走出舒适区，看一看是什么拦住了你前进的路。其次，设计一种练习方法，专门来改进那个特定的弱点。一旦你已经弄懂了问题是什么，你也许能够自己纠正，或者，可能得向一位经验丰富的教练或导师寻求建议。不论是哪种方法，在练习的时候要重点关注发生了什么；如果依然没有进步，那就需要再试试其他方法。

这种方法的好处在于，它着眼于那些妨碍你前进的特定问题，而不是让你试试这个，又试试那个，寄希望于哪种管用。这种方法并没有得到广泛的认可，即使像这里描述的那样似乎显而易见，并且是跨越停滞阶段的极为有效的方法，也依然没有得到经验丰富的导师们的认可。

保持动机

2006 年暑假，274 名中学生来到华盛顿特区参加全美拼字大赛，最后，来自新泽西州斯普林莱克的13岁少年克里·克罗斯（Kerry Close）摘得桂冠，他在第20轮的时候成功地拼出了“ursprache”这个词。我的学生和我也到了比赛现场，想找出到底这些最杰出的拼写者和其他人有什么不同。

我们给每位参赛者一份详细的调查问卷，询问他们如何训练。这些问卷还包含一些旨在评估参赛者个性特点的项目。拼字大赛的参赛者在准备比赛时，采用两种基本方法，一种是单独学习来自各个列表和许多词典中的单词，另一种是由其他人来测试自己是否掌握了那些列表中的单词。我们发现，参赛者刚开始练习时，通常会花更多的时间请别人来测试，但到后来，他们更多地依靠单独练习。当我们拿各个参赛者在大赛中的表现与他们学习的过程进行比较时，发现最杰出的拼写者比其他同伴在有目的的练习中花费的时间明显多得多，这主要是在单独的练习中，他们专心致志地记住尽可能多的词汇的拼写。最杰出拼写者花更多的时间接受别人的测试，但他们在有目的的练习中所花的时间多少，与他们在拼写大赛中的表现关系更加紧密。

然而，真正令我们感兴趣的，是这些学生受到什么激励，以至于花这么多的时间来学习单词的拼写。这些学生赢得了地区级比赛，进而参加全国的拼写大赛，甚至那些最终没能晋级全国大赛的学生们，在比赛之前的几个月里，也都投入了令人难以置信的时间来练习。为什么？特别是，是什么驱使那些最杰出的拼写者比别人多花如此多的时间？

有些人说，那些在练习中花了最多时间的学生之所以这么做，是因为他们真的喜欢这种学习，并且会从中获得某种乐趣。但拿到了我们调查问卷的学生，却否认了这种观点。他们说，他们根本不喜欢这种学习。没有一个人喜欢，包括那些最出色的拼写者。他们花那么多的时间孤独地练习着拼写成千上万个单词，并不是为了好玩；如果换成做别的事，他们会高兴得多。相反，最成功的拼写者与众不同的地方在于，尽管他们对这种学习感到很厌倦，而且也受其他一些更好玩的活动的吸引，但依然能够保持投入。

保持动机也许是每个投入到有目的的训练或者刻意练习中的人最终要面对的最大问题。

新年决心效应

着手做并不难。例如，新的一年刚开始时，很多人选择上健身房玩儿两把，这些人深知，刚开始，自己也许经常想着去健身。你确定想让自己身材更好一些，或者想学习弹吉他，或者想学一门新的语言，因此，你开始行动起来了。那令人兴奋。欢欣鼓舞。你可以想象一下，当你成功减肥 10 千克，或者能够用吉他弹唱摇滚歌曲《少年心气》(*Smell Like Teen Spirit*) 时，那感觉该有多好。然后，过了一段时间，现实打击了你。你很难找时间去锻炼或者练习了，时间越来越少，因此，你开始缺课。你没有像你想象的那样飞速进步。那不再是件有趣的事了，你原本信誓旦旦想达到目标的决心开始衰退。到最后，你完全停了下来，不再重新开始了。我们把这种现象称为“新年决心效应”，这正是为什么健身房在 1 月份的时候人满为患，到了 7 月份时只剩一半人的原因，也是为什么在克雷格列表⊖这个网站上可以找到许多只用了一两次的二手吉他的原因。

⊖ Craigslist 是由创始人克雷格·纽马克（Craig Newmark）于 1995 年在美国加利福尼亚州旧金山湾区创立的一个网上大型免费分类广告网站。——译者注简单地概括，这就是问题所在：有目的的练习是一项艰巨的任务。它难以坚持下去，即使你仍然在坚持练习，比如，你还是经常去健身房，或者你每个星期依然花很多时间练习弹吉他，但你难以保持专注和努力，因此，到最后你不再能推动自己前进，而且不再进步。问题是，你可以做些什么来改变呢？

回答这个问题，首先是注意到，尽管需要付出努力，但你一定是能够继续前进的。每一位世界级的运动员、每一位芭蕾舞团的首席女演员、每一位音乐会上的小提琴家、每一位国际象棋特级大师都是活生生的证据，也就是说，他们证明人们可以日复一日、月复一月、年复一年地刻苦练习下去。这些人全都想出了怎样克服“新年决心效应”，而且使刻意练习成为他们生活中持续不断的一个部分。他们怎么做到的？我们可以从那些杰出人物身上学到些什么？是什么让他们能够不断前行？

意志力根本不存在

让我们撇开这些，直奔主题。我们似乎十分自然地假设，那些能够年复一年坚持高强度练习的人，可能具有一些罕见的意志力天才，或者是“勇气”或“持之以恒”的品质，我们其他人就是不具备这样的品质。但那种假设是错误的，其原因有两方面，而且十分令人信服。

第一，**几乎没有科学证据证明，这世间存在一种可在任何情形中运用的一般的“意志力”**。例如，没有迹象表明，那些具有足够“意志力”、为参加全国拼字大赛而苦练无数个小时的学生，如果让他们练习弹钢琴、下国际象棋或者打篮球，也能表现出同样的“意志力”。事实上，如果说有什么不同的话，现有的证据显示，意志力是一种完全依情况而定的属性。人们通常发现，在某些行业或领域之中，他们更容易逼一下自己；在另一些行业或领域，则很难逼自己。如果卡蒂在研究国际象棋 10 年之后，终于成为特级大师，而卡尔则在练习半年之后就放弃了，那是否意味着卡蒂比卡尔有着更强的意志力？

第二，对于意志力这个概念，还存在更大的问题，涉及天生才华的错误思想，我们将在第 8 章进行讨论。意志力和天生才华，都是人们在事实发生了之后再赋予某个人的优点：比如，杰森是一位不可思议的优秀网球选手，因此，他一定生下来就具有这种出色才华。杰姬年复一年地练习拉小提琴，每天坚持几个小时，因此，她一定有着令人难以置信的意志力。不论是哪种情况，我们都不能在各种可能性成为现实之前就做出这样的判断；不论是哪种情况，任何人都不能辨认出这些假设的天生性格特征中潜藏的基因。因此，并没有科学证据表明，我们体内存在着某种决定意志力的单个基因；同样，也没有哪些科学证据证明，我们体内存在着在国际象棋或钢琴演奏等领域取得成功所必备的基因。此外，一旦你假定人们的某种才华是天生的，那么，它会自动变成你无能为力去改变的东西：假如你不具备天生的音乐才华，那就不要怀揣当一名卓越音乐家的梦想了。如果你没有足够的意志力，那就别想从事那些需要付出大量艰苦卓绝努力的工作了。这种循环思维（比如，“我不能坚持练下去，这是事实，它表明我没有足够的意志力；而我没有足够的意志力，这也是事实，它解释了我为什么不能坚持练下去”）完全有害无益。它具有极强的破坏力，因为它可以让人们相信，在自己没有天赋的领域，甚至试都不用去试。

保持动机的两个组成部分

我认为，谈一谈动机，更加有益。动机与意志力完全是两码事。我们在各种不同的时候，在各种不同的局面下，全都有着各种不同的动机。有的更加强烈，有的稍显薄弱。于是，我们要回答的最重要的问题变成了“动机由什么因素构成”。回答了这样一个问题，便可以把注意力集中在可能提升我们的员工、孩子、学生和我们自己的动机的各种因素上。

提高水平与减轻体重之间，存在某种有意思的共同之处。要让那些体重超重的人启动一个节食减肥计划不是太难，而且，他们通常可以通过节食来减轻一些体重。但到最后，他们几乎全都发现，自己的进展停滞了下来，而大多数人的体重甚至还会缓慢地反弹，重新恢复到刚开始节食时的体重。那些长期坚持下来因而成功减肥的人，成功地重新设计了他们的生活，养成了新的生活习惯，并且使自己坚持那些持续减轻体重的行为，尽管一路走来，有各种各样的诱惑可能危及他们的成功。

对于那些长期保持有目的训练或刻意练习的人们，有一件事情与之相似。他们通常培养了各种习惯，帮助自己继续前行。我觉得，所有希望提高在某一行业或领域中的技能水平的人，应当每天花 1 个小时或更多的时间，专心练习那些需要全神贯注投入才能做好的事情。这是一条经验法则。

保持这种推行此类体制运行下去的动机，包括两个组成部分：继续前行的理由和停下脚步的理由。你不再做自己当初想做的事情，是因为停下脚步的理由最终战胜了继续前行的理

> 你要保持动机，要么强化继续前行的理由，要么弱化停下脚步的理由。

由。因此，你要保持动机，要么强化继续前行的理由，要么弱化停下脚步的理由。成功地保持动机，通常包括这两个方面。

◉ 弱化停下脚步的理由

人们可以采用多种方式来弱化停下脚步的理由。其中最有效的一种是留出固定的时间来练习，不受所有其他义务和分心的事情所干扰。要让你在最好的条件下逼着自己练习，真的很难，但是，当你还有其他的事情可以做时，你总是面临一种持续不断的诱惑去做别的事，并且告诉你自己，那件事情真的也得去做，以此来当成分神的借口。如果你经常这么干，你的练习开始越来越少，而且很快，你的练习计划将陷入死胡同。

我在研究柏林的小提琴学生时发现，他们中大多数人更喜欢早晨一起床就开始练习。他们已经制订了练习日程，以便在那个时间不受到其他任何事情的干扰。那个时间是专门留给练习的。除此之外，把那个时间作为练习时间，还制造了一种习惯与责任的感觉，使自己不太可能受到其他事情的诱惑。在柏林的小提琴学生中，最杰出的和优异的学生，平均每周比优秀的学生大约多睡了 5 个小时，最主要是午休时多睡了一些时间。参与我们研究的所有学生，无论是优秀的、优异的还是最杰出的，每周花在休闲活动上的时间大致相当，但是，最杰出的学生比其他学生能够更准确地估计他们参加休闲活动的时间，这表明，他们会尽更大的努力去规划时间。良好的规划，可以帮助你避免受到许多占用你大量时间的事情的干扰，以便把更多的时间留给练习。

一般来讲，要找出那些可能干扰你练习的事情，并想办法将其影响控制在最小。如果你可能被你的智能手机分神，把它关机。或者，最好是把它关机之后，还放在另一个房间。如果你早晨起不来，而且发现早晨的锻炼格外艰难，那么，把你的跑步或锻炼安排到晚些时候，到那时，你的身体不会如此抗拒锻炼。我注意到，那些难以在早晨开始练习的人们，往往没有获得足够的睡眠。理想的情况是，你每天应当睡到自然醒（也就是说，不能让闹钟闹醒你），并且在你起床之后，觉得神清气爽。如果不是这种情况，你可能得早点上床睡觉。尽管任何一个特定的因素可能只对你产生微小的影响，但各种因素的影响是会累积的。

想让有目的的练习或刻意练习变得高效，你需要逼迫自己走出舒适区，并保持专注，但这些都是让人心力交瘁的活动。杰出人物往往做两件有益的事情，它们看起来似乎都与动机无关。第一件是一般的身体保养：保证充足的睡眠并保持健康。如果你疲倦了或者生病了，就更难保持专注，更易分心走神。如我在第 4 章中提到的那样，小提琴学生全都注意让自己每天晚上保持高质量的睡眠，他们中的很多人还会在上午的练习结束之后午休一会儿。第二件是将练习课的时间限制在 1 小时左右。如果比那个时间长得多，你将无法保持高度的专注。而且，你刚开始练习的时候，可能还要将时间压缩一些。如果你的练习时间超过 1 小时，过 1 小时就休息一下。

幸运的是，你将发现，随着时间的推移，继续练习似乎更容易一些。你的身体和大脑将习惯练习和锻炼带来的痛苦。有趣是的，研究发现，尽管运动员会适应与他们的运动项目相关的特定类型的痛苦，但他们不能适应一般的痛苦。他们依然会感受到其他类型的痛苦，而且，这种痛苦感将和其他人的感觉一样强烈。同样，随着时间的推移，音乐家和高强度练习的其他人会达到这样的地步：和他们刚开始时相比，连续几个小时的练习似乎在心理上没那么痛苦了。这种练习从来不会变得十分有趣，但到最后，它越来越接近自然，因此，继续下去也就没那么难了。

◉ 增强继续前行的倾向

我们刚刚研究了削弱让我们停下脚步的倾向的几种方法，现在看一看增强让我们继续前行的倾向的几种办法。

当然，动机一定是一种强烈的渴望，渴望做你更擅长的事情，不论那些事情是什么。如果你没有这种渴望，为什么要练习呢？但这种渴望，可能以不同的形式表现出来。

它可能完全是内在的。比如，你总是渴望能制作折纸。不知道为什么，但你内心就是有这种渴望。有时候，这种渴望只是其他更重大事情中的一部分。比如，你爱听交响乐，你确定自己真的喜欢成为交响乐中的一部分，也就是说，你想成为管弦乐团中的一员，亲自演奏出那些美妙的声音，并且从那个角度来感受交响乐的美好，但是，你并没有一种无法抗拒的渴望来演奏竖笛或萨克斯风或其他各种类型的乐器。

或者，也许这完全是出于实用的外在目的。又比如，你讨厌公开演说，但你意识到，正是因为你缺乏那种演说的技能，从而妨碍了你在职场的进步，因此，你确定你想学习如何对观众演讲。所有这些，都是动机可能的根源，但它们不会是你唯一的动机，至少不应该是。

对杰出人物的研究告诉我们，一旦你已经练习了一段时间，并且可以看到结果了，这种技能本身就可以成为你动机的一部分。你对自己所做的事情感到骄傲，从朋友对你的称赞中感到愉快，你的身份感也变了。你开始把自己看成一位公开演讲者、竖笛演奏者或者折纸的制作者。只要你能认识到这种新的身份来自你长时间的刻苦练习，专心提高自己的技能，那么进一步的练习给你的感觉更像是一种投资，而不是一种代价。

> 一旦你已经练习了一段时间，并且可以看到结果了，这种技能本身就可以成为你动机的一部分。

刻意练习中另一个重要的动机因素是相信自己可以成功。当你真的觉得不喜欢自己的状态，为了逼一下自己，你必须相信你可以提高自己，并且跻身最优秀者的行列，特别是对那些着眼于成为本行业本领域杰出人物的人而言。这种信念的力量十分强大，甚至可以战胜现实。

例如，中长跑运动员贡德·哈格（Gunder Hägg）是瑞典最著名的运动员之一，他曾在 20 世纪 40 年代初 15 次打破世界纪录。他的父亲是一名伐木工人，他小的时候和父亲一起在瑞典北部的偏僻山区生活。刚刚十多岁时，贡德十分热爱在森林中跑步，他和父亲都对他究竟能跑多快感到好奇。两人在丛林中找到了一条约 1500 米长的路线，贡德在沿着那条路线跑的时候，父亲就拿着一个闹钟来测量他跑步的时间。有一次，贡德跑完了全程，他的父亲告诉他，他在 4 分 50 秒的时间里跑完了 1500 米，这对于在丛林中跑步的人来说，是特别优秀的成绩。后来，贡德在他的回忆录中写道，当时听父亲说到这个成绩，他倍受鼓舞，相信自己在跑步这个项目上有光明的前途，因此开始更加认真地训练。果然，他后来成为世界上最杰出的中长跑运动员。多年以后，贡德的父亲向他透露，那天他第一次跑完全程实际上花了 5 分 50 秒，但父亲夸大了他的速度，因为担心他会失去对跑步的热情，并且他需要得到父亲的鼓励。

心理学家本杰明·布鲁姆（Benjamin Bloom）曾管理一个研究项目，该项目研究不同领域和行业中许多杰出人物的童年。结果发现，这些杰出人物在孩提时代，其父母曾想尽各种办法防止他们半途而废。特别是，有几位杰出人物曾提到，他们年幼时出现生病或者受伤的情况，在很长时间内某种程度地影响到他们的练习。等到他们身体终于痊愈并恢复练习时，很难达到生病或受伤之前的那种水平，因此感到十分沮丧，只想放弃练习。他们的父母告诉他们，如果真的想放弃，可以放弃，但他们首先需要继续练习下去，以恢复到他们生病或受伤之前的水平。而这发挥了作用。过了一段时间，等到他们恢复了以前的水平时，他们意识到，他们实际上可以继续进步，他们面临的障碍只是暂时的。

信念十分重要。你也许不如哈格那么幸运，有一位支持你的父亲在暗中鼓励你，但你一定可以从布鲁姆研究的杰出人物的案例中吸取一些经验：如果你不再相信自己可以实现某个目标，要么是因为你的水平已经倒退了，要么是因为你陷入了停滞阶段，此时，千万不要半途而废。和你自己达成一个协议，你将尽自己的努力回归到之前的状态或者跨越停滞阶段，然后你再放弃。到那个时候，也许你不会放弃了。

> 你不再相信自己可以实现某个目标时，千万不要半途而废。和你自己达成一个协议，你将尽自己的努力回归到之前的状态或者跨越停滞阶段，然后你再放弃。到那个时候，也许你不会放弃了。

外部动机的一种最强烈的方式是社会动机。这可能以几种形式表现出来。最简单和最直接的是其他人的认可与崇拜。一方面，年幼的孩子通常有强烈的动机去练习某种乐器或某项体育运动，因为他们在寻求父母的认可。另一方面，年龄较大的孩子通常受到积极反馈的激励。他们经过长时间的练习，技能达到了一定的水平时，能力变得广为人知，比如，人们见到他们都会说，“这孩子是个艺术家的料”“这个孩子钢琴弹得非常不错”“这个孩子将来很可能成为杰出的篮球运动员”，诸如此类，而这种赞誉可以为孩子提供不断前行的激励。许多青少年以及不少成年人都开始练习一种乐器或者一项体育运动，因为他们相信，在那个领域的专业特长会使他们变得在异性眼中更有吸引力。

一种营造和保持社会动机的最好方法，是使你自己身边的人们都鼓励、支持和挑战你的努力。柏林的小提琴学生不仅经常和其他同样学习音乐的学生在一起生活，而且往往和那些学生约会，或者至少是和那些欣赏他们对音乐的热情、理解他们把练习放在人生目标首位的人约会。

让身边都是支持你的人，在那些由团体或团队共同完成的活动中最容易做到。例如，如果你是管弦乐队中的一员，你会发现自己有动机去更刻苦地练习，因为你不想让同事们失望，或者因为你和他们中的有些人展开竞争，力求成为最擅长你所演奏的那种乐器的那个人，或者两种情况兼而有之。棒球队或垒球队的队员可能共同提高水平，以便赢得锦标赛，但他们也明白，在队伍的内部同样存在竞争，而且可能也受到那些竞争的激励。

不过，在这里，也许最为重要的因素是社会环境本身。刻意练习是一种孤独的追求，但如果你有一群和你处在同样地位的朋友（例如，你所在的管弦乐队、棒球队、国际象棋俱乐部中的成员等），就拥有了一个内部支持体系。这些人理解你投入到练习中的努力，可以和你分享练习的秘诀，欣赏你取得的成绩，并且对你遇到的困难表示同情。他们信任你，你也可以信任他们。

我曾问过佩尔·霍尔姆洛夫，是什么激励着一个七旬老人每星期投入如此多的时间来赢得黑带。他告诉我，他第一次对空手道感兴趣，是因为他的孙子们开始练习，而他喜欢看着孙子们练习，并且在他们练习时与他们互动。但驱使佩尔多年来一直坚持练习的，是他与同伴和导师的交互作用。空手道的练习往往是两人一组进行的，佩尔解释说，他发现自己的一个练习伙伴格外支持他，经常对他的进步加以赞许。这是一位女性，大约比佩尔小 25 岁，她的孩子们也在学校里练习空手道。另外，在佩尔的学校，还有几个年轻的男生也支持他，这些同伴为他继续坚持提供了最强烈的动机。

2015 年的夏天，佩尔已经 74 岁，我和他进行了一次交谈，那也是我和他最近的一次交谈。我了解到，他和他的妻子已经移居到奥勒市的山脉附近，一个和美国科罗拉多州的阿斯彭差不多的瑞典滑雪圣地。他已经达到了蓝带的水平，并计划参加棕带的测试，但由于他再没有机会在空手道学校里和其他的学生一起练习，于是他觉得不得不放弃自己赢得黑带的努力。他依然每天早晨练习，并且严格遵照他的导师为他制订的日程安排，包括热身、练习空手道的姿势、练习壶铃、进行冥想，而且他经常在山中步行。他告诉我，他的人生目标是“智慧与活力共存”。

这让我们再次想起了本杰明·富兰克林。年轻时，他对各种类型的学识追求醉心不已，包括哲学、科学、发明、写作、艺术等，他希望鼓励自己在那些领域中的发展。因此，在 21 岁时，富兰克林在费城招募了 11 位对学术最感兴趣的人们，组成了一个共同进步的俱乐部，把它命名为“小团体”（the Junto）。俱乐部的成员每周五晚上聚在一起，相互鼓励其他成员不同的学识追求。每次聚会，要求每一位成员至少提出一个有趣的交谈主题，涉及道德、政治或科学。这些主题通常被当作问题提出来，并由小团体“本着探求真理的真诚精神，不以争论为目的，也不以在论辩中胜出为渴望”来进行探讨。为了使那些探讨公开进行并具有合作意味，小团体制订了严格的规则，禁止任何人与其他成员产生冲突，或者过于激烈地表达意见。每隔一个季度，小团体的每位成员必须写一篇文章，主题不限，并将文章读给团体中其他人听，再由大家一起来讨论。

俱乐部的一个目的是鼓励成员们积极参与当时的学术主题讨论。富兰克林创建这个俱乐部，不仅保证他自己经常能接触到费城对学术最感兴趣的人，而且给了他更强烈的动机来深入钻研这些主题。他知道，自己每周都至少要提出一个有趣的问题，而且要回答其他人提出的问题，这使得他有额外的动力来阅读和研究在那个时代的科学、政治学和哲学等学科中最紧迫的、在学术上最具有挑战性的事情。

这种方法几乎可以在所有的领域或行业中使用：**将对同一件事情感兴趣的所有人聚集起来，或者吸引他们加入一个现有的团体，并且将团体的同志情谊和共同的目标作为达到你自己目标的额外动机。**这是许多社会组织背后的理念，从书社、棋社到社区剧院，而加入（或者在必要时组建）那样的团体，对于成年人来说，可能十分有利于保持动机。不过，要注意的一件事情是：确保团体中的其他成员也制订了和你相类似的进步目标。如果你加入一支保龄球队，目的是想提高你的球技，而队伍中的其他人主要是为了好玩，几乎不关心他们是否能够赢得联赛冠军，那你会倍感失败，而不是受到激励。如果你是一位吉他手，着眼于取得足够的进步，以便将来靠音乐表演来谋生，那么，假如有个乐队，成员们只想在每个星期六的晚上聚集在车库里大声嘶吼一番，那你不要加入这样的乐队。

精心设置目标

当然，刻意练习的核心是一种孤独的追求。尽管你可能为寻求支持与鼓励找到了一些志趣相投的人，但是，你的进步很大程度上依然取决于你自己的练习。你怎样在那种连续不停的专注练习中保持自己的动机？

最好的建议是精心设置目标，以便你能持续不断地看到进步的实质性信号，尽管并不会总是出现重大的进步。**将漫长的旅程分解成一系列可控的目标，并且每次只关注它们中的一个，甚至可以在每次达到一个目标时，给自己小小的奖励。**例如，钢琴教师知道，最好是为年幼的钢琴学生将长期目标分解成一系列的等级。这样一来，学生每达到一个新等级，便会产生一种成就感，既有助于增强他的动机，又使他在练习中看似没有进展的时候，不太可能灰心丧气。怎样来设计那些等级，并不重要。重要的是导师将那些看起来无穷无尽的练习材料分解成一系列清晰的步骤，使得学生的进步看起来更具体、更鼓舞人心。

曾制订了“丹计划”来训练高尔夫球的丹尼斯·麦克劳克林先生，在他对参加美国职业高尔夫球员协会巡回赛的追求中，采取了与上述方法十分类似的方法。从一开始，他就将自己的追求分解成一系列的步骤，每个步骤专门用来练习一种特定的方法，并且在每个步骤上，他都想办法来监测自己的进步，以便知道自己处在什么位置、在追求的路上走了多远。丹尼斯的第一个步骤是学会击球入洞，连续几个月，他唯一使用的高尔夫球杆就是推杆。他自创了各种不同的“比赛”，以便反复进行同样的尝试，而且，他也密切关注着自己在这些“比赛”中的表现怎么样。例如，在早期的“比赛”中，他可能标记出 6 个点，每个点距离球洞约 0.9 米，均匀地分布在球洞的周围。然后，他会试着从这 6 个点中的每个点上轻轻推球入洞，每个点上重复 17 次，总计练习 102 次推球入洞。在每一组的 6 次推球入洞时，丹尼斯会计算自己有多少次成功了，并在一张纸上记录下他的得分。以这种方法，他可以非常具体地监测自己的进展。他不仅能够分辨出自己会犯哪种错误、在哪方面需要改进，而且一周一周地练习下来，还可以看到自己取得了多大的进步。

后来，在丹尼斯逐一学会了使用其他的高尔夫球杆后，如劈起杆、铁杆、木杆，最后是发球杆等，到 2011 年 12 月，也是他开始练习的一年半以后，他可以打完一整场高尔夫球了，此时，他以好几种不同方式来记录自己的进步。他持续追踪自己发球的准确度，他的开球有多大概率把球准确地打到球道上，有多大概率把球打偏。一旦来到草地上，他又会持续追踪每次击球入洞时平均的进球率。诸如此类。那些数据不仅使他发现自己需要改进的地方以及需要强化哪些练习，而且可以作为他在通向高尔夫大师路上的里程标记。

任何熟悉高尔夫球的人们知道，度量丹尼斯的进步，最重要的指标是差点。计算差点的公式稍显复杂，但基本上会告诉你，丹尼斯在他练习得较好的日子里，有望在比赛中打出怎样的水平。例如，有人的差点是 10，那就假设他能以高于标准杆 10 杆打完 18 洞。差点使得不同水平的球员能够在接近同等地位的条件下比赛。由于某人的差点是根据他过去打过的 20 场左右的整场高尔夫球来决定的，因此，它是不断变化的，也记录了此人的球技水平随着时间的推移而变化。

2012 年 5 月，丹尼斯开始计算并记录他的差点时，差点为 8.7，对只玩了几年高尔夫球的人来说，这已经是十分不错的成绩。到 2014 年下半年，他的差点在 3 和 4 之间浮动，那真的能给人留下深刻印象。在我写这本书时，也就是 2015 年下半年，丹尼斯在受过一次伤后恢复练习，那次受伤的经历，在一段时间内妨碍了他继续进步。他已经练习了 6000 余小时，因此，他已经在自己确定的 1 万小时训练的目标上完成了超过 60% 的部分。

我们依然不知道丹尼斯能否实现他参加美国职业高尔夫巡回赛的目标，但他的经历清晰地表明，一个年龄已达 30 岁、从来没有真正打过高尔夫球的人，通过正确的练习，可以将自己变为一位高尔夫大师。

在我的邮件收件箱中，充满了类似这样的故事。一位来自丹麦的精神治疗医生运用刻意练习方法来提高自己的歌唱水平，最终录制了一些歌曲，在全丹麦的各家广播电台播放。一位来自美国佛罗里达州的机械工程师通过刻意练习提升了绘画技能，并送我一幅他第一次画的油画，那真的非常不错。一位来自巴西的工程师决心练习 1 万小时（又是这个数目！），使自己成为折纸手工专家。这些例子数不胜数。所有这些人，只有两件事情是共同的：他们全都怀揣一个梦想，而且，在了解了刻意练习的知识后，全都意识到，总是有一条路径通向他们的那个梦想！

而最为重要的是，人们应当从所有这些故事以及所有这些研究之中了解到，没有理由不去追寻梦想。刻意练习可以创造各种各样的可能性，但你可能一直以为自己“够不着”那些可能性。摒弃这种想法，大胆去闯、去试！

第 7 章
chapter7

成为杰出人物的路线图

在20 世纪 60 年代末，匈牙利心理学家拉斯洛·波尔加（László Polgár）和他的妻子克拉拉（Klara）着手进行一项重大实验，两人在接下来的 25 年里，一直沉浸在这个实验当中。拉斯洛研究了在各个行业或领域中被认为是天才的人，共计有数百人之多，并得出结论认为，正确地养育任何一个孩子，都可以将他变成天才。拉斯洛在追求克拉拉时，对自己的理论进行了概括，并且解释说，他在找一位能与他共同合作的妻子，以便在他们将来的孩子身上测试他的理论。克拉拉是一名来自乌克兰的教师，一定也是一位非常特别的女性，因为她积极地响应了拉斯洛这种非正统的求爱，同意拉斯洛的建议（嫁给拉斯洛，并将他们未来的孩子培养成天才）。

拉斯洛十分确定，他的训练计划适用于任何一个领域或行业，因此，他并没有严苛地挑选特定的领域或行业，而是探讨了众多的选择。语言是其中之一，只是说，到底可以教孩子多少门语言呢？数学是另一种选择。在当时的东欧，一流的数学家倍受社会推崇，因为东欧国家在想尽各种方法证明它们的制度比颓废的西方制度更加优越。此外，数学还有另一种优势，那便是当时世界上没有一流的女性数学家。因此，假设拉斯洛和克拉拉生下一个女儿，那将证明他的主张更具说服力。不过，最后他和妻子做出了第三种选择。

后来，妻子克拉拉在接受报社记者采访时回忆，“我们可以在任何学科培养出天才，如果你在孩子很小的时候就陪他训练，花大量的时间，让孩子真正热爱那门学科的话，真的可以达到那一目标。但我们选择了国际象棋。国际象棋非常客观并易于测量。”

一般来讲，人们总是认为国际象棋是男人的游戏，女选手通常是该项目的“二等公民”。女性也有她们自己的联赛和锦标赛，因为人们认为，如果让女选手和男选手一同参加比赛，那会不公平，而且一直以来，从来没有哪位女棋手获得过特级大师称号。实际上，对于女子国际象棋比赛，当时的社会态度与塞缪尔·约翰逊⊖的那句名言很相像：“女性去布道，就好比狗用后腿走路。通常情况下做不好；但如果你发现它真的能走，你会感到吃惊。”

⊖ 塞缪尔·约翰逊（Samuel Johnson），英国历史上最有名的文人之一，集文学评论家、诗人、散文家、传记家于一身。——译者注

三位女性象棋大师

拉斯洛幸运地生了三个孩子，全都是女孩。他的三个孩子，个个都更好地证明了父亲的观点。

大女儿出生于1969年4月，名叫苏珊·波尔加（Susan Polgár），在匈牙利语中的名字为苏珊娜。二女儿出生于1974年11月，名叫索菲娅·波尔加（Zsófia Polgár），最小的女儿是1976年7月出生的朱迪特·波尔加（Judit Polgár）。拉斯洛和克拉拉没有让女儿们上学，目的是让她们把最多的时间用来研究国际象棋。没过多久，拉斯洛的实验取得了空前的成功。

大女儿苏珊·波尔加在4岁时就赢得了她的第一个冠军，以11胜0负0和的战绩在布达佩斯女子11岁以下的比赛中摘得桂冠。15岁时，她成为世界上一流的女子国际象棋棋手，后来和许多男棋手一样继续努力，成为第一位被授予特级大师称号的女棋手。（后来又有两位女棋手在赢得女子世界冠军之后，被授予特级大师称号。）但是，苏珊·波尔加甚至不是三姐妹中成绩最突出的一个。

二女儿索菲娅·波尔加也在国际象棋职业棋手生涯中取得了惊人的成绩。她年仅14岁时就参加了在罗马举办的比赛，并一举夺魁，当时还有几位德高望重的男子特级大师参赛。她赢下了9盘比赛中的8盘，和了另外1盘，在单项世界杯国际象棋比赛中赢得了2735分的等级分，在当时，无论是男棋手还是女棋手，这都是最高的国际比赛等级分。那一年是1989年，时至今日，国际象棋界依然在讨论着这次“罗马大洗劫”。尽管索菲娅曾在国际象棋中赢得过个人的最高总等级分为2540分，远超当时评为特级大师的门槛分 2500 分，而且她在被认可的比赛中表现极其出色，但她从来没有被评上特级大师称号。这一结果之中，显然有更多的政治因素，而不是纯粹从她的棋力来考虑的。(她和其姐妹一样，一直都想挑战男性棋手。) 索菲娅一度成为世界上排名第六的女子国际象棋棋手。不过，在波尔加三姐妹中，可以说她是最不用功的。

朱迪特·波尔加在父亲拉斯洛的实验中可谓“王冠上的明珠”。她在 15 岁零 5 个月时成为特级大师，在当时的无论男子特级大师还是女子特级大师之中，都是最年轻的。她在世界女子国际象棋棋手中连续 25 年排名第一，并一直保持到 2014 年宣布退役。有段时间，她在全世界男女国际象棋棋手总排名中名列第 8 位，而且在 2005 年时，她成为男女棋手都能参加的国际象棋世界冠军对抗赛中的首位女棋手，迄今为止绝无仅有。

波尔加三姐妹显然都是杰出人物。在国际象棋这个通过极其客观的标准来测量水平的领域，她们每个人都曾跻身世界一流的行列。在国际象棋界，风格是不会被拿来评分的，学历背景并不重要，简历也不会被人看重。因此，我们毫无疑问地知道她们三姐妹有多么优秀。她们真的是非常非常杰出。

尽管她们的背景有点儿不同寻常 (考虑到几乎没有哪些父母会如此全心全力地把孩子打造成某个领域或行业的世界最佳)，但她们的事迹，清晰地、甚至有些极端地证实了是什么使人们变成杰出人物。苏珊、索菲娅和朱迪特三姐妹在国际象棋界所走过的路，基本上与各行各业所有杰出人物在迈向卓越的过程中所走的路一致。心理学家发现，杰出人物的发展往往经历四个截然不同的阶段，从兴趣的第一缕曙光，到掌握全面的专业知识。通过对波尔加三姐妹的了解，我们知道，她们都经历了同样的那些阶段，也许经历的方式稍有不同，因为她们的父亲主导着对她们的培养和发展。

在这一章，我们将深入观察，是什么让人们变得杰出。如我较早解释的那样，我们大多数人对刻意练习的了解，来自科学界对杰出人物及他们如何发展卓越能力的研究，但在这本书中，到目前为止，我们主要着重阐述，所有这些对我们其他人来说意味着什么。这里说的其他人，是指那些可能运用刻意练习的原则来追求卓越，却从来没能在他们所处的行业或领域中成为世界最佳的人。如今，我们将注意力转向全世界最杰出人物，如世界级的音乐家、奥林匹克运动员、赢得诺贝尔奖的科学家、国际象棋特级大师，以及其他一些最杰出人物。

从某种意义上讲，本章可以被认为是塑造杰出人物的指导手册，如果你在追求卓越的话，本章内容也是通向卓越的路线图。如果你想培养出下一个朱迪特·波尔加或者下一个塞雷娜·威廉姆斯[⊖]，那么，本章不可能告诉你需要知道的全部，但是，如果有那么一条路可供你选择，使你能够达到那些目标的话，你会更加清楚地知道你想做什么。更广泛地讲，本章使读者可以一步一步地观察，为了充分利用人类的能力，并触及人类能力的极限，需要做些什么。一般来讲，培养天才的过程，始于童年时代或青少年时代的早期，需要10年或更长时间，才能达到杰出人物的水平。但那还不是终点。杰出人物的标志之一是，即使他们成为

⊖ 塞雷娜·威廉姆斯（Serena Williams），美国著名网坛姐妹花中的妹妹，也称小威，到2015年为止，21次夺得女子单打大满贯冠军，13次夺得女子双打大满贯冠军，5次夺得国际女子职业网联（Women's Tennis Association, WTA）年终总决赛冠军。——译者注

自己所在行业或领域中的世界最佳，依然要努力提升练习技巧，并不断改进。正是当他们抵达了行业或领域的前沿时，我们将会发现那些勇敢的开拓者已经超越了其他任何人，并且向我们表明了什么是可能的。

第一阶段：产生兴趣

波尔加姐妹中的大姐姐苏珊·波尔加在一次接受杂志采访时，谈起了她自己最初是怎样对国际象棋产生兴趣的。她说，“我当时想从家中的壁橱里找一样玩具来玩，结果找到了一副国际象棋。起初，我被那些棋子的形状深深吸引，后来我发现，下棋更让我痴迷，也对我提出了挑战。”

请注意，苏珊对自己怎样对国际象棋感兴趣的回忆，其实与我们已经知道的她父母为其人生道路做出的规划有差别。这很有趣。拉斯洛和克拉拉已经确定，苏珊将成为世界一流的国际象棋棋手，因此，他们几乎不会指望她仅靠偶然间找到一些国际象棋棋子，才对国际象棋痴迷不已。

不过，这里的细节并不重要。重要的是，当苏珊还是个孩子时，就对国际象棋产生了兴趣，而且，她以那个年纪的孩子（3岁）可能对某件事情感兴趣的唯一方式，开始对国际象棋感兴趣，那便是：她觉得棋子好玩，把它们当成玩具，一件玩耍的东西。年幼的孩子非常好奇，很爱玩。他们喜欢小猫或小狗，而且主要通过玩耍来与周围的世界互动。这种玩耍的渴望，可以作为孩子最初去尝试这些或者那些事情的原始动机，让大人们看到，什么是他们感兴趣的、什么又是他们不感兴趣的，并且从事各种各样有助于培养他们技能的活动。当然，在这个时刻，孩子们发展了简单的技能，例如把国际象棋棋子摆到棋盘上、把篮球投进篮筐、挥舞球拍、按形状或规律来摆放大理石的位置等。**但对未来的杰出人物来讲，他们小时候与自己感兴趣的任何事物之间这种好玩的互动，是他们最终对这件事物充满热情的第一步。**

杰出人物成长三阶段

20 世纪 80 年代初，心理学家本杰明·布鲁姆在芝加哥大学管理着一个项目，该项目只提出一个简单的问题：那些成为杰出人物的人，在童年时代到底有些什么因素，可以解释他们为什么培养并发展出那些杰出的能力，从而在普通人中脱颖而出？和布鲁姆一同参与研究的研究人员选择了六个领域或行业中的 120 位杰出人物，并寻找他们在成长过程中的共同因素。这六个领域或行业的杰出人物包括音乐会钢琴家、参加奥运会的游泳运动员、网球世界冠军、研究型数学家、研究型神经学家以及雕刻家。这项研究辨别了所有人都共有的三个阶段，实际上，这三个阶段不仅仅对布鲁姆及其同事研究的六个行业或领域的杰出人物，而且似乎对各行各业的杰出人物，都是共同的。

在第一个阶段，大人以一种好玩儿的方式向孩子介绍他们最终从事的领域或行业。对于苏珊·波尔加，她找到了国际象棋的棋子，并且喜欢它们的形状。一开始，那些东西只不过是孩子喜欢拿来玩的玩具。例如，著名高尔夫球手泰格·伍兹只有 9 个月大的时候，父母给他一根小小的高尔夫球杆。同样，也是当成玩具送给他的。

一开始，孩子的父母会以孩子的心态和孩子玩耍，但父母会把那种玩慢慢地朝着那件“玩具”的真正目的上面去引导。比如，他们会向孩子解释，国际象棋的棋子在棋盘上是怎么移动的。他们会展示怎样用高尔夫球杆来击球。他们会告诉孩子，钢琴的作用是弹奏出美妙的调子，而不仅仅是发出无序的噪声。

在这个阶段，那些日后成为杰出人物的孩子，其父母在孩子的成长和发展阶段中扮演了至关重要的角色。首先，父母给孩子大量的时间、关注和鼓励。其次，父母往往会以成就为导向，并教孩子一些重要的价值观，比如自律、刻苦、负责任，以及建设性地运用时间。一旦孩子对某个特定领域或行业感兴趣了，他有望以同样的态度来追求成功，如自律、刻苦、成就等。

那些日后成为杰出人物的孩子，其父母在孩子的成长和发展阶段中扮演了至关重要的角色。

这是孩子成长与发展中的关键时期。许多孩子会找到最初的动机来探索或尝试某件事情，因为他们天生就有好奇心和求知欲，或者生性爱玩，而父母有机会运用这种最初的兴趣作为跳板，使孩子进入该领域或行业，不过，最初的那种受好奇心驱使的动机需要得到增强。表扬就是增强孩子动机的一种绝佳方式，特别是年纪更小的孩子。另一种动机是对已发展出的某一特定技能感到满足，特别是，如果那种成就得到了父亲或母亲的认可的话。比如，一旦孩子能够连续拍球，或在钢琴上弹奏一曲简单的曲子，或数清纸箱中的鸡蛋，这一成绩成为父母引以为傲的事情，便可以成为孩子在这一领域或行业中取得更大成就的动机。

布鲁姆和他的同事发现，他们研究选取的杰出人物，通常选择了父母特别感兴趣的领域或行业。那些涉足音乐表演的父母，无论是作为表演者，还是作为热心的听众，通常发现他们的孩子对音乐感兴趣，因为这是孩子与父母共度时光并分享兴趣的方式。那些醉心于体育中的父母，同样有这种发现。如果孩子的父母要追求一些学术上的成就，比如，希望孩子成为未来的数学家或未来的神经学家，也更有可能与孩子探讨一些学术话题，强调学校教育和学习的重要性。以这种方式，父母（至少是那些将来会成就一番事业的孩子的父母）塑造了他们孩子的兴趣。布鲁姆没有报告像波尔加三姐妹那样的案例，三姐妹的父母一开始就有意识地把孩子朝着特定的方向引导。但有时候，不必那样有意识地做，只要通过与孩子经常互动，父母便能激励孩子培养类似的兴趣。

在这个阶段，孩子不会自己去练习，那要到晚一些的时候。但是，许多孩子会设法想出一些能够边玩边练习的活动。马里奥·拉缪（Mario Lemieux）就是一个好例子，他被公认为最优秀的冰球运动员之一。他有两个哥哥——阿兰（Alain）和理查德（Richard），兄弟三人通常会到家里的地下室去玩儿。在那里，他们脚穿袜子在地上滑动，就好像在冰面上滑冰那样，然后用厨房里的木制勺子推着瓶盖玩，权当练习冰球。另一个例子是英国跨栏运动员大卫·赫梅利（David Hemery），他是英国历史上最杰出的田径运动员。在儿童时代，大卫将许多儿童的游戏活动转变成和自己的比赛，逼着自己不停地改进，提高水平。例如，有一年圣诞节，父母给他买了一个弹簧单高跷，但他在玩儿这种高跷时，在地上叠一摞电话号码本，以便练习跳着跨过障碍物。这种以玩耍为形式的练习到底有着什么样的价值，我们尚不太明了，因为不知道有哪些研究以此为主题。但是，这些孩子似乎正是从玩耍中踏入了追求卓越、通向卓越的道路。

兄弟姐妹的激励作用

马里奥·拉缪的经历，强调了从小培养天才的另一个突出特点：许多杰出人物都有几位哥哥或姐姐，这是鼓舞他们前行的榜样，让他们可以从哥哥姐姐身上学习，并且与哥哥姐姐竞争，然后自己再去模仿。朱迪特·波尔加有两位姐姐，苏珊和索菲娅。莫扎特有位姐姐玛丽亚，姐姐比他大四岁半，在莫扎特刚刚开始对音乐感兴趣时，姐姐已经开始弹奏大键琴。网坛巨星塞雷娜·威廉姆斯追寻着姐姐维纳斯·威廉姆斯（Venus Williams）的脚步。姐姐大威本人也是当代最优秀的网球运动员之一。曾在2014年奥运会期间夺得冠军并成为史上最年轻障碍滑雪世界冠军的米凯拉·谢弗琳（Mikaela Shiffrin），也有一位名叫泰勒的哥哥在从事竞技滑雪。依此类推。

这是另一种动机。**一个孩子看到自己的哥哥或姐姐在从事某项活动，并且获得父亲或母亲的关注和表扬时，自然也想加入进来，获得父母同样的关注和表扬。**对某些孩子而言，和兄弟姐妹之间开展竞争，本身也很激励人。

在科学家研究过的许多案例中，兄弟姐妹中有一个是天才型的人物，那么，父母中总会有一个或者两个人鼓励着孩子们成长和进步。我们知道波尔加三姐妹是这种情况，莫扎特也不例外：在培养他的天才方面，他的父亲一点儿也不比拉斯洛·波尔加做得差。同样，塞雷娜和维纳斯·威廉姆斯两姐妹的父亲是理查德·威廉姆斯，把两姐妹带上职业网球道路的目的就是让姐妹二人成为职业球员。在这些例子中，我们难以分清父母对自己的子女所产生的影响。但同样在这些案例之中，弟弟或者妹妹，一般比哥哥或姐姐的成就更高，这可能并非偶然。部分的原因也许是，父母亲从哥哥或姐姐的身上学到了经验，然后把这些宝贵经验运用到弟弟或妹妹身上，但另一种情况也有可能：由于有了哥哥或姐姐，弟弟或妹妹会全心全意地投入某项活动中，这给后者带来了巨大的优势。弟弟或妹妹看着哥哥或姐姐从事某项活动，也会变得兴趣盎然，并且也开始涉足其中。如果换成其他的情形，身为弟弟妹妹的他们，可能不会那么快地醉心于某项活动。而且，兄弟姐妹之间的竞争，也可能对弟弟妹妹的帮助更大一些，因为哥哥姐姐自然在技能方面更强大一些，至少他们多练习了几年。

布鲁姆发现，和运动员、音乐家、艺术家的童年时代相比，数学家和神经学家的童年时代稍稍有些不同。在后者的例子中，父母不会给孩子介绍某个特定的科目，而是让孩子感受到一般的学术追求的吸引力。他们鼓励孩子对万事万物保持好奇心，并且把阅读当成主要的消遣，孩子小的时候，父母给他们读书，大些时候，则由孩子自己读。父母还鼓励孩子建造模型或参加科学项目（那些活动都是一些教育活动），使孩子把参加这些教育活动当成玩耍的一部分。

但是，不管这些具体细节是什么，未来的杰出人物往往遵循一般的规律，那便是：到了他们成长过程中的某个时刻，他们对某一特定领域或行业格外感兴趣，并且表现得比其他同龄孩子更有希望成就一番事业。对苏珊·波尔加来讲，当她不再把国际象棋的棋子当成玩具，而是真正被下棋所吸引，并且对比赛中棋子的协同配合感到兴趣盎然时，也就表明，她一生中的那个时刻到来了，从此她迷上了国际象棋。

第二阶段：变得认真

一旦未来的杰出人物对某个行业或领域感兴趣了，而且似乎在其中有着美好的发展前景，下一步通常需要到教练或导师那里上课了。此时，大部分的学生都是第一次接触刻意练习。他们的练习与他们到此时为止的经历（主要是参加一些好玩的活动）不同，开始变成认真的工作。

通常情况下，向学生介绍这种练习的导师，本身并不是这一领域或行业的专家，但他们擅长教孩子。他们知道如何激励学生，知道怎么使学生继续向前，让学生通过适应刻意练习来提高水平。这些导师激情四射，当学生取得了一定的成绩时，会鼓励和表扬学生，有时候采用口头表扬，有时候更具体一些，奖励孩子们一些糖果或其他点心。

在波尔加姐妹的案例中，拉斯洛就是她们的第一位导师。拉斯洛并不是一位很强的国际象棋棋手，他的三个女儿都还不到 10 岁的时候就在棋艺上超过了他的水平，但是，他知道怎样开始练习国际象棋，而且最重要的是，他让女儿们一直对国际象棋感兴趣。朱迪特·波尔加曾说过，她的父亲是她遇到过的最优秀的激励者。这也许是杰出人物早期时的最重要因素，即保持那种兴趣和动机，同时培养技能和养成习惯。

父母也发挥着重要的作用，当然，在波尔加三姐妹的案例中，拉斯洛既是父亲，又是导师。父母帮助孩子确定日程安排，比如说，规定每天练习 1 小时钢琴，而且，对于孩子的进步，父母给予支持、鼓励和表扬。他们会在必要的时候促使孩子把练习摆在首位：先练习好了，再去玩耍。如果孩子难以按照他们的练习日程来练习，父母可能采用更加极端的措施来干预。在布鲁姆的研究中，有些未来的杰出人物的父母还不得不诉诸一些手段，比如威胁孩子以后不再上钢琴课并把钢琴卖掉，或者不再带孩子参加游泳练习，等等。显然，到了这个节骨眼上，所有那些未来的杰出人物都决定继续练下去。如果换成其他人，也许就做出了不同的选择。

尽管父母和导师可以采用许多方法来激励孩子，但到最后，那些动机必须来自孩子的内心，否则，它不会长久。孩子的父母可以用表扬和奖励来激励孩子，但这终究不够。父母和导师还可以采用一种方法来提供长期的激励，那便是帮助孩子找到他们喜欢参加的相关活动。例如，如果孩子发现他喜欢在观众面前演奏某一种乐器，那可能足以激励孩子进行必要的练习了。帮助孩子创建心理表征，可以增强他们欣赏自己正在学习的技能的能力，从而增强孩子的动机。对音乐的表征，可以帮助孩子更喜欢聆听音乐表演，特别是喜欢在琴房中弹奏自己最喜欢的曲子。对国际象棋棋子位置的表征，可以让孩子进一步感受到这项运动的美。对棒球比赛的表征，使孩子能够理解和喜欢球场上运用的各种战术。

尽管父母和导师可以采用许多方法来激励孩子，但动机必须来自孩子的内心，否则，它不会长久。

布鲁姆发现，那些最终成为数学家的孩子，则有着不同的兴趣和动机，这很大程度上是因为他们在自己感兴趣的领域中起步晚一些。父母通常不会聘请特殊的导师来教 6 岁的孩子学数学。相反，未来成为数学家的孩子，要到初中或高中的时候才首次接触严谨的数学课程，比如代数、几何和微积分等，而且，通常是这些课程中的老师，而不是孩子的父母，第一次激发了孩子对这些课程的兴趣。最优秀的老师不会过于看重解决一些特定问题的法则，而是鼓励学生思考通用模式和程序，探究其中的原因，而不只是学会怎么去做。这对后来成为数学家的孩子来说是一种激励，因为它点燃了智力兴趣，那会助推他们的学习，也在日后激励他们在数学家生涯中的研究。

由于这些孩子年龄更大一些，而且在父母亲没有发挥影响的前提下，就已经对所学的科目产生了足够兴趣，因此，他们几乎不需要父母的刺激或鼓励来完成家庭作业，并且能完成老师布置的所有作业。他们的父母只需要着重强调学术成功的重要性，并清晰地表达对孩子的期望，希望孩子能够继续在学校好好学习，上高中，念大学。

在这个阶段的第一部分，父母和老师的支持与鼓励对孩子的进步至关重要，但到最后，孩子开始体会到刻苦学习带来的回报，并且变得越来越能够自我激励。练习弹钢琴的学生为别人表演时，会受到观众掌声的激励。游泳的学生亦会由于同伴的认可和尊重而感到舒心，他们的自我形象，开始包括那些将他们与同伴们区分开来的能力。在团队体育项目的情况下，比如游泳，学生通常期望加入由志趣相投的同伴组成的团队。但不管是什么原因，动机开始从外部转向内部。

最后，随着学生的水平继续提高，他们开始寻找水平更高的导师和教练，将他们带到更高的层次上。例如，钢琴学生往往不再去附近的导师那里上课，而是去寻找他们可以找到的最优秀导师，有的导师通常在接收学生之前需要试音。同样，游泳学生也会寻找他们能找到的最佳教练，而不仅仅是为了方便考虑。随着教学水平的提升，学生练习的时间也开始延长。父母亲依然提供支持，比如说为学生上课和购买装备支付费用，但练习的责任几乎完全转到了学生以及他们的教练和导师身上。

加拿大蒙特利尔康考迪亚大学的一位名叫大卫·帕里斯（David Pariser）的研究人员发现，那些长大后成为才华横溢的艺术家的孩子，也存在着相似的动机。他们有着“自加燃料、自我激励的动机来从事繁重的工作”，尽管依然需要父母亲和导师“情绪的和技术的支持”。

那些长大后成为才华横溢的艺术家的孩子，有着“自加燃料、自我激励的动机来从事繁重的工作”，尽管他们依然需要父母亲和导师“情绪的和技术的支持”。

布鲁姆发现，在到达这个阶段2～5年后，未来的杰出人物开始更多地根据他们已经发展出的技能来认同自己，而不再根据其他的兴趣领域（比如选择学校或社交生活）来认同自己。到了11岁或12岁，他们觉得自己是“钢琴师”或“游泳选手”，或者在16～17岁的时候，觉得自己是“数学家”。他们对自己所从事的练习开始变得认真起来。在整个这些阶段，事实上在一个人的人生之中，我们难以理清对动机的各种不同的影响。有些内在的心理因素，一定也在发挥着作用，比如好奇心等，而外部因素也不例外，比如父母和同伴的支持与鼓励。但太多时候，我们不能确认人在真正从事某项活动时的神经效应。我们知道，各种类型的长期训练，无论是下国际象棋、玩乐器、学数学等，都在我们的大脑中产生了变化，它们使正在练习的技能得到增强，因此，问一问那些练习是否也使得管理着动机和愉快的大脑结构产生了变化，是有道理的。

我们目前还无法回答上面那个问题，但我们确实知道，在某个特定领域或行业中发展了技能的人们，经过年复一年的练习之后，似乎从那种技能的学习中获得了大量的愉悦感觉。音乐家喜欢演奏音乐。数学家乐于解答数学题。足球运动员热爱踢足球。当然，有可能这完全是一个自我选择的过程，也就是说，只有那些花了数年时间苦练某项技能的人，才会自然而然地喜欢上那一技能，但也有可能正是这种练习本身引出人们心理上的适应，从而产生了更多的愉悦和更强的动机来从事那项特定的活动。不过，关于这一点，我们只能猜测；但不管怎样，这是合理的猜测。

第三阶段：全力投入

一般来讲，这些未来的杰出人物在 12 ~ 13 岁或者 15 ~ 16 岁时，要付出巨大的投入，才能成为自己领域或行业中最杰出的人物。这种投入，是第三阶段。

到了这个阶段，学生常常会寻找最好的导师或学校来指导自己的练习，甚至需要在全国范围内寻找。大多数情况下，这种导师已经达到了他所在领域中的最高水平，比如，从音乐会的钢琴家转行的导师，已经训练过奥林匹克运动员的游泳教练，以及一流的研究型数学家，诸如此类。通常，这样的导师不会轻易接收学生，而一旦接收了，则意味着导师也认为学生将来有可能达到本领域或本行业的最高水平。

学生面临的期望也逐渐升高，直到他们基本上能够尽最大的可能改进为止。教练促使游泳运动员不断提高成绩，以突破他们自己的个人最佳成绩，最终在国内和国际比赛中创下新纪录。导师希望钢琴学生能够不断精进自己的技艺，能弹奏越来越难的曲目。而对未来的数学家，导师要求他们展示自己在数学这一领域的超高水平，能够解答出无人能解答出的难题。当然，这些期望都不是马上就能实现的，但它们始终是终极目标，也就是说，是接近人类能力的极限，跻身本领域或本行业最佳行列的目标。

在这个阶段，动机完全靠学生自己保持，但家人依然能够发挥重要的支持作用。例如，如果是十几岁的青少年在全国范围内寻找一流教练的情况，家人通常也会举家迁移。而训练本身的费用也极其昂贵，不仅聘请导师或教练的成本高昂，而且装备的成本、交通成本，以及其他各类成本也高得令人咋舌。

2014 年，《金钱》（*Money*）杂志估计了一个家庭要培养一流的网球运动员需付出多少成本。私教课程要花 4500 ~ 5000 美元，另外还要加上 7000 ~ 8000 美元的团队课。在球场上的训练，每小时费用为 50 ~ 100 美元。国家级比赛的参赛费用约为 150 美元，交通费除外。最优秀的选手一年要参加 20 场左右的比赛。如果带上教练去比赛，每天还需额外的 300 美元成本，另加交通费、食宿费等。把所有的费用累计起来，每年很容易花上 3 万美元。但许多真正想提高自己水平的学生，还想进入网球学院深造，在那里可以训练一整年，这使得费用急剧增加。例如，到佛罗里达的 IMG 学院去深造，每年要花 71 400 美元，包括学费、住宿费和膳食费等，而且，你依然得为参加各种比赛支付参赛费。

这就难怪布鲁姆在报告中指出，能让几个孩子同时追求世界最佳的家庭，屈指可数。这种训练不但费用高昂，而且很大程度上需要父亲或母亲放弃自己的工作，全力支持，比如每周接送孩子训练，周末时送孩子去参加比赛等。

然而，结束了这一艰辛旅程的学生，也将收获巨大的回报，成为最杰出人物中的一员。到那时，他们可以直截了当地说，他们已经抵达了人类成就的巅峰。

年龄与适应能力的关系

在布鲁姆的研究中，所有 120 名杰出人物都是在孩提时代开始了向巅峰的攀登。但人们经常问我，如果某个人等到后来才开始练习，他成为杰出人物的可能性有多大。虽然具体的细节可能依行业或领域的不同而各异，但关于成年以后才开始练习的人们到底有没有可能成就一番事业，几乎没有绝对的限制。事实上，练习上的限制（比如，能够每天挤出四五个小时的时间进行刻意练习的成年人，几乎找不到）通常比起生理或心理上的局限更重要。

然而，在某些领域或行业中的专业特长，对于那些不从孩提时代开始练习的人们，永远无法练成。理解了这些限制，有助于你确定你可能想在哪个行业或领域中发展。

◉ 身体适应能力受年龄影响大

最明显的是那些涉及体能的领域。对一般人而言，体能大约在 20 岁时达到顶峰。随着年龄增长，我们身体的柔韧性开始下降，变得更容易受伤，而且一旦受伤，需要更长时间痊愈。我们的速度也下降了。在这些指标上，运动员往往在 20 多岁时达到巅峰。随着训练技术的进步，职业运动员可以在 30 多岁甚至 40 岁出头时依然保持竞争力。事实上，人们可以有效地练习，一直练到 80 多岁。随着年龄的增大，人们的技能出现退化，很大程度上是因为他们减少或停止了练习；有的人尽管年龄大一些，但依然定期参加练习，结果，他们的技能水平并不会随着年龄的增长而大幅下降。在田径比赛中，有些赛事是按年龄来分组的，参赛者年龄可达 80 岁甚至更高，而为了参加这些比赛而练习的人，与比他们年轻几十岁的人，往往采用完全相同的方法练习，只是练习的时间短一些，强度小一些，因为随着年龄的增大，受伤的风险也更大，身体从练习中恢复所需的时间也更长。慢慢地，人们意识到，年龄并不是大家一度认为的参加体育比赛的限制，于是，越来越多年长的成年人比以前练习得更刻苦了。事实上，过去几十年里，经验丰富的运动员已经证明，他们在运动成绩上取得的进步，比更加年轻的运动员幅度大得多。例如，在如今 60 多岁的马拉松跑步爱好者中，大约 1/4 的人有望在比赛中击败一半以上年龄为 20 ~ 54 岁的竞争对手。

> 随着年龄的增大，人们的技能出现退化，很大程度上是因为他们减少或停止了练习；如果依然定期参加练习，他们的技能水平并不会随着年龄的增长而大幅下降。

参加这些分年龄段比赛的年岁最大的人名叫唐·佩尔曼（Don Pellmann），2015 年，他成为在 27 秒内跑完 100 米且年龄超过 100 岁的第一人。在同一次田径比赛中，也就是圣迭戈老年奥林匹克竞赛中，佩尔曼还创造了另外四个年龄组的纪录，包括跳高、跳远、铁饼和铅球。还有许多运动员与佩尔曼在同一个年龄组中竞争，包括那些年龄为 100 ~ 104 岁的人，竞争的项目包括了任何田径比赛中的绝大多数项目，含马拉松。[在这一年龄组中，马拉松这个项目的世界纪录是 8 小时 25 分 17 秒，由英国人华嘉·辛格（Fauja Singh）于 2011 年创造。] 尽管这些运动员在比赛中耗时可能长一些，跳远的距离可能短一些，跳高的高度可能低一些，但他们依然在坚持下去。

如果人们不从儿童时代开始训练，除了伴随年龄增大而出现体能缓慢下降之外，一些身体技能也无法提升到卓越的水平。人类的身体在青少年时期直到 17 ～ 18 岁或者 20 岁出头时成长和发育，但到了 20 多岁以后，骨架结构很大程度上已经确定，这对我们一些能力的培养有一定的限制。例如，如果芭蕾舞演员想要练习经典的外开动作，也就是旋转臀部以下的整条腿，使两个脚尖直接朝向旁边，那么，她们必须从小开始练习。如果等到臀部和膝关节钙化之后再来练习，也许永远也练不好完整的外开动作了。而臀部和膝关节的钙化，通常出现在 8 ～ 12 岁。棒球投手等运动员的双肩也是这种情况。棒球投手在投球时，需要做一个将手越过头顶的动作。只有那些小小年纪便参加训练的运动员，才会具备像成年人那样必要的活动范围，使得投球的那只胳膊能足够伸展到肩膀的后部去，以做出经典的绕臂投球动作。网球选手在发球时运用的动作也是一样，只有那些从年幼时开始训练的人才能做好完整的发球动作。

从幼年时期开始训练的职业网球选手，还会使他们用来握拍的那只手的前臂过度发育，不仅仅是肌肉过度发达，连骨骼也会过度发育。网球选手专门用来握拍的那条手臂的骨骼，可能比另一条手臂的骨骼粗壮 20%。这种巨大的差距，使得握拍的手臂能够承受住由于击打高速飞来的网球而产生的震动。网球的飞行速度有时高达 80 千米 / 小时。不过，即使是在年龄较大的时候开始训练的选手，比如在 20 多岁时才开始训练，在某种程度上依然能够适应，但适应能力不像那些从小开始训练的选手那么强。

换句话讲，我们的骨骼会保持其改变的能力，来很好地应对青春期过后的压力。

◉ 心理适应能力比身体更强

当我们在观察我们的年龄与身体适应压力或者其他刺激的能力时，一而再再而三地见证了这种规律。和成年以后相比，我们的身体和大脑在童年时期和青少年时期具有更强的适应能力，但在许多方面，在我们整个一生之中，它们依然能够在某种程度上适应环境的变化。这取决于你到底在思考适应能力的哪些特性，年龄与不同适应能力的关系，有着很大的差别。也就是说，如果你对比身体的适应能力与心理的适应能力，那么，它们与年龄的关系差异很大。**随着年龄增大，身体的适应能力可能差了许多，但心理的适应能力依然十分强大。**而且，心理和身体的适应模式，也是完全不同的。

音乐训练可能以多种方式影响大脑。一方面，研究表明，音乐家的大脑中的某些部位比非音乐家的同样那些部位大一些，但是，只有当音乐家从小就开始学习音乐时，才可能是这种情况。例如，在脑胼胝体（它连接大脑左右两半球，并且作为两个半球之间的通信通道组织）之中，研究人员发现了这方面的证据。成年音乐家的脑胼胝体比起成年的非音乐家的脑胼胝体，明显大得多，但经过更加密切地观察，我们可以发现，只有在那些 7 岁之前开始练习的音乐家里，脑胼胝体才真正大于非音乐家的脑胼胝体。这些研究成果最初发表于 20 世纪 90 年代，自此以后，研究还揭示了音乐家比非音乐家在大脑的其他众多部位更大一些，但只有在音乐家从某个特定年龄开始训练时，才会出现这种现象。

那些部位中的大部分与肌肉控制相关，比如感觉运动皮层。

另一方面，在大脑中涉及运动控制的某些部位，比如小脑，音乐家比非音乐家更大一些，不过，在那些较晚开始训练和较早开始训练的音乐家之间却没有差别。我们不知道究竟小脑发生了什么样的变化，但这些现象的含义似乎是，音乐训练能以可辨别的方式影响人们的小脑，即使训练是在童年时代结束以后开始的。

成年人的大脑怎样学习，是一个相对较新和令人十分兴奋的研究领域，而且，它颠覆了这样一种传统的理念：一旦我们的青春期已过，大脑就会变得静止。一条普遍的经验是：随着年龄的增长，我们一定能够学习一些新的技能，但由于我们年岁变大，学习那些技能的特定方式也会发生改变。人类大脑在青少年早期拥有最多的脑灰质（也就是包含神经元，将神经元连接起来的神经纤维，以及神经元的支持细胞等组织），自那以后，脑灰质的数量就开始减少。而神经细胞之间的关节（也就是突触），会在人生早期达到最大数目；两岁孩子的突触比成年人大约多了 50%。这些具体的细节对我们来说并非那么重要，因为存在这样一个普遍的事实：在我们一生中的前几十年，大脑会持续发展和改变，而学习得以发生的背景也在不断地改变。因此，一个 6 岁儿童的大脑应对学习的方式，与一个 14 岁少年的大脑应对学习的方式，以及一个成年人的大脑应对学习的方式，都是不相同的，即使他们全都在学习同样的知识。

当我们在学习多门语言时，大脑会发生怎样的变化？众所周知，会说两门或更多门语言的人，其大脑的一些部位之中，脑灰质含量更多一些，特别是在人们已知的、在语言学习方面发挥着作用的下顶叶皮层区中。而人们越早学习第二门语言，那个部位的脑灰质也越多。因此，在人生的早期学习语言，似乎至少是通过增加脑灰质实现的。

但科学家对那些后来成为同声传译、学习了多门语言的成年人开展过一项研究，结果发现，语言学习对大脑产生了截然不同的效应。这些同声传译人员的大脑，实际上比那些学习了同样数目的语言、并未从事同声传译工作的人的大脑，脑灰质反而少一些。从事这一研究的研究人员推测，这种差异是由于语言的学习发生在不同的皮层。儿童和青少年在学习语言时，是在增加脑灰质含量的背景下进行的，因此，他们学习更多的语言，可能是通过增加脑灰质而发生的，但当成年人继续着重学习多门语言时，是在修剪突触的背景下进行的，而且，这一次着重强调的是同步翻译。所以，在成年以后进行的语言学习，可能更多的是通过除去脑灰质而发生的，也就是说，除去某些无效的神经细胞来加快进程。这可能解释了同声传译人员比其他学习多门语言的成年人的脑灰质更少的原因。

此时此刻，关于各个年龄层次的人的大脑在学习时会产生怎样的差异，我们的疑惑和问题更多，知道的确切答案较少，但出于本书的目的，可以从中吸取两条经验：首先，尽管成年人的大脑可能在某种程度上不像儿童或青少年的大脑那样具有较强适应能力，但它依然能应对学习和改变。其次，由于成年人大脑的适应能力与未成年人的大脑不同，因此，成年人的学习很可能通过与未成年人稍有不同的机制来发生。但如果我们成年人也足够刻苦，我们的大脑也会找到相应的办法。

成年人也可培养出完美音高

成年人的大脑可以怎样找出相应的办法来学习，这里有一个例子，大家想一想完美音高，也就是我们在本书开篇时阐述大脑适应能力的那个例子。如我已经讨论的那样，完美音高的培养，似乎有一个年龄界限，超过这个界限了，即使并非不可能，也很难培养了。如果你在 6 岁之前进行了适当的训练，便更有可能培养完美音高。如果你等到 12 岁时还没开始培养，可能就不那么走运了。至少，这是许多人信奉的标准说法。但事实证明，关于这些说法，还是有一些转折的，而且是非常富有启迪的转折。

◉ 先锋个案

1969 年，在老贝尔电话公司的实验室工作的研究人员保罗·布拉迪（Paul Brady）开始了一项研究，在当时大多数人看来，这项研究完全不切实际。当年他 32 岁，在音乐领域浸淫了多年。他自 7 岁开始弹钢琴，12 岁开始在合唱团中唱歌，甚至还为自己的大键琴调过音。但他从来没有完美音高，或者说，从来没有接近过完美音高。一直以来，他总是分辨不出钢琴或大键琴弹奏出来的调子。由于他已经成年，根据当时人们对完美音高的了解，似乎他已经没有机会再去培养完美音高了，也就是说，在当时的人看来，不论他有多么努力，绝不可能培养出完美音高。

但布拉迪并不是那种轻易相信人们所说的话的人，即使有很多人这么说。他在 21 岁的时候，试图教自己辨别调子。他花了两个星期的时间在钢琴上弹出 A 调，并尝试着记住这个调子听起来是什么声音。不走运。当他过了一段时间再来练习时，他已无法从 B 调或 C 调或升 G 调中分辨出 A 调来了。几年时间已经过去，他再度用类似的方法试了一次，但依然是类似的结果。

布拉迪到了 32 岁时，决定再试一次，这次，他发誓不达目的不罢休。他尝试了自己可以想到的一切：他花好几个小时来思考曲调，并在自己的脑海里弹出它们，试着听一听这个调子与另外的调子有什么区别。不管用。他又试着在不同的键上弹奏钢琴曲，寄希望于自己能够学会如何分辨键与键之间的区别。还是不管用。三个月时间过去了，他还和刚开始时一样，根本没有完美音高。

后来，他受到一篇论文的鼓舞，该文章描述了一种训练方法，称这种方法可以帮助那些不具备完美音高的音乐家学会辨别单音调。布拉迪开始用电脑制作了一些随机的纯音，这些音调与钢琴上的调子不同，前者只有一个单一的频率，而后者有一个主频率，同时还有许多其他的频率。随后，他用那些纯音来练习。起初，他在 C 调的频率上随机制造了大部分音调，从理论上讲，如果他可以学会辨别 C 调，便能以此为基础，通过其他调子与 C 调的关系来辨别其他曲调。随着时间的推移，他越来越擅长辨别 C 调，电脑也开始减少 C 调的产生，一直到所有的 12 种曲调都以相同的频率来产生。

布拉迪每天花半个小时，用电脑上的纯音发音软件来练习，两个月过去了，他可以辨别出 12 种调子中的任何一种了，而且没有错误。于是，为了测试是否真的把自己训练成了具有完美音高，他设计了一个测试，测试要用到钢琴。每天，他的妻子会在钢琴上随意地弹出一个曲调，让他试图辨别。妻子连续帮助他测试了近两个月，准确地说是 55 天，到最后，布拉迪看一看自己做得怎么样。他准确地辨别了 37 次，出错了 18 次，但这些错误，只错了半个调，比如说，把降 B 调弄成了 B 调。另外还有 2 次错误地辨别了一个调。并非十分完美，但也极为接近了。此外，完美音高的技术性定义，实际上允许人们出错半个调，只要不超过一定百分比就可以，而且，研究人员认定为具有完美音高的大多数人，在实际辨别音调的过程中，也会出那些错误。因此，无论是从完美音高的字面定义来看，还是从它的实际定义来看，布拉迪通过两个月的适当训练，便拥有了完美音高。

后来，布拉迪写了一篇文章来描述他的这一成就，但在接下来的几十年里，他并没有获得人们太多的关注，可能是因为他只是一个人，而且靠自己来完成的实验，而研究人员仍然断言，并没有令人信服的证据能证明成年人可以培养完美音高。

实验证据

到了 20 世纪 80 年代中期，美国俄亥俄州立大学一位名叫马克·艾伦·拉什（Mark Alan Rush）的研究生开始对这一断言进行实验，他进行了一个经过谨慎控制的研究，试图在一组成年人中培养完美音高。他决定运用戴维·卢卡斯·伯奇（David Lucas Burge）设计的体系，后者还提供了一门培训课程，声称可以帮助任何人培养完美音高。该课程今天依然在市场上销售，讨论了不同曲调的“颜色”，并且要求学生在倾听调子时不要去关注诸如声音大小或者音色之类的特点，而是关注它们的颜色。拉什招募了 52 位音乐专业的本科生，其中一半人选择上伯奇设计的课程，试图培养完美音高，另外一半人则什么也不做。拉什在为期九个月的实验开始之前和结束之后，对所有 52 位实验对象辨别音调的能力进行了测试，别忘了，其中有一半学生在上伯奇设计的课。

严格地讲，拉什实验的结果并非是认可伯奇的方法，但却提供了令人鼓舞的证据，证明了提高人们辨别音调能力的可能性。到 9 个月的实验结束时，控制组的得分与他们之前的得分几乎完全一样，这是意料之中的。但在另一个小组中，许多学生提高了他们对音调的判断力。实验总共涉及 120 种音调，拉什既追踪观察了学生们准确辨别了多少种音调，也密切追踪了他们在辨别错的音调上，错得有多么离谱。

进步最大的学生，也是开始时辨别音调较为准确的学生。在 120 种音调中，那些学生在第一次测试时准确辨别了其中的 60 种，在第二次测试时准确辨别了越过 100 种，这已经足够好了，可以认为具有完美音高。但那些学生在接受训练之前，本来辨别音调的能力就不错。另有三名学生在第一次测试的时候相对较差，第二次测试时水平大幅度提高，准确辨别的次数翻了两倍或者三倍，并且，明显的错误也减少了很多。其余 26 名学生的水平稍有提高，或者在原地踏步。但从这种进步模式中，我们可以清楚地发现，成年人（至少是某些成年人）实际上可以训练出辨别音调的技能，如果训练继续下去的话，或者说，如果采用了某种更有效的方法的话，那些研究对象中，有大多数人可能已经练就了完美音高。

这一观点与传统观点迥然不同。传统的观点认为，完美音高是非此即彼的命题：如果不从儿童时代开始训练，永远不可能练出来。训练完美音高需要付出巨大的努力，可能某些成年人依然永远也培养不出来，但如今很显然，至少有些成年人可以培养完美音高。

第四阶段：开拓创新

1997 年，一位名叫奈杰尔·理查兹（Nigel Richards）的新西兰人闯进了新西兰全国拼字比赛决赛。出乎所有人意料，他夺得了冠军。两年后，他又在澳大利亚墨尔本举行的世界拼字锦标赛决赛中赢得冠军。他在世界锦标赛中摘得三次桂冠，在美国的全国拼字锦标赛中五度称王，英国的公开赛中六次夺魁，并且 12 次赢得由泰国王室赞助的国王杯，该项赛事是世界上最大规模的拼字比赛。他还赢得了拼字这个项目有史以来最高的等级分。也许最令人咂舌的是，他甚至不会说一句法语，却在 2015 年的法国拼字比赛中夺得冠军。他花了 9 周时间来强记法文拼字词典，比赛一开始，就已经做好了充分的准备。

拼字比赛这个领域，从来没有出现过像奈杰尔·理查兹这样的奇才。但在其他一些领域，肯定并不少见。许多天才的名字已经为我们所熟悉，贝多芬、凡·高、牛顿、爱因斯坦、达尔文、迈克尔·乔丹、泰格·伍兹，等等。这些人所做的杰出贡献，彻底改变了他们所在的领域或行业。他们是引领整个时代的人进入全新世界的开拓者。这是杰出成就的第四个阶段，在这个阶段，有些人超越了他们的领域和行业中现有的知识，做出了独特的创造性贡献。这个阶段，也是所有四个阶段中人们最难理解和最有兴趣去了解的阶段。

◉ 创新离不开刻意练习

关于这些创新者，我们知道的一件事情是，他们几乎无一例外地在各自的领域或行业中工作了很长时间，已经成为杰出人物，然后再开始开辟新的天地。这也是合理的，本该如此。毕竟，如果你根本不熟悉自己的领域或行业，怎么可能提出一种宝贵的科学理论或者一种有益的新技巧，并且还能够复制前辈们的杰出成就呢？

创新者几乎无一例外地在各自的领域或行业中工作了很长时间，已经成为杰出人物，然后再开始开辟新的天地。

在有的领域和行业，新发明似乎并不是明显建立在前辈成就的基础上，但即使这样，上述道理也成立。以巴勃罗·毕加索（Pablo Picasso）为例。如果你只知道他后期创作的更著名画作，可能认为他创作那些画作的灵感，一定不是从早期的艺术传统中获得的，因为那些画作与传统画作大相径庭。这也是合理的推测。但实际上，毕加索起初的创作风格，几乎是一种古典风格，而且，他在这种风格上同样取得了杰出的成就。随着时间的推移，他探索了许多其他的艺术风格，然后将它们结合起来并进行调整，以形成自己的风格。但他作为一位画家，在这个艺术领域浸淫多年，努力提高自己的绘画水平，极度擅长前辈们已经掌握了的绘画技巧。

但是，这样的创造性归根结底来自哪里？难道不是刻意练习所达到的另一个全新的高度吗？虽然它是根据前人已经想出的方法来练习，以便发展那些前人已经发展出的技能，可我认为，他们的杰出成就，事实上就是通过刻意练习而达到的更高高度。我研究了许多创造型天才的例子，清楚地发现，杰出人物确实很大程度上超越了他们所在领域和行业的界限，创造了新的事物，但他们在实现这些创造的过程中所采取的方式与他们一开始抵达那一界限时所采取的方式极为相似。

从这个角度来想一想：那些已经抵达其职业界限的杰出人物，也就是最杰出的数学家、世界顶级国际象棋特级大师、赢得了四大赛事的高尔夫选手、在国际上展开过巡回演出的小提琴家等，并不是只靠模仿他们的导师才达到现有的高度。首先，到了这一阶段，他们大多数人已经超越了导师的水平。他们能从导师那里学到的最重要经验就是：他们能够不断地提高自己的能力。作为训练的一部分，导师帮助他们创建了心理表征，他们可以用那些表征来监测自己的表现与水平，思考哪些方面还需要改进，并想出各种办法来实现那样的改进。那些心理表征是不断巩固和增强的，也在指引着他们迈向卓越。

你可以把这个过程想象成一步一步搭梯子。想象自己登到了梯子的顶端，并且需要在那里再搭建一级阶梯，搭好之后踏上去，再又去搭建新的阶梯，依此类推。一旦你已经抵达自己所在领域或行业的边缘，而且花了大量的时间来搭建这一级阶梯，那么，你便非常清楚，如果你接下来需要搭建更多的阶梯，还得做些什么。

研究人员研究了在任何行业或领域中实现了创新的创造型天才，结果发现，创新的过程总是一个漫长、缓慢、反复的过程。无论是科学、艺术、音乐，还是体育以及其他的行业或领域，都不例外。有时候，这些开拓者知道他们想要做什么，但不知道怎么做，就像一位画家绞尽脑汁在观众的眼里制造一种特别的效果那样，因此，他们会在各种道路上摸索，以寻找正确的道路。有时候，他们不知道自己已经到达了什么地步，但他们意识到了一个需要解决的问题，或者是需要改进的局面，就像数学家想尽办法来证明某条棘手的定理那样。然后，他们要在过去已经取得的成绩的基础上，再去试着做不同的事情。所谓另辟蹊径。

在此过程中，并没有出现这些杰出人物认为的重大飞跃，他们的进展，只在局外人看来才是重大进展，因为那些人并没有见证过所有那些微小的进展，而正是这些小小的进展，才累积成重大的飞跃。如果没有付出大量艰苦卓绝的努力，那些著名的令人惊奇的时刻也会不存在，即发明家首次看到自己的发明成功时，倍感兴奋与惊奇。正如中国古代先贤荀子所说，“不积跬步，无以至千里；不积小流，无以成江海。”

杰出人物的进展只在局外人看来才是重大进展，因为那些人并没有见证过所有那些微小的进展，而正是这些小小的进展，才累积成重大的飞跃。

此外，人们对各领域（特别是科学）中最成功的创造型杰出人物进行过研究，结果发现，他们的创造力与他们能够刻苦工作并在漫长的人生中保持专注是分不开的，而这些，恰好是刻意练习的重要组成部分。他们的杰出能力，一开始就是通过刻意练习造就的。例如，一项以诺贝尔奖获得者为研究对象的研究发现，他们通常比同行更早发表科学论文，而且，在整个职业生涯期间，他们在自己的学科内发表的论文比别人明显多得多。换句话讲，他们比其他任何人都更努力。

开拓者的超越与带动

创造性总是保有某种神秘感，因为就其本身而言，创造就是制造出人们尚未见过或体验过的事情。但我们知道，成就人们专业特长的那种专注与努力，还有另一个特点：体现了开拓者在超越前辈时付出的种种努力。

一位心理学家研究了奈杰尔·理查兹的拼字能力，把这种现象称为“奈杰尔效应”。理查兹在拼字舞台上的杰出表现，以及他在各项比赛中取得的惊人成绩（他在参加的所有比赛中赢下了75%的冠军，这对于任何一位经常面对世界级强手的选手来说，都是令人难以置信的超高决赛胜率），表明了其他的拼字选手也可能在比赛中达到这样的成就。在理查兹横空出世之前，人们都觉得，这世间不可能有人能取得如此非凡的成就，同时，理查兹的存在也迫使其他拼字选手想方设法提高自己的技能水平。

没有人知道理查兹到底为什么如此强大，他出了名的不希望在别人面前谈论自己的训练方法或策略，但部分原因在于，他显然比任何竞争对手都知道更多的词汇。其他的拼字选手在紧追不舍，要么记住大量的单词，要么采用其他方法抵消理查兹的这种优势。到我们写作这本书时，理查兹依然是这一领域中最杰出的人物，但随着时间的推移，他的同行一定会想出种种方法来与他抗衡，甚至超越他，那么，这一领域将向前推进，获得发展。

现实总是这种情况。那些有创造性的、不安分的、有进取心的人总是不满足于现状，他们寻找各种办法来向前推进，做一些别人没有做过的事情。一旦开拓者们展示了某件事情可以怎样做好，其他人便能学习那一技能，并跟着做。即使开拓者像理查兹那样，没有和大家分享那种特定的方法，但只要知道某件事情是可以做到的，也会驱使其他人去思考。

这些进展是由那些不断超越自己、着力思考哪些事情有可能的人创造的，而不是那些没有付出努力来超越自己的人创造的。简单地讲，在多数情况下，尤其是在那些得到了很好发展的领域或行业，我们必须依赖杰出人物的带动，才能不断前进。对我们所有人来说幸运的是，那正是他们做得最好的事情。

第 8 章

chapter8

怎样解释天生才华

每次我撰写关于刻意练习及专业特长的文章，或者就这些话题举行演说时，读者或观众总会问我，“那么，怎么来解释天生的才华呢?”

我在自己的文章及演讲中，总是传递着同一些基本的信息：**杰出人物通过年复一年的刻意练习，在漫长而艰苦的过程中一步一步改进，终于练就了他们杰出的能力。没有捷径可走。**有效的练习也许有许多类型，但最有效的只有刻意练习。刻意练习利用了人类大脑和身体创造新能力的这种天生的适应能力。这些能力很大程度上是在细致入微的心理表征的帮助下创造的，那些心理表征使得我们能够比其他方式有效得多地分析和响应我们面临的各种局面。

好了，有些人也许会说，我们都懂得这些。但即便如此，难道就没有哪些人真的不必如此努力地工作，依然能够比别人做得更好吗？同时，难道就没有哪些人天生就不具备某些方面的才华（比如说音乐、数学或体育），以至于不论他们多么刻苦训练，也永远掌握不了这些技能吗？

在所有关于人类天性的信念中，持续时间最久、也最根深蒂固的一种信念便是：在确定人们的能力时，天生的才华发挥着重要作用。这种信念认为，不论人们想成为杰出的运动员、音乐家、国际象棋棋手、作家，还是其他领域或行业中的杰出人物，如果他们生来具有这些方面的才能，就更容易实现自己的梦想。虽然他们依然需要花一定的时间来提高技能，但比起其他那些缺乏天生才华的人，他们需要的时间更短一些，而且最终能够攀登到更高的高度。

我对杰出人物的研究，指向了一种迥然不同的解释，涉及在某些领域或行业中，有的人为什么最终能够培养比别人更强的能力。实际上，刻意练习在其中发挥着主要作用。让我们将错误想法与现实分隔开来，探索在杰出能力的培养过程中才华与练习所发挥的交互作用。如我们将会看到的那样，天生的特征比许多人通常以为的，发挥的作用不但小得多，而且也有很大的不同。

破解“帕格尼尼奇迹”

尼科罗·帕格尼尼（Niccolò Paganini）是他那个时代最伟大的小提琴家，但即使对他本人来说，他的故事经过多年的口口相传，似乎也难以相信了。取决于人们听到的是哪个版本的故事，故事中的地点要么是一间挤满了听众的音乐厅，要么是户外的空间，在那里，帕格尼尼会在一位绅士的请求之下，给那位绅士的夫人演奏小夜曲。这些故事讲述的基本细节是相同的。

帕格尼尼演出时，观众（要么是数百位常去听音乐会的听众，要么只是一位无比幸运的女士）对其如痴如醉，完全沉浸在其中，但突然之间，小提琴的四根琴弦崩断了一根。在帕格尼尼生活的那个时候，也就是距今 200 年前，小提琴的琴弦是用绵羊肠子制成的，比当今的琴弦更有可能失去控制，而且，随着帕格尼尼的演奏慢慢接近曲子的高潮部分，劣质琴弦无法承受住他那有力的弹奏。观众怔住了，心想，这下糟了，这首曲子就这么突然结束了，但让他们感到欣慰的是，帕格尼尼并没有停下来，还在继续演奏。用三根琴弦演奏出来的曲子，并不比用四根琴弦演奏的曲子差。接下来，第二根琴弦也崩断了，帕格尼尼同样没有停下演奏。这一次，观众感到欣慰，但欣慰之中夹杂着狐疑。他们在想，他能只用两根琴弦继续演奏出美好的旋律吗？不过，帕格尼尼手指的敏捷度和灵活性超乎观众的想象，小提琴发出的声音没有受到丝毫影响。他用两根琴弦演奏出来的声音，比其他任何小提琴家用四根琴弦演奏出的声音都更美。

然后……你猜到了，第三根琴弦又断了。帕格尼尼还是镇定自若。他用小提琴上剩下的唯一一根琴弦演奏完了整首曲子，他的手指已经血肉模糊，而观众则看呆了。

父亲给我讲这个故事的时候，我大约 10 岁，当时我隐约觉得，如果帕格尼尼真的能像故事中描述的那么神奇，那一定拥有某种极其罕见的、甚至独一无二的、无法解释的能力。长大之后，我在研究刻意练习多年之后，依然记得父亲给我讲的故事，而我开始搜寻更多的细节，以便理解在当时的情况下，这么神奇的表演是怎么做到的。

◉ 一根弦演奏的秘密

你去了解帕格尼尼的生平故事时，首先不得不承认，他真的是一位划时代的杰出小提琴家。他发明了许多新的技巧，使自己能以前所未有的方式来演奏。他是一位喜欢以夸张表演征服观众的演奏家，醉心于做一些其他小提琴家做不到的事情，给观众留下深刻印象。但要理解我父亲讲的故事，关键是了解一篇古老的科学报告，我发现，这篇报告重复着由帕格尼尼自己讲述的一个老故事。故事是这样的：

200 多年前，帕格尼尼经常在意大利卢卡镇表演，当时的法国皇帝拿破仑·波拿巴经常和他的家人住在这个地方。一位女士常常前来观看帕格尼尼的表演，帕格尼尼有所察觉，渐渐地，两人坠入爱河，于是，帕格尼尼决定为她作一首曲子，在下一次音乐会上演奏。他把那首曲子取名为《爱的场面》(*Love Scene*)，曲调反映了两位爱人之间的交谈。帕格尼尼想出一个绝妙的办法来演奏：将小提琴中间的两根弦取掉，只要最上边和最下边的两根弦，即 E 弦和 G 弦来演奏，用 E 弦代表女子的声音，用 G 弦代表男子的声音。帕格尼尼这样来描绘男子与女子之间这种假想的对话："现在，这两人一定在相互斥责，过一会儿，他们又在叹气。他们一会儿悄声耳语，一会儿低声抱怨，一会儿欢呼雀跃，一会儿欣喜万分。两人最终达成和解，一块跳起了芭蕾双人舞，用欢快的终场曲结束。"

帕格尼尼的表演大获成功，音乐会结束后，他收到一个不同寻常的请求。波拿巴家族的公主把帕格尼尼捧上了天，她用最婉转的语气对他说："你能不能在一根弦上发挥你的天才呢？"显然，公主对声音相当敏感，用小提琴的全部四根琴弦演奏的曲子，对她的神经来说似乎太嘈杂了。帕格尼尼答应试试看，并将该曲子命名为《拿破仑》(*Napoleon*)，原因是拿破仑的生日马上就要到了。观众们同样对这首曲子十分欣赏，帕格尼尼也开始深深陶醉于一根琴弦的曲子的作曲，并且用只有一根琴弦的小提琴表演。

当然，由于帕格尼尼喜欢以夸张表演征服观众，随着他开始将单弦曲子引入到演奏曲目之中，他不只是简单地加以介绍，而是用小提琴演奏出来。在演奏的过程中，他用很大的气力一根接一根地挑断琴弦，直到最后只剩下G弦，才结束整首曲子的演奏。他在脑海中想象这些曲子，曲子的大部分用四根琴弦演奏，然后，一部分用三根弦演奏，一部分用两根弦演奏，到了最后一部分，只用G弦演奏。由于观众此前从来没有听过这些曲子（当然，那个时候，录音机和留声机还远远没有发明出来），因此，他们根本不知道这些声音听起来会是什么样子。他们只知道，那些是极其美妙的声音，在演奏一首曲子的情况下，帕格尼尼会拨断三根琴弦，最终只剩下一根弦来结束演奏。

帕格尼尼能够做出单弦演奏的小提琴曲，并且用单弦来完美地演奏这些曲子，绝不应小看。他是小提琴大师，而他独具的这种能力，在他那个时代，其他的小提琴家都望尘莫及。事实上，他的演奏并不是现场的听众认为的那么神奇，而是长期而细致的练习的结果。

人们相信天赋的力量，其中一个主要原因是天生的天才明显是存在的，也就是说，像帕格尼尼这样的人，似乎展示了一种与众不同的技能，这些技能，换作其他任何人，或者是练习得很少或根本没有练习的人，不可能拥有。如果那些天生才华确实存在的话，那么，一定有些人至少生来就拥有这些才华，这使得他们能够做其他人做不到的事情。

碰巧，我慢慢地养成了一个兴趣爱好，去调查研究关于那些天才的故事，而我有信心向大家报告，我从没找到有说服力的例子，证明任何人不经过高强度和广泛的练习，便能培养杰出的能力。我理解天才的基本方法，与我理解任何杰出人物的基本方法是一样的。我会提出两个简单的问题：这种能力的特点究竟是什么？以及，什么样的训练使那些能力成为可能？在为期三年的观察中我发现，任何一种能力都可以通过回答这两个问题来予以解释。

对我来说，原本可以花很长的篇幅来介绍许多得到人们认可的天才，但那并不是本书的目的。让我们只观察几个案例，以便通过刻意练习的透镜来观察时，那些看似神奇的能力能很快变得更可信。

破解“莫扎特传奇”

莫扎特出生 250 多年以后，依然被人们引用为无法解释的天才的终极例子。他能在如此小的年纪取得如此杰出的成就，似乎除了假设他天生就有某些杰出的才华之外，再没办法可以解释这种现象了。

通过查找历史记录，我们知道，莫扎特在很小的时候便能弹奏大键琴、古钢琴，演奏小提琴，给全欧洲的观众留下了深刻印象。从 6 岁开始，他的父亲便带着他和姐姐，用几年时间在欧洲巡回演出。他们到过慕尼黑、维也纳、布拉格、曼海姆、巴黎、伦敦、苏黎世以及许多其他城市，为当时的社会上流人士表演。当然，小莫扎特当时年纪太小，以至于坐在凳子上时，脚还够不着地，双手也只是勉强能够触摸到琴键，因此成为这些表演的一大看点。欧洲人从来没有见过这么小年纪就能演奏如此多种乐器的“神童”。因此，他在如此小的年纪就拥有这种能力，是不容争辩的事实。于是，我们一定会问，他是怎么训练的？我们能够解释他的这些杰出能力吗？

在 18 世纪，欧洲人从来没有对这么小的孩子进行过训练，让他能演奏小提琴和键盘乐器，但时至今日，我们已经见证了许多五六岁的孩子在采用了铃木教学法进行训练之后，能够出色地表演小提琴、弹奏钢琴。因此，从今天的视角看，莫扎特的成就似乎并不那么令人惊奇了。事实上，如今的视频网站上，有许多记录着 4 岁多的孩子拉小提琴和弹钢琴的视频，他们的水平甚至比成年人还高。然而，我们不能首先就想着，这些孩子生来就具有某些卓越的音乐才华。今天，我们见证了足够多的这种“天才”，也知道了这些孩子正是从两三岁时便开始高强度的训练，才培养并发展了他们出色的能力。

当然，莫扎特当时并不具备采用铃木教学法的优势，但他的父亲也和现代那些送孩子接受铃木教学法教学的家长一样，想尽一切办法来提升孩子的音乐才华。此外，如我在引言中提到的那样，莫扎特的父亲不但写了一本如何教年幼孩子学习音乐的书，并在莫扎特的姐姐身上测试了自己的理念，而且，他本人也是一位音乐教师，致力于从孩子很小的时候开始对其训练。莫扎特也许在 4 岁之前便开始了自己的训练。由我们知道的这些，便可以解释莫扎特怎么能在那么小的年纪，不用借助某种杰出的天赋培养如此杰出的音乐才华。

因此，我们可以把莫扎特的这种能力解释为早熟的音乐家。他作为一名儿童作曲家的才华，则是其传奇的另一个组成部分，不能仅仅用当代的那些小提琴奇才的平凡出身来解释了。根据许多传记，莫扎特 6 岁时开始作曲，8 岁时写出第一部交响曲，11 岁时写出一部宗教剧和几部键盘乐协奏曲，12 岁时创作了一部歌剧。

在这方面，莫扎特的天才到底是什么？他到底做了什么？我们回答过这个问题，接下来，我们将试图搞清楚他是怎么做到的。

“儿童作曲家”的秘密

首先值得一提的是，莫扎特的父亲对莫扎特进行的训练，与我们现在的音乐训练迥然不同。如今，铃木训练法的音乐教师侧重于音乐的某一个方面，比如在单一的乐器上演奏等，而莫扎特的父亲不仅教他演奏多种乐器，还让他欣赏和分析乐曲，并且作曲。因此，从莫扎特很小的时候开始，他父亲就在促使他提高作曲的技能。

不过，更重要的一点是，有的人声称莫扎特在 6 ~ 8 岁时就开始作曲，几乎可以肯定，这有些言过其实。我们首先知道，莫扎特早期所作的曲子，据说实际上是由他父亲一手写出来的。他父亲声称，自己只是整理了小莫扎特创作的曲子而已，但我们不可能知道，某首特定的曲子，到底有多少是莫扎特本人创作的，又有多少是他父亲创作的。别忘了，他父亲本身是一位作曲家，而且是一位不得志的音乐家和作曲家，从来没有获得过他想要的称赞与喝彩。如今，许多小学生的家长也过度地参与孩子的科学展览项目。如果说年轻莫扎特的作曲也像这些科学展览项目那样，很大程度上是由其父亲一手包办的，那我们可能一点儿都不会感到吃惊，特别是考虑到他的父亲放弃了自己当时的整个职业，一心一意只希望儿子大获成功，以便自己脸上有光。

鉴于我们对莫扎特在 11 岁时“创作”的那些钢琴协奏曲的了解，后面这种情况似乎更有可能。尽管许多年来，人们一直认为那些是原创的音乐作品，但音乐理论家们最终意识到，这些曲子全都是以别人所写的相对不太知名的奏鸣曲为基础的。如今，似乎更有可能的推测是：莫扎特的父亲把这些曲子作为创作练习布置给莫扎特来完成，以便让他熟悉钢琴协奏曲的结构，而且，这些曲子中，只有相当少部分是由莫扎特原创的。此外，证据显示，即使是根据其他人的作品再创作的那些曲子，莫扎特也从他的父亲那里获得了极大的帮助。我们真正可以确切认为是莫扎特创作的第一首曲子，是在他 15 岁或 16 岁时创作的，那个时候，他已经在父亲的指导下经过了十年的刻苦训练。

因此，我们没有可靠的证据证明莫扎特在 10 岁之前完全靠自己创作了任何具有重大意义的音乐作品，而有很好的理由相信，那时的他创作不了那些作品。当他明确地开始创作那些原创的、复杂的音乐作品时，已经练习了十年左右的时间。简单地讲，莫扎特是一位杰出的音乐家和作曲家，这的确不容置疑，但并没有证据来支持（而且有大量的证据反证）这一观点：他的杰出成就不能从刻苦训练的角度理解，因此必须归功于天生的才华。

◉ 家庭滑冰场

我发现，我曾深入研究的每一位神童，都具有同样的特点。一个现代的例子是加拿大冰球选手马里奥·拉缪（Mario Lemieux），人们一般认为，他是史上最杰出的冰球运动员。有许多关于马里奥年轻时的故事，比如说，他一到冰上，就像鱼儿游到了水中那么欢快；又比如，他刚开始学滑冰，就好像天生会滑似的，胜过那些已经滑了好多年的、比他年龄更大的孩子，等等。许多这样的故事，出自马里奥母亲的口中。反过来，这些故事使得人们断言，马里奥显然是生来就具备某种卓越天赋的绝好例子。

不过，稍稍“挖一挖”马里奥童年时代的故事，便会发现，他的情况与年幼的莫扎特情况十分相似。如我在第 7 章提到的那样，马里奥一家人都迷恋冰球，他是家里的第三个儿子。从他刚刚开始学会走路起，他的两个哥哥就开始教他打冰球和滑冰。三个人经常在地下室里用木制的球棍来模拟玩冰球，他们脱掉鞋子、穿着袜子在地下室里滑来滑去。后来，他们的父亲在家的前院建造了一个溜冰场，让他们练习冰球。父母还十分注重鼓励他们进行这样的练习，以至于把“冰”都延伸到家里来了，以便晚上的时候，孩子们不用由于外面太黑而影响练习。父母将外面的雪堆搬进家里，制成冰块，铺在前廊、餐厅、客厅等处的地板上，并且始终把家门打开，以便屋外的冷空气能够进到屋里，使冰不至于融化。于是，三兄弟可以在家里的各个房间滑来滑去，使得“家庭滑冰场”这个术语有了全新的含义。简单地讲，有证据表明，马里奥和莫扎特一样，经过了大量的刻苦训练，才被人们注意到他拥有“天生的”才华。

破解“天才跳高运动员的神迹”

在所谓的体育奇才中，也许最引人关注的最近的例子是跳高运动员唐纳德·托马斯（Donald Thomas）。大卫·艾伯斯坦（David Epstein）在一本名为《体育基因》（*The sports Gene*）的书中讲述了唐纳德·托马斯的故事，而且，由于这个故事太引人注目了，自那以后，一直被人们反复传诵。以下是唐纳德·托马斯的故事的基本细节。

唐纳德·托马斯出生在巴哈马群岛，在密苏里州林登伍德大学念书，而且是学校篮球队的一名队员。有一次，他跟一位朋友打篮球，那位朋友是校田径队的跳高选手。结果，那位朋友向他展示了令人惊讶的扣篮功夫。后来，两个人在学校餐厅里聊起来，友好地调侃一下对方。那位朋友对托马斯说了一些这样的话，“没错，你能扣篮，但我打赌，你跳高跳不过 2 米。”在大学，那样的高度已经非常不错了，特别是对于林登伍德大学低年级的运动员来说，的确是很好的成绩，不过，最优秀的大学生跳高运动员经常能够跳过 2.13 米。托马斯不服气，和朋友打起了赌。

两人来到大学的室内田径场，托马斯的朋友把跳高横杆放到 2 米的高度。托马斯穿着他打篮球的短裤和球鞋，轻松跳了过去。他的朋友又将横杆的高度抬高到 2.07 米，托马斯又跳过去了。然后，朋友把横杆径自抬高到 2.13 米，当托马斯再一次跳过去时，朋友激动得一把搂住他，然后把他带到了学校的田径教练面前。教练同意让托马斯加入学校田径队，并参加两天之后在东伊利诺伊大学举办的田径比赛中的跳高项目。在那次比赛中，托马斯依然脚穿篮球鞋，以大约 2.22 米的成绩摘得跳高项目的冠军，创下了东伊利诺伊大学的纪录。两个月后，托马斯代表巴哈马参加了在澳大利亚墨尔本举行的英联邦运动会，以 2.23 米的成绩取得第四名。后来，他转学到奥本大学，代表学校的田径队参赛比赛，仅仅在跳高天才被发现一年以后，他就在日本大阪的世界田径锦标赛上以接近 2.35 米的成绩夺得冠军。

艾伯斯坦在书中神化了托马斯的成就，将他与瑞典的斯特凡·霍尔姆（Stefan Holm）进行了对比。这位瑞典选手从孩提时代开始，就在跳高这个项目上接受了严格的训练，有记录可查的训练时间越过 2 万个小时。然而在 2007 年的日本大阪田径世锦赛上，托马斯战胜了霍尔姆。艾伯斯坦估计，托马斯只练习了几百个小时。

类似这样的故事，显然有它迷人的地方，在其中，某个人似乎“横空出世”，在某一领域和行业取得辉煌的成就，成为某种天才选手。今天，由于“1 万小时法则”已经广为人知，因此，类似这些故事通常用来作为证明该法则错误的“证据”。托马斯或者其他人向我们表明，只要你生来就具备正确的基因，即使不用练得太多，事实上也可能成为世界上最优秀的人。

我懂了。人们希望人生中有这样的奇迹，并非所有的一切都要遵循现实世界中那些古板的、令人厌倦的法则。有人生来就有某些不可思议的超强能力，不需要刻苦的训练或者严谨的提高，就能世界一流，难道还有什么比这更神奇吗？我们的整个漫画产业，就是建立在这个前提的基础上的。漫画书中常有的情节是：有时，一些神奇的事情发生了，主人公一夜之间就获得了不可思议的强大力量。你可能不知道，你实际上是在氪星出生的，生下来就会飞。或者，你被一只有辐射的蜘蛛咬过一口，便能飞檐走壁了。或者，你曾暴露在宇宙射线之中，现在，你可以随时隐身了。

但对杰出人物进行的数十年研究让我确信，这样的奇迹并不存在。通过我前面提到的两个问题（什么是天才？什么样的训练可以造就天才？）来观察某些杰出人物的例子，你可以揭开天才神秘的面纱，了解到天才的真实情况。

“第一次就跳过 2 米”的秘密

想一想托马斯的故事。事实上，我们除了知道他来自哪个国度之外，对他的背景知之甚少，甚至一无所知。如果只是掌握了这些信息，是非常有限的，因此，我们难以准确地追踪他可能进行过什么样的训练。但我们确实也知道一些。

首先，托马斯自己曾告诉过记者，他至少曾参加过一次高中校内运动会的跳高比赛，而且跳了“大约 1.89 ~ 1.95 米，不值得一提”。因此，我们知道，他以前至少参加过跳高比赛。而如果他在自己的高中田径队中参加比赛，几乎可以肯定，他接受过一些训练。其次，托马斯说过，跳出这样的高度，“不值得一提”，实际上稍稍有点谦虚。在高中，1.95 米的成绩尽管算不上非常出色，但也是好成绩了。

当然，也有可能托马斯在高中时期没有受过任何的训练，而且只参加过一次比赛，并且在没有训练的前提下跳过了 1.95 米的高度，就好比他在大学里，未经训练便跳过了 2.13 米那样。这种假设的问题在于，我们真的看到过托马斯第一次参加大学运动会时跳高的照片，他运用的跳高技术绝不是从来没有接受过训练的人能运用的技术。

托马斯明显在运用背越式跳高技术（the Fosbury Flop），这种技术在 20 世纪 60 年代后兴起，以美国跳高选手迪克·福斯贝里（Dick Fosbury）的名字命名。该技术以一种极度违反直觉的方式越过横杆：在到达横杆之前，先曲线助跑，等你跑到横杆面前时，你的背部恰好面对着横杆，然后你起跳，在横杆的上方使背部弓起来，等臀部已越过横杆的最后一刻把双脚抬起来，以避免将横杆打下来。运用这种技术来跳高，仅仅在双腿上产生大量的弹跳力还不够，你还得使用正确的方法。如果不经过长期训练，人们不可能有效地掌握这种技术。因此，尽管我们不知道托马斯那天在朋友面前跳出 2 米多的高度之前到底是怎样训练的，但可以确定，他花了许多时间来学习那种技术，以至于能够轻轻松松地跳过 1.89 米或 1.95 米。

我们知道的第二件事是，托马斯在扣篮的时候，有着惊人的弹跳力。我们掌握了一些他在扣篮时的视频，可以看出，他从距离篮筐近 4.6 米的罚球线处开始起跳，飞过好几个人，再把球扣进篮筐。同样，尽管我们不清楚他在扣篮上花了多长时间来练习，但可以确定，他经过刻苦训练之后，才练就了如此惊人的弹跳力。扣篮显然是托马斯引以为豪的事情，所以，如果他没有刻苦地练习过扣篮，就显得有些说不通了。因此，尽管这是一个间接的原因，但似乎很明显，他在勤奋地练习扣篮时，也提高了跳高的能力。而且，在扣篮时采用的那种跳跃方法（包括短距离助跑，然后单脚起跳），与跳高时采用的跳跃方法极其相似。托马斯在训练自己的扣篮技能的同时，也训练了跳高的技能。一项于 2011 年开展的研究表明，在技术熟练的跳高选手中，人们单腿跳的能力与他们跳高的高度密切相关。

值得指出的是，托马斯身高 1.88 米，那对于跳高这个项目来讲，即使不是最理想，也是非常好的身高。如我此前提到的那样，我们知道，影响人们体育成绩的两个特定的基因因素是身高和身材。托马斯在 2007 年大阪世锦赛上战胜的瑞典跳高选手斯特凡・霍尔姆的身高只有 1.80 米，这对于跳高选手来说是很矮的。为了弥补这一缺陷，霍尔姆的训练格外刻苦。托马斯在跳高方面占据了基因上的优势，就是他有一个好身材。

因此，当你把所有这些都综合起来考虑，托马斯的突出成就看起来不再如此神奇了，只是令人印象深刻，但不再是奇迹。几乎可以肯定，托马斯过去一定训练过跳高，至少训练到能够很好运用背跃式方法的地步了，而且，他在练习扣篮的过程中，提高了自己单腿起跳的能力。这是一种不同寻常的训练跳高的方式，但在托马斯身上，至少是有效的。

我们还有另一些证据。到 2015 年时，托马斯已经在跳高这个项目上活跃了 9 年时间。他聘请的教练，知道如何最大限度地发挥运动员的潜能。如果他真的在 2006 年时纯粹靠自己的潜能，没有进行过任何训练就表现得如此优异，以至于后来拿到世界冠军，那么，我们应当看到，严格接受训练之后，他的成绩会突飞猛进。事实上，在托马斯的潜能被发现后大约 1 年时间，人们都在预言，他的天生才华意味着他有朝一日定能打破 2.45 米的世界纪录。遗憾的是，他从来没有接近过那个成绩。他个人的最好成绩是 2007 年大阪世锦赛上的 2.35 米。自此之后，托马斯有几次接近该成绩，但从来没有再达到过。2014 年，他在英联邦运动会上跳出了 2.21 米的成绩，比 2006 年英联邦运动会上的成绩差一些。也正是在 2006 年的运动会上，他一举成名。

从这一点可以得出的最明显的结论是，托马斯 2006 年在大学里参加比赛时，已经得到过大量的训练，既训练了跳高，又训练了扣篮，因此，难以再通过进一步的训练来实现较大的突破。如果他真的从来没有训练过，应当不会有如此大的进步。

破解“自闭症奇才”

除了莫扎特和唐纳德·托马斯之类明显的奇才，还有另一些人，人们通常认为他们具有杰出的能力，表现得近乎神奇。他们是具有学者症候群的人，也被称为自闭症奇才。这些自闭症奇才的能力通常在非常特定的领域或行业中出现。有的人演奏某种乐器，往往记得住几千首不同的乐曲，有时候甚至刚听一遍新的乐曲，便马上能演奏出来。另一些人从事绘画、雕刻或其他类型的艺术活动，常常创作出令人叹为观止的作品。有些人擅长算术计算，比如用心算来计算两个大数字的乘积。还有些人擅长日历计算，例如，能够准确地说出 2577 年 10 月 12 日是星期几（星期日）。这些能力之所以格外引人关注，是因为大多数自闭症奇才通常在其他方面面临着心理上这样或那样的困难。有的人在智商测试时得分极低，另一些人则患有严重的自闭症，几乎无法与他人交流。因此，这种在某一方面具有突出能力，却在其他方面难以和正常人相比的现象，使得学者症候群十分引人关注，同时，这也使得我们认为，自闭症奇才们的这些杰出能力一定是没有经过正常的训练而造就的。

要深入了解这些能力，最好的方法还是首先准确地理解它们是什么，然后再寻找可以解释它们的训练方法。科学家对此已经开展了研究，结果表明，自闭症奇才并不是某种神奇才能的接受者，相反，他们和其他任何人一样，是通过训练来练就那些本领的。

伦敦国王学院的两位研究人员弗朗西斯卡·哈佩（Francesca Happé）和佩德罗·维塔尔（Pedro Vital）对比了两种患有自闭症的孩子，一种是培养了自闭症奇才这种杰出能力的自闭症孩子，另一种是没有培养这种能力的自闭症孩子。他们发现，自闭症奇才更有可能比不具备奇才的普通自闭症孩子更加注重细节，而且更倾向于反复的行为。当某件事情引起了自闭症奇才的注意时，他们将把注意力全都集中在那件事上面，抛开周围的一切，沉浸在他们自己的世界之中。这些特殊的自闭症患者，更有可能着了魔似的练习一首曲子，或者记住一系列的电话号码，因此，更有可能在那些方面培养和发展技能，这和另外那些专心从事有目的的练习或刻意练习的人所采用的方式一样。

“日历计算天才”的秘密

这方面最好的一个例子是唐尼（Donny），他是一位培养了特殊才能的自闭症患者，他的技能是：在测试过的所有人之中，能够最快、最准确地计算日历。只要你对他说出一个日子，他能在一秒钟之内说出那个日子是星期几，而且几乎不会说错。荷兰格罗宁根大学的马克·西奥科斯（Marc Thioux）曾在好几年时间里研究唐尼，这些研究成果为我们观察自闭症奇才的思维提供了前所未有的机会。

西奥科斯说，唐尼对日子上了瘾。他只要一碰到别人，第一件事是问对方什么时候过生日。他总在不停地思考日子，并反复对自己念有关的日子。他记住了可能出现的所有 14 种年度日历，也就是说，七种正常年度的日历（当年的 1 月 1 日分别为星期一、星期二、星期三、星期四、星期五、星期六、星期日）以及相对应的闰年日历，同时，他还想出了一些方法来迅速地计算任何一个特定的年度应当属于那 14 种年度日历中的哪一种。当人们问唐尼某个特定的日子会是星期几时，他首先重点关注那个年度，以搞懂该运用 14 种年度日历中的哪一种，然后再引用心理日历来确定那个日子是星期几。简单地讲，唐尼拥有的这项高度发展的技能，是他多年潜心学习的结果，而不是奇迹般的天生才华的信号。

在 20 世纪 60 年代末，一位名叫巴内特·艾迪斯（Barnett Addis）的心理学家开始进行一项研究，以观察他是否能在智力正常的人中培养出那些自闭症奇才拥有的日历计算的能力。特别是，他一直在研究一对双胞胎兄弟如何展示他们在计算日历方面的超常能力。这对双胞胎兄弟，每人的智商都在 60 ~ 70 之间，能在平均 6 秒钟的时间内计算出直到公元 132470 年的任何一个日子是星期几。艾迪斯发现，这对双胞胎采用的计算方法似乎是：首先找到 1600 ~ 2000 年中相当的年份，然后把相应的世纪、年度、月份以及月份中的某一天相对应的数字加起来。了解了这些之后，艾迪斯开始运用同样的方法训练一位研究生，以观察这种方法能否管用。通过短短六节训练课，那位研究生就能够像双胞胎中任何一位那样快速地计算日历了。最有意思的是，取决于需要处理的数据的量，研究生花了不同的时间来计算星期几。他的响应时间的规律与双胞胎中最优秀的那个人的规律相一致，这让艾迪斯意识到，双胞胎兄弟实际上通过与研究生类似的认知过程来得到他们的答案。

这里的经验在于，关于唐尼的计算日历的能力，显然没有任何神奇的地方，或者说，其他任何自闭症奇才也没有神奇之处。唐尼通过多年来反复计算和思考日子，练就了自己的能力，以至于掌握了 14 种不同日历中的任何一种，这和你或我知道我们自己的电话号码差不多，而且，他想出了自己的办法来确定哪一年该使用哪一种日历。至于他是怎么想出办法来确定的，研究人员依然没有完全搞清楚。唐尼能做的事情，换成一位有动机参加心理学实验的大学生，也能做到。

到目前为止，我们还不清楚到底其他的自闭症奇才是怎样做的，以及他们怎样练就独特的技能。有的自闭症奇才通常难以和别人沟通，或者难以回答别人就他们采用的方法所提出的问题，但正如我在 1988 年的一篇评论中注意到的那样，科学家对自闭症奇才的超常能力的研究表明，这些能力主要是后天获取的技能。这反过来意味着，自闭症奇才培养和提高那些能力时采用的方式，与其他杰出人物采用的方式非常相似。那就是说，他们训练时的方式，调用了大脑的适应能力，这反过来改变了其大脑结构，使他们培养了杰出的能力。最近一些对自闭症奇才开展的案例研究，也与上述观点相一致。

“缺乏”天生才华的人

我原本可以继续进行更多对神童和自闭症奇才的分析，但分析来分析去，结果差不多都一样。最起码，每次你密切地观察那样的示例都会发现，杰出能力是大量的练习与培训的结果。神童和自闭症奇才并没有给我们任何理由相信，有些人一生下来就具有某个行业或领域的天生能力。

但与神童相对的人，情况又怎样呢？那些看起来在任何行业或领域之中都不具备天生才能的人，情况又怎样？在个人的层面上，这是一个非常难以解答的问题，因为我们难以准确地判断为什么某个特定的人不能取得某种成就。他是不够努力、缺乏适当的教育，还是缺乏“天生的才华”？这些信息，你不可能总是知道，但你可以考虑下面这些案例。

音盲

在所有的美国人中，大约有 1/6 的人认为他们不能唱歌。他们把握不准音调。如果你给他们一个网球拍，他们无法用球拍来弹出一个调子。一般来讲，这些人对自己唱不好歌，往往不满意。如果你和音乐老师或者研究不会唱歌的人的研究人员交谈，他们会告诉你，这些人知道自己在音乐上面临困难，希望自己能够有所改变。最起码，这些人希望能在唱《生日快乐歌》的时候，不至于把别人吓着，甚至还梦想着到卡拉 OK 歌厅里唱几首，并且用自己的歌声博得满堂喝彩。

但是，有些人总是确信自己唱不了歌。研究人员围绕这个问题进行过一些采访，结果发现，这种说法通常是某些权威人物告诉他们的，比如说父亲或母亲、哥哥或姐姐、音乐老师，或者是他们喜欢的某位同伴对他们说，他们唱不了歌，而且，通常会在某个特定的时刻（痛苦的时刻）这样告诉他们，让他们至今依然记忆犹新。

大多数时候，身边的那些亲人、老师或者同伴告诉他们，他们是“音盲”。所以，他们相信自己生来就不会唱歌，因而放弃了。

现在，音盲这个术语实际上有着非常特别的意义：它意味着你不能分辨两种不同音调之间的差别。例如，如果某人在钢琴上弹出了 C 调，然后又弹出 D 调，音盲者分辨不出两者的差别。当然，如果你分辨不出音调，一定不可能唱得准调子，因为歌曲的调子是由一系列音调串在一起的。这就好比，当你无法分辨红色、黄色和蓝色时，还试着去勾画日落的景象，当然只能是白费功夫。

有的人事实上天生就是音盲。医学上的术语称为“先天性失歌症”（congenital amusia），但问题是，这种症状极其罕见。有一次，一位患有这种症状的女性在一家重要的科学杂志发表了一篇文章。该女性并没有明显的脑部损伤或缺陷，且拥有正常的听力和智商，但她就是无法分辨出自己已经听过的旋律与从来没有听过的简单旋律之间的差别。很有意思的是，她还难以区分不同的音乐节奏。这位女性，不论她多么努力，永远也无法把握好音调。

但大多数人并不是这种情况。那些认为自己不会唱歌的人们必须克服的一个重要障碍是：他们相信自己真的不能唱歌。许多研究人员专门研究过这个问题，结果发现，并没有证据表明许多人生来就没有唱歌的才华。事实上，在有些文化之中，比如，在尼日利亚的一个部落，部落希望每个人都能唱歌，也有人教大家唱歌，而且，事实上每个人都能唱歌。在美国的文化中，大多数不会唱歌的人不能唱歌，原因只是他们从来没有练习过，没有想办法去提高自己唱歌的技艺。

◉ 不擅长数学

同样的这种现象，有没有可能发生在诸如数学等一些学科中呢？数学这门学科，也许是最多人认为自己并不擅长的学科。大部分的学生，尤其是美国的学生，在读完高中之后都确定，自己除了计算简单的加减乘法之外，再没有任何天赋来解答数学题。但许多成功的例子表明，如果以正确的方式教授，任何一个孩子都可以很好地学习数学。

在这些成功的例子中，最有意思的是加拿大数学家约翰·米顿（John Mighton）开发的一门名为“跳跃数学”的课程。该课程运用了刻意练习中同样的那些基本原则：将学习分为一系列良好规定的技能，设计一些练习来以正确的次序教那些技能，并且运用反馈来监测进步。根据已经使用了该课程的教师的反馈，这种方法使他们基本上能够教所有学生相关的数学技能，而且没有哪位学生落后于人。

在安大略省举行的一次随机控制的实验，对“跳跃数学”的课程进行了评估，该实验的对象包括29位教师和近300名五年级学生，这些学生在上了五个月“跳跃数学”的课程后，在理解数学概念这方面的进步，比那些接受标准课程教育的学生高出两倍多。遗憾的是，这次实验的结果并没有在同行评审的科学杂志中发表，因此难以客观地判断它们，而我们需要观察其他学区在推行这一课程时的结果，才能完全地信任它们。但是，研究的结果与我在众多的领域和行业中观察到的结果相一致，不仅包括唱歌和数学，还包括写作、绘画、网球、高尔夫球、园艺，以及一系列比赛（如拼字大赛和填字游戏等）：人们停止学习和进步的脚步，并不是因为他们达到了某种天生的极限，而是因为他们停止了训练，或者不论出于什么原因，从来没有开始过训练。没有证据表明，任何在其他方面正常的人，生来就不具备唱歌、解数学题或拥有其他任何技能的才能。

训练VS“天才”

回想一下当你还是个孩子，刚刚学会弹钢琴、投篮或画画时的情景。或者也可以想一想，当你稍稍取得了一点儿小进步时是什么感觉。比如，你踢了半年的足球，开始觉得有点意思了；或者，你一年前加入了一个国际象棋俱乐部，终于搞懂游戏的基本规则了；或者，你已经弄明白了加法、减法和乘法，然后你的老师给你一个长除法去做。在所有这些例子中，当你环顾周围的人时，你会注意到，你的一些朋友、同学或同伴比其他人做得更优秀些。大家的表现不会总是处在同一水平线上。不同的人在理解某件事情方面有多快，总是有着明显的差别。有些人似乎更容易学会演奏某种乐器，有的人看起来就像是天生的运动员，有些人似乎就是更擅长与数字打交道。如此种种。

由于我们在新手中发现了这些差别，便会自然而然地推测这些差别将会一直保持下去。也就是说，那些在刚开始接触某件事情时表现优异的人，后来依然会继续那么优异，在这件事情上似乎信手拈来、游刃有余。我们设想，这些幸运儿具有天生的才华，使得他们在学习过程中不那么困难，并指引着他们迈向卓越。这是可以理解的：我们许多人在观察了某个过程刚开始时的情景后，便会得出结论，认定该过程接下来的部分也会与刚开始时相类似。

但这是错误的。只要我们观察整个旅程，也就是人们从新手一步一步成为杰出人物的这整个过程，就会对人们怎样学习和进步，以及达到卓越水平需要做些什么等，形成不同的理解。也许最好的例子来自国际象棋。在大众眼里，某位国际象棋棋手的棋艺高超，与他丰富的逻辑和卓越的智力紧密相关。如果一位作家或编剧在他的作品中想塑造一个格外聪明的角色，可以构建这样一个场景：该角色端坐在棋盘前，稍稍下点儿功夫，便将对手在棋盘上“将死”。甚至更令人印象深刻一些的场景是：这位天才偶然碰到两个人在下国际象棋，瞟了棋盘一眼之后，便指出了哪位棋手怎样来赢棋。

太多的时候，国际象棋棋手就像一位不走寻常路的顶级聪明的侦探，或者像一位同样奇特而且几乎同样聪明的罪犯头目，或者两者都像。因此两人在棋盘上先过过招，说一些连珠妙语。有时候，正如2011年的电影《大侦探福尔摩斯2：诡影游戏》(*Sherlock Holmes: A Game of Shadows*)中的高潮场面那样，到最后，夏洛克·福尔摩斯和莫里亚蒂教授根本不管棋盘了，而是快速地说出他们的招法，就好像两位拳击选手在台上声东击西迷惑对方，并且快速出拳猛击对方，直到给对方结结实实的一记重拳。

不论那些场景是怎样的，传递出来的信息都是相同的：国际象棋的水平高超，意味着他具有高深的智慧，只有少数一些幸运儿才天生就拥有这样的智慧。反过来也是一样，要下好国际象棋，需要一个聪明的大脑。

如果研究那些刚刚学会下国际象棋的孩子的能力，你会发现，智商更高的孩子实际上比智商一般的孩子能够更加迅速地提高棋艺。但那只是故事的开始，只有等到故事结束，你才能看清真相。

◉ 智商与棋艺有关系吗

多年来，许多研究人员研究过智商与国际象棋棋艺之间的关联。人称“智力测验之父”、曾开发第一种智力测验的阿尔弗雷德·比奈（Alfred Binet），在19世纪80年代时曾做过类似的研究，可谓这一领域最早的研究之一。比奈研究国际象棋棋手，主要是试图了解棋手在下蒙眼棋时，到底需要哪种类型的记忆。他把自己开发的智力测验当成一种辨别学生在校表现的方法，事实上，也就是通过智力测验来观察学生在学业上的成功与否，因为这种测验与学业成就紧密相关。

但自从比奈之后，许多研究人员坚称，智力测验中涉及的一般能力实际上与任何领域或行业中的成功有关，比如音乐和国际象棋。因此，这些研究人员认为，智力测验测量了某种一般的天生智力。不过，另一些人持反对意见，坚称不能把智商看成天生的智力，它只是智力测验的结果而已，可能包括诸如掌握了相对罕见的词汇、获得解答数学题的技能等。

我并没有深入研究这些争论，我只会说，最好不要把智商与天生的智力等同起来，但是要坚持这些事实，并且把智商看作通过智力测验来测量的某些认知因素，用来预测某些事情，比如学业的成功等。

自20世纪70年代以来，越来越多的研究人员跟随比奈的脚步，试图了解国际象棋棋手怎样思考，以及是什么让棋手变为杰出的大师级人物。这些研究中，最具启发的一项由三位英国籍研究人员在2006年开展，他们是来自牛津大学的梅里·比拉里克（Merim Bilalić）、彼得·麦克劳德（Peter McLeod）和来自布鲁内尔大学的弗尔南德·戈贝特（Fernand Gobet）。

出于我们马上便会阐述的理由，三位研究人员选择的研究对象并不是国际象棋特级大师，而是一些学习国际象棋的在校学生。他们从中小学的国际象棋俱乐部中招募了 57 个孩子，年龄为 9 ~ 13 岁，平均每人接触国际象棋的时间大约为 4 年。有些孩子已经是相当优秀的棋手了，优秀到足以在国际象棋比赛中轻松击败一般的成年棋手，但有些却并非如此优秀。57 个孩子中，有 44 个是男孩。

比拉里克等人研究的目的是观察智商在国际象棋棋手的棋艺进步方面发挥怎样的作用（如果说有作用的话）。许多心理学家已经研究过这个问题，而且，正如梅里等三位研究人员在报纸上发表的结果报告中指出的那样，这个问题一直没有得到解答。

例如，有的研究发现，智商和国际象棋的棋艺之间存在关系，而且，通过测验测量得出的视觉空间能力与国际象棋的棋艺也存在关系。不论是哪种情况，似乎都不是特别令人吃惊，因为我们一般认为，国际象棋需要高于常人的智商，而视觉空间能力看起来对国际象棋格外重要，因为棋手们在研究可采用的战术时，必须能够想象棋子的位置以及自己的招法。但比拉里克等人的研究以年轻的国际象棋棋手为对象，虽然他们发现，这些年轻棋手确实在智商分数上高于常人，但智商与某位特定棋手的棋艺之间并不存在明显的关系。

相反，在成年人中开展的一些研究通常发现，在视觉空间能力方面，成年的国际象棋棋手并不会比非国际象棋棋手的正常成年人突出。研究还表明，棋艺高超的成年国际象棋棋手，甚至是特级大师，其智商也不会比受过同等教育的其他成年人更高。棋艺高超的国际象棋棋手的智商，与他们的国际象棋等级分之间同样不存在任何关联。在研究成果中，令我们这些看着擅长下国际象棋的虚拟角色长大的人稍稍感到有些奇怪的是，所有证据都表明，在成年人之中，智商的高低与国际象棋棋艺的高低之间并不存在关联。

甚至更加奇怪的现象出现在围棋中，这种棋类运动通常被认为是国际象棋的亚洲版本。它由两位棋手对弈，一方执白，一方执黑，双方轮流下子。围棋的棋盘由纵横各 19 条线组成。19 × 19 形成了 361 个交叉点。下围棋的目标是包围和吃住对手的棋子，赢棋的一方是在棋局结束时控制了棋盘上更大范围的一方。

尽管在围棋中只有一类棋子，也只有一种走法（把棋子走在交叉点上），但这种棋实际上比国际象棋更为复杂，因为它可能形成的不同棋局，远比国际象棋可能形成的不同棋局多得多。实际上，事实已经证明，开发高质量的围棋软件比开发高质量的国际象棋软件，挑战大得多。最优秀的国际象棋电脑软件经常能够战胜国际象棋特级大师，但围棋软件则不同，至少到 2015 年时，还没有哪种围棋软件可以与一流的围棋选手相提并论。⊖

因此，你可能假设，围棋高手的智商一定更高些，或者，也许他们拥有突出的视觉空间技能，但你又错了。最近对围棋高手的研究表明，他们的平均智商实际上还低于普通人。有两项针对韩国围棋高手开展的单独研究发现，围棋高手的平均智商为 93，而控制组中的非围棋棋手的普通韩国人（年龄与性别都和围棋棋手相同），平均智商在 100 左右。尽管两项研究中的围棋高手数目少一些，使其低于常人的智商可能也只是统计上的偶然，但显然，围棋高手在智力测验上的分数并不会比普通人的分数高。

⊖ 2016 年 3 月，谷歌旗下 DeepMind 公司开发的围棋人工智能程序 AlphaGo 对战世界围棋冠军、职业九段选手李世石，并以 4 : 1 的总比分获胜。——编者注

◉ 训练时间比智商更重要

对照这一背景，比拉里克等三位英国研究人员开始解决关于国际象棋棋手的相互冲突的结果。智商更高的话（也就是说，智力测验的分数更高），会不会帮助人们提高国际象棋的棋艺？研究人员计划开展一项研究，同时着重考虑智商和训练时间。较早的研究只观察了其中的某一个因素，并没有将两个因素同时加以考虑。

比拉里克和他的同事开始尽可能多地了解那57位年轻的国际象棋棋手。研究人员测量了棋手们方方面面的智力，不仅包括他们的智商和空间智力，还包括他们的记忆力、语言智力和处理速度。另外，研究人员会询问这些孩子，他们什么时候开始学下棋、累计花了多长时间来练习。研究人员还要求孩子们每天都写练习日志，持续约半年时间，在日志中记下每天练习的时间。

这项研究的一个不足之处是，大部分的这种"练习"时间，实际上是他们与俱乐部的其他棋手进行对抗，而不是单独练习，而且，研究人员并未区分这两种类型的练习。尽管如此，测量的结果依然合理地估计了每个孩子付出多大的努力来提高他的棋艺。

最后，研究人员还采用两种方法来评估孩子们的棋艺水平，一是给孩子们发放一些国际象棋的问题，要求他们解答，二是简单地向孩子们出示一些正在进行中的棋局，要他们从记忆中重新构建棋盘上的子力位置。少数一些孩子经常参与比赛，在这种情况下，研究人员还考虑了他们的等级分。

当研究人员分析获得的所有数据时，得出的结果和其他研究人员已见证过的结果相类似。孩子们已进行的国际象棋练习，是解释他们棋艺高低的最大因素：练习得越多，他们在棋艺的各项测量指标上的得分也越高，两者之间存在相互关联。智商因素在影响他们的棋艺方面虽然作用较小，但依然显著：智商越高，棋艺也越高，两者之间相互关联。令人惊讶的是，视觉空间方面的智力并不是最重要的因素，记忆力和处理速度则重要得多。观察所有这些证据，研究人员推断，在这一年龄阶段的孩子们中，尽管天生智力（或者说智商）依然在棋艺上发挥着作用，但练习是关键的因素。

不过，当研究人员只观察这群孩子中的“精英”棋手时，情况发生了戏剧性的变化。这些“精英”棋手包括23个孩子，全都是男孩，他们经常参加当地的、全国的、有时甚至是国际级别的比赛。他们的国际象棋平均等级分为1603分，最高的为1835分，最低的为1390分。简单讲，这些孩子已经十分擅长国际象棋了。对于参加国际象棋比赛的任何一位棋手来讲，无论是儿童还是成年人，平均等级分约为1500分，意味着在这群“精英”棋手之中，大多数孩子都高于那一平均水平，甚至是最差的棋手，也可以不太费力地“将死”一名具有一定棋力的成年棋手。

在这23个孩子中，练习的量依然是决定他们棋艺的重要因素，但智力并没有发挥显著的作用。尽管这群精英棋手的平均智商高于57名棋手的平均智商，但总体来讲，他们之中智商稍低一些的人的棋艺，反而比其中智商稍高一些的人更高超一些。

信息量太大了吧？暂时歇一歇，消化一下刚刚的那些信息：在这群年幼的、棋艺高超的国际象棋棋手之中，智商更高的棋手不但不再有优势，反而似乎还稍稍不利一些。研究人员发现，其原因在于，智商较低的精英棋手往往练习得更多一些，这使得他们的棋艺得到了精进，从而比同是精英棋手的智商稍高一些的人棋艺略高一些。

这项研究十分有助于解释早期的研究之间的相互冲突，那些研究发现，在年幼棋手之间，智商的高低与棋艺的高低相关联，但在已成年的参加比赛的棋手，以及大师和特级大师之间，则不是这种情况。这一解释对我们十分重要，因为它不仅适用于国际象棋棋手棋艺的精进，而且适用于任何一项技能的发展与提高。

当孩子刚刚开始学习国际象棋时，他们的智商（也就是在智力测验中的表现）在他们可以多快地学习下棋并达到一定的棋力方面发挥着作用。智力测验分数较高的孩子，通常觉得更容易学会和记住国际象棋的规则，并构思和执行相应的战术；所有这些，使得他们在学下棋的早期阶段占据了优势，那时，他们可以把抽象思维直接应用到棋盘之上。这类学习，与学校中的学习并没有什么差别，而比奈研发智力测验，最初针对的测验对象也是在校学生。

但我们知道，随着孩子（或成年人）学习下国际象棋，他们也创建了一系列的心理表征（基本上是一些心理捷径），使得他们既能很好地记住棋盘上的棋子，又能快速地把注意力集中在特定棋局中的合适招法上。这些优质的心理表征，很可能使他们能够更加迅速而有效地下棋。如今，当他们看到某一特定的棋局时，不用再去仔细地思考采取怎样的攻势，或者去思考可以怎样攻击对方了；相反，他们识别了一种模式，知道哪些招法最有力，而对方的应招可能是什么。不久之后，他们就不得不运用短时记忆和分析技能来想象，如果他们下这步棋，则对手下那步棋，诸如此类，棋局会发生怎样的变化。他们还会努力记住棋盘上所有棋子的位置。他们很好地理解了某个特定的局部将会怎样发展下去，并运用逻辑思考能力来处理自己的心理表征，而不只是处理棋盘上单个的棋子。

有了足够的单独练习，棋手们在下棋时的心理表征就变得十分有益和强大，以至于区分两位棋手的最重要因素不再是他们的智商（包括他们的视觉空间能力，或者甚至是记忆力或处理速度），而是心理表征的质量与数量，以及他们可以多么有效地运用这些表征。由于这些心理表征是专门为分析棋局形势以及想出最佳招法而创建的，因此，对下棋而言，心理表征的作用远比简单地运用棋手的记忆力和逻辑，并且将棋盘上的棋子作为单个的、相互之间有联系的物体来分析，有效得多。

有了足够的单独练习，区分两位棋手的最重要因素不再是他们的智商，而是心理表征的质量与数量，以及他们可以多么有效地运用这些表征。

还记得吧，心理表征往往是通过数千个小时对特级大师棋局的研究创建起来的。因此，等到棋手练成了特级大师，或者是一位小有成就的12岁棋手，通过智力测验而测量的能力远远不如他通过练习而创建的心理表征那么重要。我认为，这解释了为什么我们在观察有成就的棋手时，看不到智商与棋艺之间有什么联系。

当然，智力测验测量的能力，在早期似乎确实发挥着作用，而且，一开始学下棋时，智商更高的孩子似乎棋力也更胜一筹。但比拉里克和他的同事发现，在那些参加比赛的孩子中（也就是说，他们经常为参加比赛而专注练习，以至于水平比他们学校的国际象棋俱乐部的成员们更高一些），往往有一种趋势：智商较低的孩子，练习得更刻苦一些。

我们不知道为什么，但可以推测：所有这些精英棋手都致力于学好国际象棋，但在刚开始接触时，智商较高的孩子在某种程度上更容易提高他们的棋艺。另一些人为了努力赶上智商高于他们的同伴，练得更刻苦一些，并且养成了比同伴练得更多的习惯。由于他们如此刻苦地练习，他们的棋艺实际上已经超过了那些智商高于他们的同伴了。而智商较高的孩子，最初并没有感受到这种要去努力追赶别人的压力。

在这里，我们找到了一条重要的经验：**从长远来看，占上风的是那些练习更勤奋的人，而不是那些一开始在智商或者其他才华方面稍有优势的人。**

换个角度看基因差异

从国际象棋研究中得出的结果，为我们观察“天才”与练习在各种技能的培养与发展方面如何相互影响提供了至关重要的洞察力。尽管具备某些天赋的人，比如在国际象棋研究中棋手们的智商可能在刚开始学习某项技能时具有优势，但随着时间的推移，那种优势变得越来越小，到最后，练习的时间与质量反而在决定人们的技能变得多么熟练时，发挥着更大的作用。

◉ 各行各业的证据

研究人员在许多不同领域和行业中发现了这种模式存在的证据。和国际象棋一样，在音乐领域，刚刚开始练习的人们，其智商与技能之间确实存在着相关性。例如，有人对 91 名五年级学生进行了研究，那些学生接受了为期半年的钢琴练习，结果发现，在半年的练习结束之后，总体而言，智商较高的学生的弹奏水平，比智商较低的学生高。不过，这种智商与音乐演奏水平之间的相互关联，随着研究时限的延长变得越来越小，而且，对大学音乐专业学生或者职业音乐家的测试，并没有发现智商与演奏水平之间存在相互关联。

在一项针对口腔外科专业技术的研究中，研究人员发现，牙科学生的手术水平与他们在视觉空间能力测验上的表现相关联，而且，在那些测验上得分较高的学生，在下巴模型上进行模拟手术时，表现也更好一些。不过，对牙科住院医生和牙科外科医生进行同样的测验时，却没有发现智商与视觉空间能力存在关联。因此，随着时间的推移，视觉空间能力对手术水平最初的影响在渐渐消失，因为牙科学生练习了他们的技能。等到这些学生成为住院医生时，“天才”（在这种情况下，指的是视觉空间能力）之间的差别，再也不会产生值得注意的影响了。

我们曾在第 2 章讨论过伦敦出租车司机的例子，在那些研究对象中，完成了测验并获得许可而成为出租车司机的人，与没有完成测验并最终被淘汰出局的人之间，并不存在智力上的差别。也就是说，司机们的智商，并不会影响他们在伦敦准确找到行驶路线的能力。

科学家的平均智商一定会比普通人的平均智商高一些，但拿两位科学家来比较，他们的智商与科学成果之间不存在相互关联。事实上，许多曾获得诺贝尔奖的科学家，其智商甚至还达不到门萨俱乐部的加盟标准。门萨俱乐部的成员，至少必须具有 132 的智商，达到这一数字的人，100 人之中只有 2 个。20 世纪最著名的物理学家之一的理查德·费曼（Richard Feynman），智商为126；DNA结构的共同发现者詹姆斯·沃森（James Watson），智商为124；因在晶体管的发明中贡献突出而获得诺贝尔奖的物理学家威廉·肖克利（William Shockley），智商为125。

尽管通过智力测验测量的能力明显有助于提高学生在科学课上的成绩，而且智商较高的学生通常比智商较低的学生在科学课上成绩更好一些（这又一次与比奈测量的在校学生成绩相一致），但在那些已经成为某专业领域的科学家的人之中，智商较高似乎不再有什么优势。

许多研究人员认为，一般来讲，各个领域或行业中，对从业者的能力有一个最低要求。例如，人们一直认为，至少对某些领域的科学家来说，要想获得成功，智商分数必须介于110至120之间，但是，如果分数更高一些，也不会给他带来任何更多的好处。不过，我们并不清楚，110的智商分数到底是科学家进行科学研究的必备分数，还是只要你达到了那个分数，就能被聘为科学家。

在众多科学领域，你需要持有博士学位，才能获得研究基金并进行研究，而获得博士学位，需要在研究生的学术项目中进行4～6年的科学研究，而且具备高水平的写作能力和较大的词汇量，这些基本上都是语言智力测验的对象。此外，大多数科学博士的项目要求具备数学和逻辑思维，而这些又是智力测验的其他子测验的对象。大学毕业生申请去研究生院深造时，必须接受那些测验，比如测量上述这些能力的美国研究生入学考试（Graduate Record Examination，GRE），而只有高分数的学生才可能进入科学研究生项目。因此，从这个角度来看，科学家的智商分数一般为 110 至 120 甚至更高，并不奇怪，如果不具备达到这些智商分数的能力，他甚至没有机会成为一名科学家。

人们可能还会推测，在体育或者绘画等领域，也会在“才华”方面有一些最低要求。这样一来，低于这个最低要求的人会发现，自己在这些领域或行业中很难甚至不可能被培养成技艺精湛的人才。但是，除了某些非常基本的身体特点之外，比如在某些体育项目中对身高和身材的要求，我们没有发现可靠的证据表明这种最低要求存在。

◉ 难以预测

我们确实知道，在那些已经接受过足够训练，已在他们选择的领域或行业中达到一定技能水平的人之中，没有证据表明，任何一种由基因决定的能力在确定谁将是最杰出人物方面发挥着作用。这一点十分重要。一旦你登上了巅峰，并不是天生的才华在发挥作用，至少不是人们通常理解的那样，作为一项天生的能力，“天才”使得你在特定的活动中大放异彩。

我认为，这解释了为什么我们很难预测谁将登上任何一个特定行业或领域的巅峰。如果某种天生的能力可以确定谁将在某一特定领域中成为最杰出人物，那么，在那些人物的职业生涯早期，我们会更容易发现他们将来必然是这个行业或领域中最杰出的人物。例如，假设最杰出的职业橄榄球选手就是那些生来就拥有某种天赋的球员，那么，应当可以肯定，那种天赋会在他们读大学的时候开始显现出来，那时，他们通常已经接触橄榄球五六年或者更长时间了。

但在现实中，没有人想出遴选大学橄榄球选手的办法，并预测谁将是最优秀球员，谁又是最差球员。2007 年，路易斯安那州立大学的一名四分卫在美国国家橄榄球联盟选秀中排名第一；但后来的事实证明，他完全不胜任，以至于在三年后，不得不离开橄榄球队。相反，汤姆·布拉迪（Tom Brady）在 2000 年的选秀中直到第六轮才被选中（排在 198 名其他选手之后），但他却成为有史以来的最佳四分卫之一。

2012 年，科学家对网球运动员进行了研究，着重观察青少年网球运动员的成功与排名情况，并将他们在成为职业球员之后的成绩进行了对比。这些球员都很年轻，有志于成为职业球员。但他们的成就与青少年时期的排名之间不存在相互关系。如果说天生的才华在确定某些杰出的职业网球运动员时起到了作用，你可能会想，当球员们还是青少年的时候，那些差别就已经显现出来了，但事实上没有。

◉ 基因差异的真正作用

最重要的是，没有人绞尽脑汁地思考，怎样来辨别哪些人拥有“天生才华”。也没有人发现过某种基因的变异，它能预言在某个领域或行业中的杰出成就。而且，没有人曾想出过一种办法，比如说测试年幼的孩子并辨别他们中哪些将来会成为世界最杰出的运动员、数学家、医生或音乐家。

为什么会这样？有一个简单的原因。事实上，如果说人与人之间存在一种基因的差异，影响到某些人的表现如何（除了在某人刚开始学习技能的最初阶段），那么，这些差别不可能直接影响到相关的技能，也就是说，不可能是一种“音乐基因”“国际象棋基因”或“数学基因”。是的，我怀疑，如果确实存在那种基因上的差别的话，它们最有可能通过发展和提高某项技能所必须付出的练习与努力来表现。

例如，也许有的孩子生来就带有一系列的基因，使得他们从绘画或演奏音乐的活动中获得更大的乐趣。那么，这些孩子比其他孩子有更大的可能性从事绘画或演奏音乐。如果把他们放到绘画培训班或音乐培训班，他们也许会花更多的时间来训练自己，因为那对他们来说，意味着更大的快乐。不论走到哪里，他们都会背着素描板或吉他。随着时间的推移，这些孩子和同伴相比，将更可能成为更出色的画家或音乐家，其原因并不是他们天生就具备某些才华，也就是说，并不是他们本就拥有某些从事音乐或绘画的基因；而是因为某些东西（也许是基因）在促使他们刻苦地练习，并因此培养和发展了技能，而且比同伴发展得更高、更快。

科学家针对年纪很小的孩子记词汇的能力展开过一项研究，结果发现，这些孩子词汇量的大小受诸多因素影响，比如他的性格，以及能不能把注意力集中在父母身上，等等。绝大多数年纪很小的孩子的词汇量积累，是通过与父母或其他照顾者的互动来完成的，而另一些研究表明，具有积极社交性格的孩子最后往往能发展更出色的语言技能。同样，假如婴儿目不转睛地盯着正在读书的父母，或者父母对着九个月大的婴儿指着书里的图片，那么，到了五岁以后，这样的婴儿会比那些不太注意父母的孩子，词汇量大得多。这与我们前面的研究结果更加一致，也就是说，练习在人们技能的获取方面发挥着更重要的作用。

我们可以想到许多类似这样的、基于基因的差异。例如，有的人可能比另一些人天生就更容易集中注意力，而且能在更长的时间内集中注意力；由于刻意练习取决于能否以这样的方式保持专注，所以，这些人可能比其他人天生就能够更加有效地练习，因而从练习中更大地受益。人们甚至可能想到大脑在应对挑战方面的差别，以至于有些人在练习时会比另一些人更有效地创建新的大脑结构，并发展新的心理能力。

到目前为止，这很大程度上依然是猜测的。但由于我们知道，练习是决定某人在某个特定领域或行业中最终成就的唯一最重要因素，因此，如果基因在其中发挥作用，那么，它们的作用会慢慢消失，而以下因素更突出的作用会显现出来：他有多大的可能性从事刻意练习，或者那种练习可能多么有效。以这种方式来看问题，会从完全不同的视角来观察基因的差异。

> 练习是决定某人在某个特定领域或行业中最终成就的唯一最重要因素，如果基因在其中发挥作用，那么，它们的作用会慢慢消失。

相信天生才华的危险性

在本章，我探讨了练习和天生才华在杰出人物的培养与发展中发挥的作用，我坚持认为，尽管天赋可能在那些刚刚开始学习某项新技能或能力的人身上发挥着影响，影响着他们的表现，但是，在那些致力于发展某项技能的人之中，究竟谁是最杰出的人物，练习的程度及有效性则发挥着更为重要的作用。这是因为，我们的身体与大脑在面临挑战时的适应能力最终会胜过任何类型的基因差异，这些基因的差异可能在一开始给了某些人优势。因此我认为，理解特定的练习怎样带来进步，以及为什么会带来进步，比起探究人与人之间的基因差别重要得多。

但我相信，强调练习的用途大于天生差异的作用，还有一个更加迫切的理由，而这也是自我实现的预言[⊖]的危险之处。

自我实现的预言

当人们假设，天才在确定一个人能取得多大的成就时发挥着重要的作用，甚至是起着决定性的作用时，这种假设会指向一些决定与行动。如果你以为那些不具备某方面天生才华的人绝不可能擅长于这方面的事情，那么，当父母、老师或者其他人看到孩子不擅长做某件事情时，就会鼓励他去做别的事情。对看起来笨手笨脚的孩子，不会让他去搞体育；对那些唱歌不着调的孩子，会让他去试试别的；对那些不喜欢数字的孩子，会跟他们讲，他们不擅长数学。

于是，这些预言自然而然地成真了：人们认为这个搞不了体育的女孩，绝对不可能精通打网球或踢足球；人们觉得那个男孩是音盲，那他也绝不会去学习演奏某种乐器或者学唱歌；还有些孩子，人们觉得他们不擅长数学，等他们长大以后，自己也就信了。这种预言真的自我实现了。

当然，另一方面，当孩子从老师、教练那里得到更多的关注和表扬，并且从父母那里得到更多支持和鼓励时，最终会比那些被告诉永远不要去尝试的孩子，能够更快地提升他们的能力，因此使所有的人相信，最初的表扬是有道理的。这又是一次自我实现了。

⊖ self-fulfilling prophecy，也叫自证预言，是指我们对待他人的方式会影响到他们的行为，并最终影响他们对自己的评价。——译者注

◉ 出生早的“优势”

马尔科姆·格拉德威尔在其著作《异类》中讲述了一个故事，讲的是在加拿大的冰球选手中，出生于 1 ~ 3 月份的人比出生于 10 ~ 12 月份的人多得多。这个故事以前也有人讲述，但格拉德威尔的讲述，赢得了人们最大的关注。是不是出生在这些月份的人有某些神奇之处，使他们拥有额外的才华来玩冰球呢？不是。

这种现象的原因在于，加拿大在青少年冰球比赛中制订了“一刀切”的规定，也就是说，你必须在上一年的 12 月 31 日之前达到某个特定年龄，才能参加冰球训练，而在所有的冰球选手培训班上，年初三个月出生的孩子会成为班上年龄最大的孩子。当孩子们在四五岁左右开始练习冰球时，年纪大的孩子与年纪小的孩子相比，优势十分明显。他们比其他孩子年纪大了将近 1 岁，通常身材更高大、体格更健壮，某些程度上协调能力更强、心理上更成熟，而且，他们也许还经历了超过一个赛季的磨炼，提高了冰球技能，因此，可能比同一年龄群体中年纪小一些的球员更擅长冰球。

但是，随着冰球选手一天天长大，与年龄相关的体格上的差异开始逐渐变小，等到冰球选手都到了成年时期，这种差异很大程度上已经消失了。因此，与年龄相关的优势，一定是从儿童时期扎根的，那个时候的这种体格差异是存在的。

年龄的影响的一种明显解释是，它其实是因教练而起的，因为教练在寻找最有天赋的球员，首先要从年龄最大的孩子中找起。教练无法真正分辨那些在打冰球的孩子年龄有多大，他们只能看谁的水平高一些，因而根据推理，水平更高些的人似乎也更有天赋。许多教练往往更多地表扬那些更有“天赋”的球员，并给予他们更好的指导，让他们有更多机会参加比赛。而且，不仅是教练认为这些球员更有天赋，其他球员也这么认为。此外，这些球员往往更愿意加强练习，因为他们听说自己有希望进入很高级别的比赛之中，甚至最终成为职业选手。

所有这些研究成果十分引人关注，而且，并不仅仅在冰球这个项目之中。例如，一项研究发现，有一组年龄为 13 岁的足球选手被人们认定是最优秀的选手，其中超过 90% 的人是在上半年出生的。

只要球员开始进入大联盟打球，那么，冰球选手之间的上述优势似乎就开始慢慢减小，这也许是因为，那些年纪小一些的球员总在想方设法更加勤奋地练习，因此，最终使得比他们大了半岁的球员们相形见绌。但毫无疑问，对任何一个想要打冰球的加拿大男孩来说，出生在 1 ~ 3 月份是一种优势。

智商高的“优势”

现在，假设同样的事情也发生在国际象棋这个领域之中。假设某所学校挑选了一些人开始参加国际象棋的训练，挑选的依据是选手们的“天生才华”。他们会教一组年龄更小的孩子下棋，然后，过了 3 个月或 6 个月，来看看谁的棋下得最好。我们知道会发生什么。

总体来说，智商更高的孩子在刚开始学习怎样下棋的时候更容易学懂，可能会被挑选到更高级的训练项目中去，并且获得推荐；另一些孩子可能不会被更高级的训练项目所相中。最终的结果可能是，国际象棋棋手整体的智商，比普通人的平均智商高得多。但我们知道，在现实世界之中，许多特级大师在智力测验中的分数并不是特别高，因此，我们可能忽略了所有那些有可能成为杰出棋手的人所付出的巨大努力。

现在，再来假设我们并不是谈论国际象棋的训练项目，而是在大多数学校中教的数学课。没有人开展过将数学与国际象棋联系起来的研究，但让我们暂时假设，同样的情况也出现在数学之中，也就是说，空间智力更高的孩子可以比其他孩子更快地学会基本的数学概念。

最近有一项研究表明，在上小学之前经常玩数步子游戏的孩子，上小学以后往往比其他孩子的数学成绩更好一些。而且，上小学之前的一些经历，很可能还以许多其他的方式来帮助孩子在后来的学习中表现得更好一些。然而，大部分的老师并不了解这种可能性，因此，当某些孩子比其他孩子更快地“弄懂”数学时，老师们往往认为前者比后者“更有天赋”。于是，那些“有天赋”的孩子获得了更多的鼓励和训练，而且可以足够确定，经过大约一年的学习，他们确实在数学上比其他孩子成绩更好。这种优势会在整个在校学习期间延续下去。由于类似工程学或物理学之类的许多职业都要求从业者在学校期间数学成绩优异，因此，那些被判定为不具备数学天才的学生会发现，这些职业对他们关上了大门。

但如果数学和国际象棋的情形一样，那么，我们就失去了一大批有可能最终成为杰出数学家的孩子，仅仅因为他们在一开始的时候便被贴上了“不擅长数学”的标签。

这就是相信天生才华的危险性。它往往使人们假设，有些人生来就具有某些方面的天赋，而另一些人则不具备，而你可以很早就分辨他们之间的这些差别。如果你相信这种观点，那么，你就是在鼓励和支持“有天赋”的那些人，并打击其他的人，从而制造自我实现的预言。

人类的天性是希望在他们做得最好的方面投入自己的努力，包括时间、金钱、教育、鼓励、支持等，并且试图保护自己的孩子不至于失望。这种想法和做法并没有恶意，但其结果却具有惊人的破坏力。避免这种现象，最好的办法是意识到我们每个人都有自己的潜力，并努力想办法去开发这些潜力。

第9章
chapter9

用刻意练习创造全新的世界

有一组学生被招募到传统的大学一年级物理课堂上，用一星期的时间来观察未来的物理学习可能会是什么样子。那只是关于电磁波的一小节内容，是在一个学年的课程即将结束时教的，但在那个小节的内容中，其结果却近乎神奇。当老师用一种受到刻意练习原则指导的方法来教学生时，和用传统方法来教学生相比，前者的学生掌握的内容比后者的学生掌握的内容多了两倍多。单从一个指标来看，这是在教学干预中见过的最大效果。

这得益于与英属哥伦比亚大学相关的三位研究人员：路易斯·德斯劳里尔斯（Louis Deslauriers)、艾伦·谢卢（Ellen Schelew）以及卡尔·韦曼（Carl Wieman)。韦曼曾在2001年获得诺贝尔物理学奖，但他后来决定谋求第二职业，致力于改进大学的科学教育。2002 年，他拿出部分诺贝尔奖的奖金，在科罗拉多大学创立了物理教育技术项目，后来又在英属哥伦比亚大学成立了“卡尔·韦曼科学教育计划”。所有这些行动，源于他确信，可以采用一种更好的方法来教授大学科学，而不是只能采用传统的 50 分钟课堂教学法。而这种更好的方法，也正是他和他的两位同事在传统教学的堡垒（即大学一年级的物理课程）中着手展示的。

用刻意练习原则教物理

英属哥伦比亚大学的课程有 850 名学生听课，分别在三个地方上课。该课程是核心的物理课程，主要授课对象是一年级工程专业学生，其物理学概念用微积分来教，希望学生们学会解答数学运算量很大的问题。授课教授的教学技能得到高度认可，在这门特定的课程上从教多年，而且学生们对其评价很高。他们的教学方法相当标准：首先，在一间大型的教学厅内每周上三次课，每次播放 50 分钟的幻灯片讲座，然后每周布置家庭作业，并且有辅导的环节，在该环节中，学生们将在一位助教的监管之下解答习题。

韦曼和他的同事选择了其中两个地方作为他们的“实验场”，每个地方大约有 270 名学生。在第二个学期的 12 周时间里，两个地方中的一个将像平常那样，继续由教授采用传统方法授课，而另一个则会以截然不同的方式来教学生电磁波知识。在两个地方上课的学生，尽可能保持相似：两个班级的学生在期中测试中的平均分数完全一样；第 11 周时进行的物理知识标准化测试，两个班级的平均分数也一模一样；在第 10 周和第 11 周期间，课堂的出勤率完全一样；同时，在第 10 周和第 11 周期间，两个地方的学生评估的参与程度也一模一样。简单地讲，到那个时候为止，两个地方的学生基本上在课堂行为以及他们对物理知识的掌握等方面完全一样。但到后来，那种情况将会改变。

在第 12 周，一个地方的老师仍旧像平常那样继续教学，而第二个地方的老师则由韦曼的两位同事来代替，即德斯劳里尔斯和谢卢。德斯劳里尔斯作为主讲老师，谢卢担任他的助手。他们二人此前都没有过上课的经历。德斯劳里尔斯是一位博士后学生，曾接受过一些关于有效教学方法的培训，特别是曾在“卡尔·韦曼科学教育计划”中学习过怎样教物理学。谢卢是一位物理专业研究生，曾举办过一次关于物理学教育的研讨会。两人都曾担任过一段时间的助教。但是，与在另一个地方继续以传统方式教学的教授相比，他们二人在课堂上的经验少得多。

斯劳里尔斯和谢卢采用了一种新的方法来教物理，该方法是韦曼和其他学者通过运用刻意练习原则研发出来的。在一周的时间里，他们让学生采取与传统课堂中完全不同的模式来学习。每次上课之前，两人要求学生朗读一段从物理学课本中摘下来的内容，一般只有三四页纸那么长，然后再完成一个简单的在线判断题测试，看一看他们对刚刚朗读的内容掌握了多少。目的是让他们在来到课堂之前，先熟悉课堂中将会讲到的物理学概念。(为了达到均等的目的，在传统课堂中上课的学生，也要求在这一星期之内预习新课的内容。这是传统课堂上唯一的改变。)

采用刻意练习方法的课堂，目的并不是向学生灌输知识，而是让学生练习像物理学家那样思考。为了做到那样，斯劳里尔斯首先将学生分成几个小组，然后提出一个“课堂问题”，也就是说，学生们在线回答该问题，刚一答完，答案便自动发给老师。这些问题的选择，目的是让课堂上的学生思考一些概念，这些概念对大学一年级的物理系学生来说有一定的难度。学生们可以在小组中探讨每个问题、说出答案，然后由斯劳里尔斯告诉大家标准答案，并围绕该答案来阐述，同时回答学生可能提出的任何问题。这种讨论使得学生思考那些概念，寻找概念与概念之间的联系，通常不只是停留在被问到的特定课堂问题之上。有些课堂问题在课堂中提出，但有时候，斯劳里尔斯先说出一些想法供学生思考，然后再找另一个时间，让学生在小组中讨论某个问题。还有些时候，如果学生们难以理解某个特定的概念，他可能会举行一个迷你讲座。每一堂课还包括“主动学习任务”的环节，在其中，各小组的学生要考虑一个问题，然后单独写下他们的答案，并将答案交给老师，在此之后，斯劳里尔斯会再次回答那些问题，指出学生们的错误。在上课期间，谢卢会在各小组之间来回走动，回答学生的问题，倾听学生的讨论，并且辨别在哪些方面还存在问题。

和传统的课堂相比，在他们的课堂上，学生们十分积极地参与学习。韦曼的研究小组使用的对参与度的测量表明了这一点。尽管在第 10 周和第 11 周期间，两个地方的学生在参与度上并没有差别，但在第 12 周期间，斯劳里尔斯所教的班级的参与度几乎是传统课堂上参与度的两倍。

不仅仅是参与度更高。斯劳里尔斯班上的学生能够获得关于他们对概念理解情况的即时反馈，他们身边的同学以及老师都在帮助他们澄清谬误。韦曼等人设计的课堂问题和主动学习任务，目的就是让学生们像物理学家那样思考，也就是说，先以正确方式理解问题，然后想出可以运用哪些概念，接着再从那些概念中推断出答案。（传统课堂中的老师在上自己的课之前，先观摩了斯劳里尔斯的课，然后在他自己的课上选择使用许多相同的课堂问题，但并没有用这些问题来引发学生讨论，只为了向班上学生表明有多少学生回答正确。）

◉ 最好的教学效果

到第 12 周结束时，两个地方的学生都接受了一次多选题测试，以了解他们掌握了多少内容。斯劳里尔斯和传统课堂上的教授一起为测试出题。所有的物理老师和教授一致认为，这些题目很好地衡量了那个星期的学习目标。测试题目非常标准。事实上，大多数题目只是在其他大学的物理课上一直使用的课堂问题，只是稍微作了修改。

在传统课堂中上课的学生，平均得分为 41%；而在斯劳里尔斯的课堂上，平均得分为 74%。这显然是巨大的差别，但鉴于学生们即使是随机猜测，也可能得到 23% 的分数，于是，稍稍运用一下数学知识，你便会发现，传统课堂中的学生，平均起来只知道那些问题中的 24% 的正确答案，这与运用了刻意练习原则来设计的斯劳里尔斯的课堂中大约 66% 的正确答案相比，差别可谓巨大。刻意练习课堂上的学生，与其他课堂上的学生相比，正确回答的问题个数超过了 2.5 倍。

韦曼和他的同事使用统计学术语“效应值”（the effect size），以另一种方式来表达这种差别。以这些术语来说，两个班级之间成绩的差异是 2.5 个标准差。出于比较的原因，在科学与工程学的课堂中，其他新教学方法的效应值一般不到 1.0，而在此之前出现的一种教学干预方法，观察到的最大效应值为 2.0，这还是通过运用个人一对一辅导而实现的。而韦曼的方法，通过此前从来没有教过课的研究生和博士后学生来教，就实现了 2.5 的效应值。

刻意练习的前景

韦曼的成就令人极其兴奋。它意味着，通过改革传统的教学方法来体现刻意练习的洞见，可以大幅度地改进各个领域和学科中的教学效能。那么，从什么地方开始呢？

可以首先从世界级的运动员、音乐家和其他杰出人物的培养与发展开始。我总是希望，我对刻意练习的理解，能够被证明有益于那些杰出人物以及他们的教练。毕竟，不但是他们有兴趣提高自己的表现和绩效，而且我也从他们身上学到了很多经验。事实上，我认为，杰出人物以及可望成为杰出人物的人，还可以在改进自己的训练方法方面做得很多。

改变运动训练

当我和全职运动员以及他们的教练交谈时，总是不无震惊地了解到，他们从来没有花时间辨别自己在哪些方面还可以改进，然后去设计出有针对性的训练方法。在事实上，运动员（特别是团体运动项目中的运动员）的大部分训练是在团体中进行的，并没有试图搞清楚每一位运动员应当着重训练些什么。

此外，几乎没有人去了解杰出运动员运用的心理表征。纠正这种现象的理想方法是让运动员口头报告他们在比赛时一直在想些什么，这可能使研究人员、教练或者甚至运动员自己能设计一些训练任务，来改进他们对比赛情景的心理表征，而且会运用我们在第 3 章中描述过的同样方式。当然，有些十分杰出的运动员自己创建了有效的心理表征，但这些一流运动员中的大多数人甚至不知道，他们的想法与那些成就不那么杰出的运动员之间有何不同。反过来通常也是一样：成就并不突出的运动员没有花时间去了解，他们的心理表征和那些最杰出运动员的心理表征相比，到底差了多少。

例如，在过去几年里，我曾和许多运动项目的教练交谈过，包括美国国家橄榄球联盟费城老鹰队的主教练奇普·凯利（Chip Kelly）。这些教练通常都渴望了解刻意练习可以怎样提高运动员的成绩。在 2014 年春天的一个小组会议上，我和老鹰队的所有教练进行了交谈，我们谈到，所有伟大的运动员似乎都很清楚相关的团队以及对方的运动员在做些什么，以便在训练课或比赛之后，可以集体讨论它们。但我发现，即使那些教练意识到了有效心理表征的重要性，也没有做太多来帮助表现不太突出的运动员改进其心理表征；相反，教练们通常觉得，挑选那些已经获得了有效心理表征的运动员可能更容易一些，然后对这些运动员进行更多的训练，以改进那些表征。

2011 年，我在访问英格兰曼城足球俱乐部期间，也探讨了类似的问题。当时，这支球队还没有赢得英格兰足总杯。球队的教练们以更加开明的思想和我探讨了如何训练球员的心理表征，因为他们中有几个人最终在常规比赛期间，被允许在成年队中比赛。

我还一直与罗德·哈维里罗克（Rod Havriluk）合作，他是一名游泳教练，也是国际游泳教练学会的主席。我们着力将来自刻意练习中的洞察用于改进游泳教学。罗德和我发现，几乎没有哪些较低和中等水平的游泳运动员得到了个性化的指导，或者说刻意练习。

鉴于人们几乎没有将刻意练习的原则运用到杰出人物（特别是运动员）的培养和发展上，因此，通过聚焦于个性化训练，以及对运动员的心理表征进行评估等方法来谋求进步，显然有着巨大的潜力。我将继续与教练、培训师和运动员合作，帮助他们更有效地运用刻意练习。

◉ 改变教育与学习

我认为，刻意练习最大的好处可能还是在别的方面。毕竟，在高度专业化和极具竞争性的各个行业与领域之中，诸如职业运动员、世界级音乐家、国际象棋特级大师等最杰出的人物只占到世界总人口的极小一部分，尽管这些人非常抢眼，让人赏心悦目，但即使这些“关键少数”尽最大的努力在他们的行业和领域中发挥自己的水平，对整个世界来说，也只能产生相对较小的影响。在其他的行业和领域中，有些领域的从业人员的人数可能多得多，有些领域的从业人员的进步可能大得多，因为在这些行业和领域中进行的培训，甚至能够比刻意练习产生更深远的影响。

教育就是刚刚说的那些行业中的一个。教育触动每一个人，而刻意练习能够以无数种方式，革命性地改变人们的学习。

首先是教学法。学生们怎样才能最好地学习？很大程度上，刻意练习可以回答这个问题。让我们更仔细地观察本章介绍的英属哥伦比亚大学物理课的情形，看一看可以怎样运用刻意练习的原则，帮助学生以比传统方法更快和更好的方式来学习。韦曼及其同事在设计该课程的过程中做的第一件事便是与以传统方法教课的老师们交流，以确定学生们结束了本部分内容的学习时，到底应当具备怎样的技能水平。

如我们在第 5 章讨论过的那样，在学习上，刻意练习的方法与传统方法之间的重要差别是对技能与知识的着重点不同，也就是说，一个强调你可以做什么，另一个强调你知道什么。刻意练习全都是关于技能的。你选择学习必要的知识，是为了培育技能；知识本身绝不是学习的目的。尽管如此，刻意练习可促使学生在练习的过程中“重拾”许多知识。

如果你在教学生一些事实、概念和法则，那些事情会作为单独的信息进入到长时记忆之中，假如后来那位学生想用它们做某些事情，比如解决一个问题、用它们来进行推理以回答某个问题，或者组织并分析它们，以提出某一理论或假想等，那么，注意力与短时记忆的局限便会显现出来。学生在用它们寻找解决方案的时候，还得牢牢记住所有这些不同的、相互之间没有联系的信息。然而，如果这些信息已经被学生消化、“内化于心”，成为学生为做好某件事情而创建的心理表征中的一部分，那么，这些单独的信息就将成为相互联系的模式中的一些组成部分，这种模式可以为信息提供背景和意义，使学生更容易运用信息。如我们在第 3 章中看到的那样，你在思考某件事情的时候，不会创建心理表征；只有通过去做某件事情，失败了之后调整方法，接着再去做，如此循环往复，才能创建心理表征。等你做完了，不仅为学习技能创建了心理表征，而且吸收了大量与那项技能相联系的信息。

在准备课程计划时，确定某位学生应当能够做什么，远比确定该学生应当知道些什么有效得多。因为确定了前者，后者也就随之而来。

当韦曼及其同事将他们的学生应当能做的事情整理成一个列表时，他们也将这个列表转换成了一系列特定的学习目标。这又是一种经典的刻意练习方法：在教某项技能时，将课程分解成一系列的步骤，学生们每次都能掌握其中的一个步骤，掌握了一个之后再转入下一个，直到实现最终的目标。尽管这听起来与传统教学中运用的支架式教学方法十分相似，但两者之间重要的差别在于，前者着重于理解每个步骤必备的心理表征，并且确保学生在学习下一个步骤之前已经创建了适当的表征。例如，这似乎是最后一章中描述的“跳跃数学”课程取得成功的关键要素：该课程细致地描绘了哪些表征是发展某一特定数学技能必备的，然后使学生能够建立那些表征，以此来教学生掌握该技能。

一般而言，**几乎在每一个教育领域，最有益的学习目标是那些帮助学生创建有效心理表征的目标。**比如，在物理教学中，老师总是可以教学生如何解出特定的方程，以及怎样确定在哪些情形下应当运用哪些方程，但对物理学家来说，那并不是需要知道的最重要部分。有一项研究将物理专家与物理学生进行一番对比，结果发现，尽管学生在解答定量的问题时（例如，可以通过运用正确的方程来解答的、涉及数字的问题）表现得几乎与专家同样出色，但是在解答定性的问题时，或者是解答那些涉及概念、并不涉及数字的问题时（例如，为什么夏天热而冬天冷），则远不如专家那么出色。解答定性的问题或者涉及概念的问题，不太需要掌握数字，而是需要清楚地理解各种概念，那些概念是特定的事件或流程的基础，也就是说，是好的心理表征的基础。

除了科学教师之外，大多数人无法正确地解释是什么引起四季更替，即使这些知识早在小学的科学课上就出现过。一段在哈佛大学开学典礼上拍摄的娱乐视频显示，一组刚刚毕业不久的学生自信满满地解释，四季更替是由于地球在夏季时离太阳更近，而在冬季时离太阳更远。当然，这是完全错误的，因为当北半球是夏季时，南半球则是冬季。四季更替的真正原因是地球在地轴上的倾斜。但这里的关键并不是哈佛大学的毕业生无知，而是科学这门学科的教学几乎没有让学生创建基本的表征，他们需要这些表征来清晰地思考物理现象，而不是简单地把数字嵌入到公式中。

韦曼和他的同事为了帮助班上的物理学生创建那样的心理表征，提出了一些课堂问题，并布置了学习任务，有助于学生达到老师此前确定的学习目标。那些课堂问题和学习任务经过精挑细选，目的是引起学生的讨论，进而掌握和应用他们正在学习的概念，最后运用那些概念来回答课堂问题和完成学习任务。

课堂问题与学习任务的设计，还有一个目的：将学生推出舒适区，但又不是推得太远，以至于他们根本不知道怎么来回答。也就是说，对学生来讲，那些问题并不是能够轻松回答的，但也不至于完全不知道回答，而是要花费一番工夫来思考。韦曼和他的同事预先对课堂问题与学习任务进行了测试，测试的对象是几名自愿参加的学生。他们给这些学生提出问题、交代任务，然后让他们在推理答案的时候自言自语，把自己的推理过程说出来。他们根据这个环节中学生所说的东西，再去修订那些问题和任务，特别强调要避免错误理解以及对学生来说太难的问题。然后，他们再在另一组志愿者身上进行第二轮测试，再次调整问题与任务。

最后，韦曼及其同事在上课期间使学生都有机会一遍又一遍地接触各种各样的概念，并及时给学生提供反馈，帮他们辨别错误，并告诉他们如何纠正。有些反馈是讨论小组中其他学生提出的，有些则由老师提出，但重要的是，一旦学生做得不对，马上便有人告诉他们，并帮他们指出纠正的办法。

英属哥伦比亚大学重新设计了物理课，为怎样根据刻意练习的原则来重新设计教学提供了路线图：先辨认学生们应当学会做些什么。目标应当是技能，而不是知识。在思考学生们学会某项技能时应当采用的特定方法时，注意观察熟练掌握了该项技能的专家是怎样做的。特别是，要尽可能地了解专家们运用的心理表征，并且教授那项技能，以帮助学生创建类似的心理表征。这涉及逐步地教授技能，每个步骤的设计用于把学生推出舒适区，但又不至于推得太远。如果推得离舒适区太远了，以至于他们没办法掌握该步骤，则是不可取的。然后，要给学生足够的时间和耐心，让他们反复做，并且给予反馈；学生们创建他们自己的心理表征，是通过经常地试验、失败、获得反馈、再试验，诸如此类的循环而实现的。

在英属哥伦比亚大学，韦曼等人采用的基于刻意练习的方法来教物理，已经取得了极大的成功，使得其他教授也开始跟着做。根据《科学》(*Science*) 杂志上发表的一篇文章，在采用刻意练习方法的实验结束后的几年里，该大学有了近 100 个科学与数学班，总招生人数越过 3 万人。由于科学与数学等学科的教授往往对改变自己的教学方法十分抵触，这从另一个侧面说明了韦曼等人的研究成果具有多高的质量。

重新设计运用刻意练习的教学方法，可能显著地加快学生的学习，提高学习质量，这从韦曼的学生取得的几乎令人难以相信的进步中便可看出。但是，这不仅需要改变教育者的心态，还要更多地对杰出人物的思考进行研究。我们还只是刚刚开始理解杰出人物使用的那些心理表征，也刚刚开始了解怎样用刻意练习来创建这些表征。要做的事情还有很多。

帮助学生创建心理表征的重要性

除了设计更加有效的教学方法，在教育中，还能以一种不太明显的方式来应用刻意练习。我尤其想到，帮助儿童和青少年至少在某一领域或行业中创建详尽的心理表征，一定会有极大的价值，其原因我们马上就会讨论。这并不是当前教育系统的目标，通常那些创建了这类心理表征的学生，也在学校之外追求某些技能，比如从事某项体育运动或演奏某种乐器，甚至到了这个时候，学生也没能真正理解他们在做些什么，或者没有意识到他们的心理表征是在各个领域和行业中存在的普遍现象。

年幼的孩子（或者说，所有人）在创建心理表征时获得的好处是，能够自由地开始探索那种技能，不需要别人的帮助。在音乐领域，学生音乐家对曲子听起来是什么样子，怎样将曲子的不同部分融合起来形成一个整体，以及演奏手法的各种变化将对声音产生何种影响等，在这些方面形成了清楚的表征，使得他们可以为自己或者为别人演奏音乐作品，并且在自己的乐器上进行即兴表演和探索。他们不再需要导师为他们指引每一条路，可以自己沿着某些道路走下去。

有时候，在学术科目中也会出现类似的情况。创建了心理表征的学生，可以继续做他们自己的科学实验，或者写他们自己的书，而研究表明，许多成功的科学家和作家都是以这种方式，在很小的时候就开始了自己的职业生涯。帮助学生在某一领域中发展技能并创建心理表征的最佳方法，是给他们提供一些可以复制和可从中学习的模型，正如本杰明·富兰克林在提升自己的写作水平时复写《观察家》杂志上的文章那样。他们需要不断地尝试和失败，但那些模型也要告诉他们，成功可能是什么样子的。

让学生在某个领域中创建心理表征，有助于他们理解成功到底需要做些什么，不仅是在那个特定的领域，而且是在其他所有的领域。大部分人，甚至是成年人，从来没有在任何领域中达到足够的技能水平，这使得他们无法像杰出人物那样感受到心理表征的真正力量，来规划、执行和评估他们的表现。因此，他们从来没有真正理解达到这种水平需要做些什么，不仅仅是花时间，还需要进行高质量的练习。一旦他们懂得了在某个领域中要达到那种足够高的技能水平必须要做些什么，那么他们至少从原则上理解了在其他领域追求卓越也需要做些什么。这正是某个领域的专家通常也会欣赏其他领域专家的原因。研究型物理学家更容易理解，要成为技能娴熟的小提琴家，需要做些什么，即使只是笼统地理解。同样，芭蕾舞女演员则能更好地理解，要成为一位高超的画家，需要付出多大的牺牲。

一旦学生懂得了在某个领域中要达到那种足够高的技能水平必须要做些什么，那么他们至少从原则上理解了在其他领域追求卓越也需要做些什么。

我们的学校应当让所有学生有机会在某些领域产生这样的体验。只有那样，学生们才会懂得什么是可能的，也会懂得，要使自己的梦想成真，需要付出怎样的努力。

创造全新的世界

在本书的引言中，我谈到了刻意练习可以怎样颠覆我们对人类潜力的看法。我不认为这种表述是夸张的或者言过其实。当我们意识到，在各行各业中最杰出的人物之所以占据那些地位，并不是因为他们天生具有某种才能，而是因为他们通过年复一年的练习，充分利用人类的身体与大脑的适应能力而提升和发展了自己能力，那么，这种颠覆就开始了。

但是，只是意识到这些还不够。我们需要给人们提供一些必要的工具，使他们充分利用这种适应能力，并掌控自身的潜力。为刻意练习大声疾呼（就像我在这本书里所做的那样），只是这些努力的一部分，许多必要的工具依旧没有得到充分利用。在绝大多数领域和行业，我们依然没有准确地知道，是什么将杰出人物与其他人区分开来。我们也没有掌握杰出人物的心理表征的更多细节。我们需要一一描绘使得杰出人物在他的一生中脱颖而出的各种因素，以便为那些想要发展一技之长的人指明方向。

不过，即使我们还没有勾勒出完整的路线图，也可以开始迈出自己的步伐。我在前文中提到过，我们可以帮助学生至少在一个领域或行业中培育专业特长并创建有效的心理表征，使得他们可以自己来了解那种专长，比如，是什么造就了它、是不是人人都可以学会，等等。同时，如我们在第6章探讨的那样，通过刻意练习来提升和发展某项技能，可以增强人们进一步提高自己的动机，因为拥有那项技能的人提供的正反馈，能够激发人们的热情。如果我们可以向学生表明，他们完全有能力去发展自己选择的某项技能，尽管那并不是件容易的事情，但一旦这样做了，将给自己带来诸多的回报，那么他们也就更有可能利用刻意练习，在其一生之中培育和发展各种各样的技能。

然后，随着时间的推移，通过更深入地了解各行各业杰出人物的卓越表现，并且通过打造新一代准备利用那些成功经验的学生，我们可以创造一个新世界，让大多数人都可以懂得刻意练习，并且用它来丰富自己和孩子们的人生。

那个新世界会是怎样的呢？和现在的世界相比，在更多的行业和领域之中，将涌现更多的杰出人物。其社会意义是深远的。想象这样一个世界：医生、老师、工程师、飞行员、程序员，还有许多其他的专业人士，都像钢琴家、国际象棋大师、芭蕾舞演员那样来磨砺他们的技能。再想象这样一个世界：在这些专业之中，一半从业人员的技能水平和业务素质和今天最优秀的 5% 的从业人员一样突出。这对我们的医疗保健、教育体系、技术领域来讲，将会意味着什么？

对个人的好处，也可能无穷无尽。在这本书里，我很少讲到个人的好处，但杰出人物在磨砺自身的能力时，获得巨大的满足和快乐，他们在逼着自己发展新技能，特别是发展那些在他们所在行业和领域中十分尖端的技能时，往往会感受到巨大的个人成就感。就像他们一直走在不断有刺激出现的大路上，永远不会感到厌倦，因为总能遇到新的挑战和机会。音乐家、舞蹈家、体操运动员等杰出人物，其技能与某种表演相关联，因此，他们从自己在公众面前的表演中收获了无尽的快乐。当表演十分顺利地进行下去时，他们体验到一种毫不费力的感觉，这种感觉在许多方面类似于米哈里·契克森米哈赖（Mihaly Csikszentmihalyi）传播给大众的“心流”（flow）的心理状态。这使得他们体验到“很嗨”（high）的感觉，这种感觉，除了专家之外，很少有人能体会。

在我的人生中，最令人兴奋的时刻，是我与赫伯特·西蒙合作以及他获得诺贝尔奖的时刻。在我们的团队中，每个人都产生过这种抵达科学领域前沿的感觉，并且真心觉得能够达到如此境界，确实很幸运。我猜想，那种兴奋感一定与印象派画家在创作具有革命性的画作时感受到的兴奋感一模一样。

即使是那些没能抵达某个行业或领域最前沿的人们，依然可以乐享掌握自己人生命运和提高能力水平的挑战。当刻意练习成为人生中的常态时，人们便会拥有更多的自愿选择和满足感。

成为“练习人”

此外，我还坚持认为，当我们在提高自己时，我们才最像是人类。和其他任何动物不同，我们可以有意识地改造自己，以我们选择的方式来提高自己。这使得我们和当今世界以及有史以来的其他物种区别开来。

我们人类在把自己命名为“智人”（Homo sapiens）这个物种时，准确地抓住了人类的特性。我们远古的祖先包括直立猿人，或者称为“直立人”，因为他们能够直立行走，而所谓的“能人”（Homo habilis），也就是“巧手人”（handy man）名字的由来，是因为这个物种一度被认为是最古老的人类，能制作和使用石器工具。而我们称现在的人类为“知识人”（knowing man），因为我们所谓“练习人”，是反映人在一生之中能够通过练习来掌握自己的命运，使得人生充满各种可能。

认为自己获取了大量的知识，与我们的祖先有着明显区别。但是，把我们视为“练习人”(practicing man)，可能是审视我们自身的一种更好方式，所谓“练习人”，是反映人在一生之中能够通过练习来掌握自己的命运，使得人生充满各种可能。

这种全新的理解，很可能来得正是时候。由于科学技术的发展，我们的世界正以越来越快的步伐发生着变迁。200 年前，一个人可以学会一门手艺或交易，而且十分确定，学会了那些，一生就足够了。和我同时代出生的人们也是以同样的方式来思考的：上学，找份工作，然后退休，你这一生就过得安定。但在我的生活中，那种理念已经改变了。40 年前存在的许多工作，如今要么不复存在，要么已经改头换面了。今天刚刚加入职场的人们应当有所预期，在他们的职业生涯中，要换两三次工作。至于现在刚刚出生的孩子，没有人知道他们将来的工作会是什么样子，但我可以确切地说，这种改变的步伐不会放慢。

那么，作为一个社会，如何为快速的变迁做好准备呢？将来，大部分的人除了不断学习新的技能之外，别无选择，因此，训练学生和成年人如何更有效地学习，将变得至关重要。随着技术革命的发展，我们有一些新的机会来使教学变得更有效。例如，我们可以将现实世界中医生、运动员、教师等的经历用视频录制下来，创建巨大的素材库和学习中心，供这些专业中的学生学习，这样一来，病人、学生和客户便能避免医生、老师以及企业员工等一边探索一边学习技能，无须担心自身的利益受到损害。

我们需要从现在开始改变。对已经在职场世界中打拼的成年人来说，需要开发更好的训练方法，以刻意练习的原则为基础，并着眼于创建更有效的心理表征。那样一来，不仅能帮他们提升在当前的工作中运用的技能，而且使他们为谋求新的职业而发展新技能。我们需要发出这样的信息：**你可以掌控自己的潜力**。

但受益最大的是我们的后代子孙。我们可以给孩子们留下的最重要礼物，是对他们能力的巨大信心，相信他们能够一次又一次地重新塑造自己，同时还创造一些工具来提升自己。他们需要通过发展和提高自己认为不可能具备的能力，亲眼见证自己能够掌控自己的潜能，而且不会沦为某种熟悉的天才论的人质。他们需要获得支持和理解，以便以他们选择的各种方式来提高自己。

最后，建设一个全新的世界，一个技术快速改进，我们的工作、休闲和生活的环境不断变迁的世界，唯一的答案是训练这个社会中的人们，让大家都意识到，可以掌控自己的发展并有所提高，而且懂得怎样发展与提高。身处这样的新世界中，我们每个人很可能都会熟悉和掌握刻意练习原则，并了解到它将使我们把自己的未来掌握在自己手中，并不断通过自身的努力来提高、完善和改进自己。

{ 作者简介 }

安德斯·艾利克森博士（Anders Ericsson, PhD）

“刻意练习”法则研创者，佛罗里达州立大学心理学教授，康拉迪杰出学者。

他专注于研究体育、音乐、国际象棋、医学、军事等不同领域中的杰出人物如何获得杰出表现，以及“刻意练习”法则在其中的作用。他是该领域的权威研究者。在《异类》一书中，马尔科姆·格拉德威尔提出的“1 万小时定律”即以艾利克森及其同事对音乐家的研究为基础。

艾利克森博士曾出版过这一主题的几部学术专著：《从平凡到卓越：前景与局限》《通向卓越之路》《剑桥专业特长与杰出表现指南》等。《刻意练习：如何从新手到大师》是他于 2016 年出版的畅销书，首次向大众读者普及“刻意练习”法则，这也是他首次出版的中文书。

艾利克森博士已于 2020 年去世，享年 72 岁。

罗伯特·普尔博士（Robert Pool，PhD）

著名的科学、技术和医学作家。

普尔博士拥有历史、物理和数学学位，将这些背景与自身热爱的写作结合在一起，成功从数学教授转型为作家。他在约翰·霍普金斯大学教授科学写作，在世界最有名望的两家科学出版物《科学》（*Science*）和《自然》（*Nature*）担任编辑和作者，也有众多作品发表在不同领域的其他顶级出版物上，如《发现》《新科学家》《技术评论》《财富》(科技版）等。

多年以来，普尔博士为诸多有名望的团体（如美国国家研究院）提供写作和咨询服务。他著有上百部重要的学术图书和报告，多由美国学术出版社出版，对美国政策和法律的制定产生了广泛影响。

高效学习

《刻意练习：如何从新手到大师》

作者：[美] 安德斯·艾利克森 罗伯特·普尔 译者：王正林

销量达200万册！
杰出不是一种天赋，而是一种人人都可以学会的技巧
科学研究发现的强大学习法，成为任何领域杰出人物的黄金法则

《学习之道》

作者：[美] 芭芭拉·奥克利 译者：教育无边界字幕组

科学学习入门的经典作品，是一本真正面向大众、指导实践并且科学可信的学习方法手册。作者芭芭拉本科专业（居然）是俄语。从小学到高中数理成绩一路垫底，为了应付职场生活，不得不自主学习大量新鲜知识，甚至是让人头疼的数学知识。放下工作，回到学校，竟然成为工程学博士，后留校任教授

《如何高效学习》

作者：[加] 斯科特·扬 译者：程冕

如何花费更少时间学到更多知识？因高效学习而成名的“学神”斯科特·扬，曾10天搞定线性代数，1年学完MIT4年33门课程。掌握书中的“整体性学习法”，你也将成为超级学霸

《科学学习：斯坦福黄金学习法则》

作者：[美] 丹尼尔·L.施瓦茨 等 译者：郭曼文

学习新境界，人生新高度。源自斯坦福大学广受欢迎的经典学习课。斯坦福教育学院院长、学习科学专家力作；精选26种黄金学习法则，有效解决任何学习问题

《学会如何学习》

作者：[美] 芭芭拉·奥克利 等 译者：汪幼枫

畅销书《学习之道》青少年版；芭芭拉·奥克利博士揭示如何科学使用大脑，高效学习，让“学渣”秒变“学霸”体质，随书赠思维导图；北京考试报特约专家郭俊彬博士、少年商学院联合创始人Evan、秋叶、孙思远、彭小六、陈章鱼诚意推荐

更多>>>

《如何高效记忆》 作者：[美] 肯尼思·希格比 译者：余彬晶
《练习的心态：如何培养耐心、专注和自律》 作者：[美] 托马斯·M.斯特纳 译者：王正林
《超级学霸:受用终身的速效学习法》 作者：[挪威] 奥拉夫·舍韦 译者：李文婷

斯科特 · H.扬系列作品

1 年完成 MIT4 年 33 门课程的超级学神

ISBN：978-7-111-59558-8

ISBN：978-7-111-44400-8

ISBN：978-7-111-52920-0

ISBN：978-7-111-52919-4

ISBN：978-7-111-52094-8

思考力丛书

学会提问（原书第 12 版 · 百万纪念珍藏版）

- 批判性思维入门经典，真正授人以渔的智慧之书
- 互联网时代，培养独立思考和去伪存真能力的底层逻辑
- 国际公认 21 世纪人才必备的核心素养，应对未来不确定性的基本能力

逻辑思维简易入门（原书第 2 版）

- 简明、易懂、有趣的逻辑思维入门读物
- 全面分析日常生活中常见的逻辑谬误

专注力：化繁为简的惊人力量（原书第 2 版）

- 分心时代重要而稀缺的能力
  就是跳出忙碌却茫然的生活
  专注地迈向实现价值的目标

学会据理力争：自信得体地表达主张，为自己争取更多

- 当我们身处充满压力焦虑、委屈自己、紧张的人际关系之中，
  甚至自己的合法权益受到蔑视和侵犯时，
  在“战和逃”之间，
  我们有一种更为积极和明智的选择——据理力争。

学会说不：成为一个坚定果敢的人（原书第 2 版）

- 说不不需要任何理由！
  坚定果敢拒绝他人的关键在于，
  以一种自信而直接的方式让别人知道你想要什么、不想要什么。